工业信息化技术丛书

分布式科技资源匹配推理与按需服务技术

廖伟智　阴艳超◎著

电子工业出版社

Publishing House of Electronics Industry

北京·BEIJING

内 容 简 介

科技资源作为向社会提供智力服务的科技服务业的知识性载体，是推动科技进步与经济社会发展的科技基础条件，逐渐成为国家新型战略资源，在新技术和新业态下，其外延不断延伸。由于科技资源及资源分布复杂多样，科技服务系统众多，科技服务系统与实体经济产业之间、科技服务系统内部之间的组成与关系均很复杂，需要在分布于全国各地各行业的巨大科技资源中进行搜索、分析、匹配、评价和优化科技资源，形成科学合理的解决方案。

围绕城市群综合科技服务需求，针对专业科技服务资源及价值链协同业务流程与业务数据等综合科技资源，本书重点研究分布式科技资源的匹配推理与按需服务技术，为城市群实体产业提供科技资源的智能化服务支持。

未经许可，不得以任何方式复制或抄袭本书之部分或全部内容。
版权所有，侵权必究。

图书在版编目（CIP）数据

分布式科技资源匹配推理与按需服务技术 / 廖伟智等著. —北京：电子工业出版社，2021.4
（工业信息化技术丛书）
ISBN 978-7-121-40913-4

Ⅰ. ①分… Ⅱ. ①廖… Ⅲ. ①科学技术—资源配置—研究 Ⅳ. ①G311

中国版本图书馆 CIP 数据核字（2021）第 058907 号

责任编辑：刘志红（lzhmails@phei.com.cn）　　特约编辑：李　姣
印　　刷：天津画中画印刷有限公司
装　　订：天津画中画印刷有限公司
出版发行：电子工业出版社
　　　　　北京市海淀区万寿路 173 信箱　邮编：100036
开　　本：720×1 000　1/16　印张：18.5　字数：290 千字
版　　次：2021 年 4 月第 1 版
印　　次：2021 年 4 月第 1 次印刷
定　　价：138.00 元

凡所购买电子工业出版社图书有缺损问题，请向购买书店调换。若书店售缺，请与本社发行部联系，联系及邮购电话：（010）88254888，88258888。
质量投诉请发邮件至 zlts@phei.com.cn，盗版侵权举报请发邮件至 dbqq@phei.com.cn。
本书咨询联系方式：（010）88254799，lzhmails@phei.com.cn。

PREFACE 前言

科技资源作为向社会提供智力服务的科技服务业的知识性载体，是推动科技进步与经济社会发展的科技基础条件，逐渐成为国家新型战略资源，在新技术和新业态下，其外延不断延伸。由于科技资源及资源分布复杂多样，科技服务系统众多，科技服务系统与实体经济产业之间、科技服务系统内部之间的组成与关系均很复杂，需要在分布于全国各地各行业的巨大科技资源中进行搜索、分析、匹配、评价和优化科技资源，形成科学合理的解决方案。

围绕城市群综合科技服务需求，针对专业科技服务资源及价值链协同业务流程与业务数据等综合科技资源，本书重点研究分布式科技资源的匹配推理与按需服务技术，为城市群实体产业提供科技资源的智能化服务支持。在长期进行相关研究工作的基础上，本书作者结合国家重点研发计划课题"分布式资源巨系统及资源协同理论"（2017YFB1400301）研究中取得的成果，力图对分布式科技资源的搜索、分析、匹配、评价和优化思路、方法、实现技术进行较为全面的论述。

全书共8章。第1章主要介绍了科技资源的概念。作为向社会提供智力服务的科技服务业的知识性载体，科技资源是推动科技进步与经济社会发展的科技基础条件。在分析分布式科技资源产生背景的基础上，介绍了分布式科技资源的概念、构成、体系结构、技术特征，以及其服务主体和模式。

第2章重点分析了城市群实体产业产品研制的特点，以及对科技资源服务模式的迫切需求，指出科技资源的按需服务可以有效支撑实体产业产品研制错综复杂的过程，支撑多样的业务运营模式，有效提升产品研制整体效率。然后从科技资源高效配置、实体产业管控能力，以及产品研制整体效率提升等方面分析实体产业对科技资源的需求，讨论科技服务的特点及云模式下实体产业科技服务运行的难点。

第3章首先介绍了科技资源服务实体产业的体系架构，包括科技资源体系的多层构建模式、多链协同模型和技术框架，形成了云模式下科技资源服务实体产业的完整技术体系。然后分析了科技服务的相关支撑技术，包括资源的汇聚与融合技术、科技资源的按需检索技术、科技资源的匹配推理技术，以及科技资源的组合优化技术，并分析了各技术的特点和机制。

第4章基于科技资源服务技术体系，针对科技资源服务过程中精准检索服务的需求和难点，研究了科技资源的方面级情感分类方法、基于学习标签相关性的多标签文本分类方法、科技资源应用实体抽取方法，以及分布式资源空间的语义分析方法，在科技资源服务实体产业中为实现资源的精确检索提供了理论依据和解决方法。

第5章基于科技资源服务技术体系，针对科技资源与产业需求的特点，重点讨论了基于 LSTM 神经网络模型的采用科技资源预测汽车配件销售方法，基于 LSTM-SVR 模型的采用科技资源预测配件损坏量方法，以及科技资源服务中的关联分析方法，并分析了主要关联分析方法的优势与不足，基于产业需求案例给出了详细的实现过程。

第6章基于科技资源服务技术体系，主要讨论了在科技资源服务实体产业过程中服务的匹配与推送技术。其中，针对科技资源自身的特点，给出了基于科技资源连续语言模型的匹配结果提取方法、融合科技资源词项的扩展和融合词项位置关系的匹配方法，以及基于业务特征的结构化描述与匹配推理方法，并分析了各方法的优势与不足，给出了详细的实现过程。

第7章基于科技资源服务技术体系，给出了科技资源服务效能的评价体系和方法。在分析科技资源服务能力构成及特点的基础上，建立了综合评价体系，并给出了基于云推理的量化评价方法，较好地实现了科技资源云能力的最大效能服务过程，对云模式下科技资源服务实体产业的效能综合评估进行了有益的探索。

第 8 章以装备制造业对科技资源的服务需求为背景，分析了在实体产业产品研制过程中典型环节对科技资源服务的需求与难点，并结合本书的科技资源服务技术体系和实现方法，给出了面向装备制造企业产品设计、加工、维护的科技服务构件开发实现过程。

本书由阴艳超总体策划，确定总体结构及各章内容，组稿并统稿，廖伟智最终审定。各章主要编写人员是：第 1、2 章阴艳超，廖伟智；第 3 章廖伟智，阴艳超；第 4 章廖伟智，陆宏彪，马攀，王宇，曹奕翎，马亚恒；第 5 章廖伟智，严伟军，叶光磊；第 6 章廖伟智，徐凯，张强，左东舟；第 7 章阴艳超，廖伟智，洪乙达，张万达，牛红伟；第 8 章阴艳超，廖伟智，陆宏彪、陈志成，张立童。

本书的出版得到了国家重点研发计划课题"分布式资源巨系统及资源协同理论"（2017YFB1400301）的资助，同时也得到了电子科技大学机械与电气工程学院、昆明理工大学机电工程学院领导和老师的大力支持。电子工业出版社的刘志红编辑为本书的出版做了大量工作。在此向各位致以诚挚的谢意。

本书凝聚了笔者的同事、朋友和研究生的心血，在本书的撰写过程中参阅并引用了不少文献和部分国内外在该领域近年来的研究成果，笔者在此一并致谢。

虽然笔者尽了最大的努力来完善本书的内容，但限于笔者水平有限，加之分布式科技资源服务的相关理论及关键技术尚处于不断完善、探索和发展之中，书中的观点不一定成熟，难免存在不足和错误之处，敬请读者批评、指正和帮助。

作　者
2021 年 1 月

目录

第1章 分布式科技资源的概念与体系结构

1.1 分布式科技资源形成的背景 / 1

    1.1.1 科技服务业的发展现状 / 1

    1.1.2 科技资源的提出 / 3

    1.1.3 科技资源的特点 / 4

    1.1.4 科技资源的开放共享现状 / 6

    1.1.5 分布式科技资源的形成 / 8

1.2 分布式科技资源的概念 / 9

    1.2.1 分布式科技资源的概念 / 9

    1.2.2 分布式科技资源的构成 / 9

1.3 分布式科技资源的体系结构 / 11

    1.3.1 分布式科技资源体系的组织模型 / 11

    1.3.2 分布式科技资源体系的物理架构 / 12

    1.3.3 分布式科技资源体系整体解决方案 / 12

参考文献 / 15

第 2 章　分布式科技资源服务实体产业的需求分析

2.1　城市群产业对科技服务的需求 / 16

  2.1.1　城市群产业对科技资源集成的需求 / 16

  2.1.2　城市群实体产业管控能力增强的需求 / 17

  2.1.3　城市群产业间协同创新的需求 / 18

  2.1.4　区域科技服务生态系统形成的需求 / 19

2.2　分布式科技资源服务实体产业的新模式 / 20

  2.2.1　分布式科技资源的服务要素 / 20

  2.2.2　综合科技服务平台 / 21

  2.2.3　分布式科技资源服务实体产业的新模式 / 23

2.3　分布式科技资源服务实体产业的难点 / 25

  2.3.1　分布式多源异构科技资源的整合 / 25

  2.3.2　分布式科技资源服务模式 / 25

  2.3.3　分布式科技资源按需服务的关键技术 / 27

参考文献 / 28

第 3 章　分布式科技资源服务实体产业的技术体系

3.1　分布式科技资源服务技术体系框架 / 30

  3.1.1　分布式科技资源体系的多层构建模式 / 30

  3.1.2　分布式科技资源体系的多链协同模型 / 31

  3.1.3　分布式科技资源体系构建的技术框架设计 / 32

3.2　分布式科技资源体系的资源汇聚与融合技术 / 33

  3.2.1　分布式科技资源体系汇聚的概念模型 / 33

  3.2.2　分布式科技资源汇聚的运行模型 / 35

3.2.3 基于知识图谱的资源池统一描述 / 36

3.2.4 分布式科技资源服务链的构件化封装与优化 / 36

3.3 分布式科技资源的检索服务 / 38

3.3.1 分布式科技资源的形式化描述 / 38

3.3.2 科技资源的分布式索引 / 39

3.4 分布式科技资源匹配推理服务 / 43

3.4.1 分布式科技资源的语义推理算法 / 43

3.4.2 分布式科技资源的语义推理机 / 44

3.5 分布式科技资源服务评价与优化技术 / 48

3.5.1 分布式科技资源服务的特点 / 48

3.5.2 科技资源服务能力的评价 / 49

3.5.3 科技资源服务的组合优化 / 51

参考文献 / 53

第 4 章 分布式科技资源的语义分析技术

4.1 基于细粒度注意力机制神经网络的方面级情感分类 / 56

4.1.1 模型框架 / 58

4.1.2 词嵌入层 / 58

4.1.3 短语嵌入层 / 58

4.1.4 BiLSTM 编码层 / 59

4.1.5 细粒度的注意力机制 / 60

4.1.6 表示聚合层 / 61

4.1.7 实验分析 / 62

4.2 基于学习标签相关性的多标签文本分类 / 66

4.2.1 编码阶段 / 68

4.2.2 解码阶段 / 70

4.2.3 实验分析 / 71

4.3 基于多元神经网络融合的分布式资源空间文本分类 / 77

4.3.1 卷积层特征提取 / 78

4.3.2 双向门控循环神经网络通路 / 78

4.3.3 基于资源服务效应的 Attention 机制模型 / 80

4.3.4 实验分析 / 81

4.4 基于 BiLSTM-CRF 序列标注的科技资源应用实体抽取方法 / 86

4.4.1 词向量层 / 86

4.4.2 BiLSTM 层 / 87

4.4.3 全连接层 / 89

4.4.4 CRF 网络 / 89

4.5 服务业务质量评价文本资源细粒度情感分析方法研究 / 90

4.5.1 文本预处理 / 91

4.5.2 两阶段细粒度情感元素抽取算法原理 / 94

4.5.3 实验设置和分析 / 102

参考文献 / 108

第 5 章 分布式科技资源的关联分析技术

5.1 行为参数自适应动态演化的智能优化算法 / 111

5.1.1 参数优化配置的菱形思维方法 / 112

5.1.2 参数优化配置的菱形思维模型 / 112

5.1.3 参数配置方案物元的发散 / 113

5.1.4 基于模糊意见集中法的收敛方法 / 115

5.1.5 基于嵌入式菱形思维的微粒群算法流程 / 115

5.2 基于 LSTM 神经网络模型的汽车配件销售预测分析 / 117
    5.2.1 LSTM 神经网络模型原理分析 / 120
    5.2.2 基于 LSTM 的汽车配件销售预测模型 / 123
    5.2.3 基于 LSTM 销售预测模型的学习优化方法 / 124
    5.2.4 基于 LSTM 销售预测模型的激活函数 / 127
    5.2.5 基于 LSTM 汽车配件销售预测模型的实验结果及分析 / 129
5.3 基于 LSTM-SVR 预测模型的配件损坏量预测技术研究 / 131
    5.3.1 LSTM-SVR 预测模型框架 / 131
    5.3.2 实验结果及分析 / 133
5.4 基于 Filter 和 Wrapper 模式的双阶段特征抽取方法研究 / 139
    5.4.1 数据清洗 / 140
    5.4.2 特征抽取方法研究 / 142
    5.4.3 基于 Filter 和 Wrapper 模式的双阶段特征抽取方法 / 147
    5.4.4 双阶段特征抽取方法实现 / 154
    5.4.5 实验结果与分析 / 156
5.5 基于半监督谱聚类集成的售后客户细分 / 162
参考文献 / 163

第 6 章 分布式科技资源的匹配推理技术

6.1 面向词项融合与词项位置关系的 SimHash 改进算法研究 / 165
    6.1.1 基于 word2vec 模型的文本向量化 / 165
    6.1.2 BM25 答案排序算法设计 / 168
    6.1.3 基于融合词项与词项间位置关系的 SimHash 改进算法 / 170
    6.1.4 基于融合词项的 SimHash 改进算法 / 173
    6.1.5 基于词项间位置关系的 SimHash 算法改进 / 175

  6.1.6 改进的 SimHash 相似度计算方法 / 178
 6.2 基于连续语言模型的匹配结果提取方法 / 179
  6.2.1 基于命名实体识别的案例结果提取方法研究 / 179
  6.2.2 基于句法分析的案例结果提取方法研究 / 180
  6.2.3 基于深度学习的案例结果提取方法研究 / 181
  6.2.4 基于卷积神经网络（CNN）的匹配结果提取方法 / 181
  6.2.5 基于 Attention-bi-LSTM 的匹配结果提取方法 / 182
  6.2.6 基于连续语言模型（ESIM）技术的匹配结果提取模型构建 / 183
 6.3 可装配特征的结构化描述与匹配推理 / 187
  6.3.1 特征装配集基本定义 / 188
  6.3.2 特征装配集模型 / 190
  6.3.3 特征装配集的本体结构设计 / 191
  6.3.4 特征装配集装配规则的本体构建 / 197
  6.3.5 基于特征语义过滤的装配知识推送 / 201
  6.3.6 基于用户知识行为模型的装配知识二次过滤 / 203
参考文献 / 205

第 7 章 分布式科技资源的评价优化技术

 7.1 大数据环境下多群落双向驱动协作搜索算法 / 206
  7.1.1 多群落协作网演化模型 / 207
  7.1.2 群落内与群落间的双向驱动进化 / 211
  7.1.3 多群落协作的异步并行搜索算法 / 213
 7.2 分布式科技资源服务构件的组合优化方法 / 215
  7.2.1 面向实体产业需求的分布式科技资源服务组合框架 / 215
  7.2.2 分布式科技资源服务组合优化评价指标体系 / 217

  7.2.3 分布式科技资源服务的混合组合优选数学模型 / 219

  7.2.4 基于多群落协作搜索的分布式科技资源服务组合优化算法 / 222

7.3 科技资源云服务能力评价 / 224

  7.3.1 科技资源云构成及特点 / 224

  7.3.2 科技资源云能力概念与内涵 / 225

  7.3.3 科技资源云能力综合评估体系 / 226

  7.3.4 资源云能力服务效能综合评估指标体系 / 227

  7.3.5 科技资源云能力量化评估方法 / 228

  7.3.6 基于云推理的科技资源云能力综合评估方法 / 232

7.4 分布式科技资源的多服务任务优化调度 / 234

  7.4.1 分布式科技资源服务调度问题分析 / 234

  7.4.2 分布式科技服务优化调度模型 / 235

  7.4.3 基于多群落协作搜索的分布式科技服务动态调度算法 / 239

参考文献 / 242

第 8 章 分布式科技资源按需服务构件开发

8.1 面向装备制造企业产品设计过程的科技服务构件开发 / 243

  8.1.1 产品设计资源按需服务的需求 / 243

  8.1.2 服务构件功能实现 / 244

8.2 面向装备制造企业产品加工过程的科技服务构件开发 / 250

  8.2.1 产品加工过程科技资源按需服务的难点 / 250

  8.2.2 复杂产品加工过程科技资源服务体系架构 / 252

  8.2.3 加工过程静态知识资源分布式索引构件 / 255

  8.2.4 加工过程中知识资源与业务流程的融合构件 / 258

  8.2.5 加工过程的知识资源匹配推送构件 / 259

  8.2.6 加工过程的知识资源组合优化构件 / **265**

8.3 面向装备制造企业产品维修过程的科技服务构件开发 / **267**

  8.3.1 汽车发动机故障诊断知识提取与推送难点 / **267**

  8.3.2 构件开发实现架构 / **268**

  8.3.3 汽车发动机故障诊断知识提取与推送构件 / **271**

分布式科技资源的概念与体系结构

・第 1 章・

> 作为向社会提供智力服务的科技服务业的知识性载体,科技资源是推动科技进步与经济社会发展的科技基础条件。本章在分析分布式科技资源产生背景的基础上,给出了分布式科技资源的概念、构成、体系结构、技术特征,以及其服务主体和模式。

1.1 分布式科技资源形成的背景

1.1.1 科技服务业的发展现状

科技服务起源于 19 世纪中期,最早的科技服务组织形态主要是咨询类机构,如 1856 年成立的德国工程师协会(VDI)。20 世纪二三十年代,咨询行业在美国、英国和法国等工业化国家中获得了发展,同时还出现了研发服务、天使投资等机构。

国外学者很少将科技服务业作为一个特定的范畴进行描述,如美国学者倾向于使用知识服务业(Knowledge-Based Service Industry)这个概念,欧洲学者则倾向于使用知识密集型服务业（Knowledge-Intensive Business Service, KIBS）这个概念。

在国内，科技服务业这一概念由国家科学技术委员会在1992年8月发布的《关于加速发展科技咨询、科技信息和技术服务业的意见》（国科发策字566号）中首次提出，指出科技服务业主要由信息业、科技咨询业和技术业组成。我国政府一直非常重视科技服务业的发展，出台了一系列政策，在一定程度上规范并促进了科技服务业的发展。西南交通大学的孙林夫教授等人在《产业集群科技服务方法论及科技服务业创新发展试点技术报告》中，提出了价值链协同业务科技资源的概念，由此可以看出，业务流程和数据已被视为可复制、可重用的资源，已成为向企业提供知识性服务的重要做法。

2011年3月，国家发展和改革委员会发布《产业结构调整指导目录（2011年本）》（发改委令〔2011〕第9号），新增了科技服务业的类别，并做出了诠释。

在2014年10月发布的《国务院关于加快科技服务业发展的若干意见》（国发〔2014〕49号）中明确了科技服务业发展的总体要求和重点任务。科技服务业发展的重点任务为重点发展研究开发、技术转移、检验检测认证、创业孵化、知识产权、科技咨询、科技金融、科学技术普及等专业科技服务和综合科技服务，提升科技服务业对科技创新和产业发展的支撑能力。其中，综合科技服务鼓励科技服务机构的跨领域融合、跨区域合作，以市场化方式整合现有科技服务资源，创新服务模式和商业模式，发展全链条的科技服务，形成集成化总包、专业化分包的综合科技服务模式。鼓励科技服务机构面向产业集群和区域发展需求，开展专业化的综合科技服务，培育、发展、壮大若干科技集成服务商。

国家统计局于2018年12月发布的《国家科技服务业统计分类（2018）》（国统字〔2018〕215号）依据《国务院关于加快科技服务业发展的若干意见》提出的重点任务，确定了科技服务业的基本范围，将科技服务业范围确定为科学研究与试验发展服务、专业化技术服务、科技推广及相关服务、科技信息服务、科技金融服务、科技普及和宣传教育服务、综合科技服务等七大类。

第1章 分布式科技资源的概念与体系结构

2019年4月,国家发展和改革委员会对《产业结构调整指导目录(2011年本)》进行了修订,形成了《产业结构调整指导目录(2019年本,征求意见稿)》,科技服务业在我国的兴起,并引起了国内许多学者对科技服务业的关注。作为现代服务业重要组成部分,科技服务业在国民经济中发挥着越来越重要的作用,具体表现为经济发展对以提供知识型服务和高附加值服务为特征的科技服务业的需求增大了。目前科技服务业的概念仍然存在分歧,尚无权威共识。

科技服务业是指运用现代科技知识、现代技术和分析研究方法,以及经验、信息等要素向社会提供智力服务的新兴产业,是在当今产业不断细化分工和产业不断融合生长的趋势下形成的新的产业分类,其核心是科学知识、技术和研究方法,主要内容是经验、信息等要素。

1.1.2 科技资源的提出

《国务院关于加快科技服务业发展的若干意见》的颁布使我国成为世界上第一个对科技服务业进行系统研究的国家。在新技术和新业态下,科技资源的外延不断延伸。

(1)"互联网+"赋予科技服务资源与科技服务新的内涵,已成为以科技创新引领世界现代产业发展和转型升级的重要支撑。在发达国家,知识密集性服务业是科技服务业的典型代表。美国通用电气公司(GE)将智能设备、智能系统、智能决策与机器、设施和系统网络进行全面融合,基于工业互联网,实现机器、数据和人相连接。例如,GE正在管理价值1万亿美元的资产和由1 000多万个传感器追踪的5 000多万条独特数据;仅GE运输方面每年就需要分析从13 300台机车中所产生的146TB数据。业务流程和业务数据资源成为GE实现从工业运营模式转向预测模式的核心,是Predix云平台及Predictivity数据与分析解决方案的基本载体。Salesforce 基于云服务提供客户关系管理(CRM)在线租赁,成为业务流程资源服务的典型,占据了全球8%以上的SaaS市场。而根据北美产业分类体系,美国统计局把管理与科技咨询、科技研发服务等归入专业、科学与技术服务,

2015年，此项营业收入达16 450亿美元。可见，"互联网+"赋予科技服务资源与科技服务新的内涵，成为以科技创新引领世界现代产业发展和转型升级的重要支撑。

（2）我国科技资源分散孤立，资源分享缺乏模式，实体经济服务能力薄弱，对分布式资源巨系统构建及资源分享提出了迫切需求。我国高度重视科技服务业。《国务院关于加快科技服务业发展的若干意见》颁布后，使我国成为世界上第一个提出科技服务业、第一个对科技服务业进行系统研究的国家。我国已制定了《科技服务业分类》（GB/T 32152—2015）、《科技服务产品数据描述规范》（GB/T 31779—2015）及科技平台与资源等标准规范；开发出了科技云聚合服务系统、基于ASP/SaaS的制造业产业价值链协同平台、科技资源综合服务平台等一批服务平台和系统，取得一定成绩。

但是，科技资源及资源分布复杂多样，科技服务系统众多，科技服务系统与实体经济产业之间、科技服务系统内部之间的组成与关系均很复杂，需要在分布于全国各地各行业的巨大科技资源中进行搜索、分析、匹配、评价和优化科技资源，形成科学合理的解决方案，是典型的分布式资源巨系统，这也是本项目需要解决的重点任务。

1.1.3 科技资源的特点

科技资源是一个以统一标准和规范为基础的，包含不同层次、不同类型，相互联系、密切配合的资源库群，通过分散建库，形成如图1-1所示的分布式科技资源体系。该体系采用分布式汇聚的方式，整合包括科技图书、科技期刊、科技报告、科技成果、专利文献、标准文献、学位论文等在基础科学研究与技术开发过程中产生的科技信息资源，以及在实际应用过程中产生的业务数据与业务流程等信息资源。因此，分布式资源空间涉及跨领域多学科知识库，这些知识、资源和数据种类繁多、形式多样、耦合互联，所有这些因素使分布式科技资源具有如下特点。

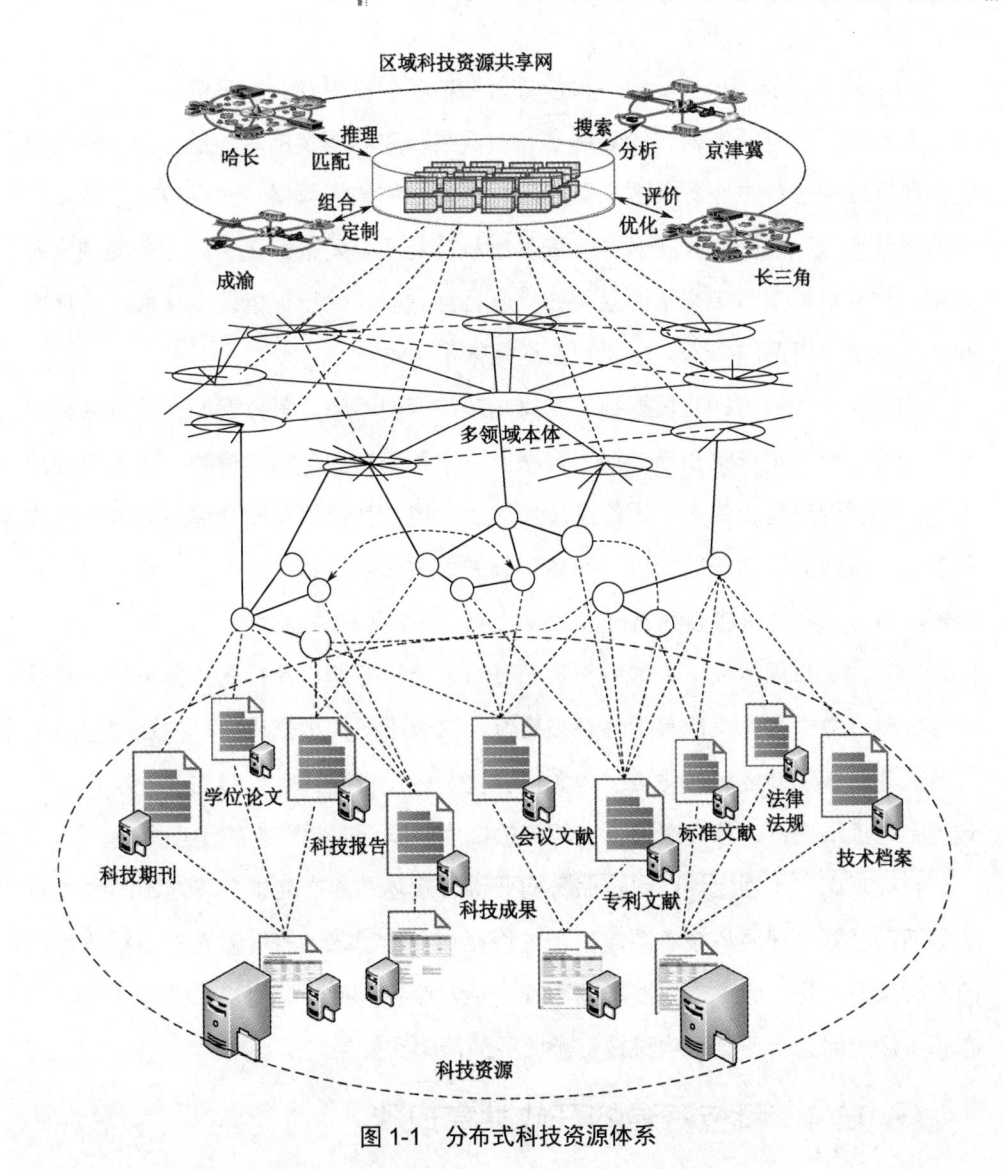

第1章 分布式科技资源的概念与体系结构

图 1-1 分布式科技资源体系

（1）多源异构。科技服务是一种面向需求的科技资源分布式汇聚和按需分享的服务，在服务业与实体产业深度融合的背景下，与实体产业科技服务任务进行匹配的不再是传统的科技资源，而是科技服务。科技服务系统与实体经济产业之间、科技服务系统内部之间的组成与关系均比较复杂，并且科技服务过程中涉及大规模资源数交叉、融合、跨语言关联和关系的动态演化。

（2）构成复杂。科技资源不仅涉及跨领域多学科的专业知识资源，如学位论文、专利情报、专业书籍、设计标准、参数规范和典型案例等知识资源，同时也包括实际应用过程中业务数据和业务流程资源，如结构数据、仿真数据、测试数据，设计流程、预测流程和服务流程等。科技资源空间中存在大量复杂异构资源文本，这些资源文本带来了海量无序、耦合互联的属性特征信息，从而给实体产业业务需求中资源的搜索、配置和推送带来了困难。

（3）层级领域多样。根据整理和再加工程度的不同，科技资源大致可以分成原始资源、粗加工资源和精细加工资源。从原始资源到粗加工资源，再到精细加工资源，资源所包含的第一手信息逐层减少，但是其使用难度也逐层降低。现代科学技术具有高度细分的特点，而各子领域的关注重点和研发方法却都有明显的区别，对应的科技资源也在格式和语义上有着不同程度的差别。

（4）抽象与规范性。我国科技资源分布于全国各地、各行业和各单位，甚至部分经验参数、特殊案例等隐性科技资源分散于不同人员个体，科技资源空间中大量的非结构化乃至碎片化信息来源多样化，科技资源具有很强的专业性，且格式规范、量纲规范、意义明确，有较高的维度，缺乏非常直观的呈现方式。

（5）动态和不确定性。科技服务需要围绕实体产业产品生命周期不同阶段的业务活动配置合理的科技资源，整个过程存在大量动态、随机因素，如科技资源的实时状态变化，服务需求发起的不确定性，服务执行时间的随机性等。这些动态和不确定因素会严重影响科技资源服务的能力和效果。

1.1.4 科技资源的开放共享现状

1. 国外科技资源开放共享现状

19世纪初期，西方发达国家就出现了科技服务业。Bell认为科学与技术之间出现的这种新型关系，使后工业社会向以个性化服务和专业技术服务为主的知识服务业方向发展，并提出了知识服务业概念。Windrum等人认为，服务业和制造业之间存在积极的反馈，新技术可以催生新的服务业，这些产业又通过实验室、

第1章 分布式科技资源的概念与体系结构

设计和工程活动推动这些新技术的发展。在发达国家，知识密集性服务业是科技服务业的典型代表，高度重视科技资源的共享利用，致力于科技资源的建设、统筹规划、分析方法及具体应用的开发。例如，美国在20世纪90年代就开始重视科技数据资源共享利用，并且于2012年启动大数据研究和发展计划，于2013年发布大数据到知识（BD2K）计划，于2016年启动联邦大数据研发战略计划，上述计划的实施有助于美国科技资源开放共享战略；欧盟也高度重视科技资源的共享利用，于2018年启动了欧洲开放科学云和全球开放获取运动；英国于2013年10月31日发布了《英国数据能力发展战略规划》，成为大数据分析的世界领跑者，通过实施提高资源数据能力相关举措，重点支持大数据驱动的科技资源创新发现；日本于2013年新提出IT国家战略，以公共数据和大数据的发展为核心，旨在把日本建成广泛运用信息产业技术的国家。

2. 国内科技资源开放共享现状

国内学者主要从科技服务的内容、功能和方式3个方面对科技服务业的概念进行界定。以赖志军为代表，他认为从内容方面来讲，科技服务业主要包括技术孵化与咨询、技术开发与转移、技术推广与转让、科技风险投资、科技交流与培训、科技评估与科技鉴证、知识产权服务等业务；以程梅青等人为代表，他们从功能上提出科技服务业是指一个区域内为促进科技进步和提升科技管理水平提供各种服务的所有组织或机构的总和；以王永顺为代表，他提出科技服务业是依托科学技术和其他专业知识向社会提供服务的新兴行业。

目前我国科技服务业规模小但发展较快，不断涌现出新兴的科技服务业态和发展模式。2007年国务院下发的《国务院关于加快发展服务业的若干意见》中，首次提出大力发展科技服务业，充分发挥科技对服务业发展的支撑和引领作用，重点发展研究开发、技术转移、检验检测认证、创业孵化、知识产权、科技咨询、科技金融、科学技术普及等专业科技服务和综合科技服务。国家在"十二五"规划纲要中着重提出大力发展高技术服务业，以高技术的延伸服务和支持科技创新的专业化服务为重点。《2004—2010年国家科技基础条件平台建设纲要》出台，提出要打破资源分散、垄断和封闭的现有模式，应该以资源共享为核心，积极探索新的管理体制和运行机制的建设原则。2018 年，国务院办公厅印发《科学数据管理办法》，为国家科技创新、国家安全和经济发展提供了更好的支撑。我国至今已制定了《科技服务业分类》(GB/T 32152—2015)、《科技服务产品数据描述规范》(GB/T 31779—2015) 及科技平台与资源等标准规范；开发出科技云聚合服务系统、基于 ASP/SaaS 的制造业产业价值链协同平台、科技资源综合服务平台等一批服务平台和系统，提高我国在科技资源的采集、整理、传输、存储、分析、共享与应用等方面的能力与水平，正在形成以政府、行业机构和领域数据中心为主体的科技资源共享政策体系，最大限度实现科技资源共享，已取得一定成绩。

1.1.5　分布式科技资源的形成

科技资源分布式汇聚、开放共享、产业服务的模式、方法与技术的研究是国家创新战略的重要组成部分，需要重点发展各种综合科技资源，包括研究开发、技术转移、检验检测认证、创业孵化、知识产权、科技咨询、科技金融、科学技术普及等专业科技服务资源，以及价值链协同业务流程资源、业务数据资源等。专业科技资源与综合科技资源的深度融合可以为产业全生命周期的各环节、各层面提供系统的智能化支持。

《国务院关于加快科技服务业发展的若干意见》中明确的重点任务是重点发展研究开发等八大类专业科技服务和综合科技服务。本书将科技资源视作在科技服务活动中使用的包含知识要素在内的资源。目前关于科技资源的研究基本上属于专业科技服务领域，而本书将科技资源的定义拓展到综合科技服务领域。

因此，本书根据万方科服聚平台和宁波市科技信息研究院公共服务平台构成专业科技资源的地域分布特性，以及资源数据异构性等特点，对不同类型、不同地理位置的资源进行分类规整，形成若干个节点资源集群，所有资源通过虚拟化方法分配到虚拟机中，各虚拟机管理对应的节点集群资源，负责资源分配与调度，然后将科技资源统一映射到分布在异地的城市群资源分享数据中心的服务器集群中，形成分布式资源池。

1.2 分布式科技资源的概念

1.2.1 分布式科技资源的概念

无论是经济发展，还是科技进步，都需要资源作为基础。而资源具有稀缺性，是人类赖以生存与发展的基础。美国著名的资源经济学家阿兰·兰德尔（1989）在其著作《资源经济学》中将资源看作人类发现的有用途、有价值的物质，既包含人类可以选用的自然物质，也包含经过人类劳动而成的经济物品，以及无形的知识、信息、智慧等。通常所说的资源是指一切可被人类开发和利用的物质、能量和信息的总称。

科技资源作为科技活动或科技服务活动的投入要素，从现有的国内外实践和理论来看，尚没有统一、明晰的概念界定。对科技资源的分类，国内外有二分法、四分法、五分法等不同的分类方式。二分法就是简单地将科技资源分为人力资源和财力资源，这样的分类在美国和日本比较实用。四分法就是我们所使用的分类方法，就是将科技资源用人力资源、物力资源、财力资源和信息资源进行汇总，我国在20世纪90年代就开始这样使用。还有人把科技管理也看作重要的科技资源之一，这是一种无形的科技资源，于是就在上述四分法基础上形成了五分法。

总体而言，绝大多数学者都在对科技资源的定义或特征描述中强调其知识层面的意义，科技资源在本质上是包含知识要素在内的资源，其科技知识成分决定了其与其他类型资源的区别。

1.2.2 分布式科技资源的构成

本书研究聚焦的分布式科技资源主要是以万方科服聚平台和宁波市科技信息

研究院公共服务平台的科技信息资源为研究对象的,包括科技图书、科技期刊、科技报告、科技成果、会议文献、专利文献、标准文献、学位论文、法律法规及技术档案等在基础科学研究与技术开发、应用过程中产生的各种信息资源。

其中,科技图书是科研成果、生产技术和经验的描述或总结,科技图书所记载的科技知识具有总结性,比较系统全面。

科技期刊是一种载有编号或年月顺序号、计划无限期连续出版发行的印刷型或非印刷型的、能反映学术成就、技术成果的出版物。它具有出版周期短、内容新颖、出版连续性等特点。

科技报告是指对某一科研项目的调查、实验、研究所提出的正式报告或进展情况的文献。科技报告内容专深新颖、论述详尽、数据完整。

科技成果源于中国科技成果数据库,是国家和地方主要科技计划、科技奖励成果,以及企业、高等院校和科研院所等单位的科技成果信息。

会议文献是指把在会议上宣读或讨论的论文及其他资料汇编出版发行的文献。它具有传递信息及时、针对性强等特点,其作用在于反映科学技术的最新成果、发展趋势、研究水平与动向。

专利文献是指专利局公布或归档的与专利有关的所有文献,包括专利说明书、专利公报、专利检索工具及与之有关的法律文件等。专利文献除了具有技术性的特点,还具有法律性的特点。

标准文献是指经过公认权威当局批准的标准化工作成果,可以采用文件形式或规定基本单位(物理常数)这两种形式固定下来,它包括国际标准、国家标准、行业标准及与标准化工作有关的一切文献。标准文献所提供的技术质量标准不是一成不变的,它与现代科学技术的发展紧密联系,并随着技术的发展而发展。

学位论文是高等学校学生为获得某种学位而撰写的科学论文,一般包括学士论文、硕士论文和博士论文。

法规资源涵盖了国家法律、行政法规、部门规章、司法解释及其他规范性文件。

技术档案是指在生产建设中和科技部门的技术活动中形成的、有一定具体工程对象的技术文件的总称，它包括技术文件、协议书、设计图纸和研究计划等。

1.3 分布式科技资源的体系结构

1.3.1 分布式科技资源体系的组织模型

根据科技资源的分布式多层的特点，本书建立由万方科服聚平台和宁波市科技信息研究院公共服务平台构成的基础分布式科技资源数据集群，通过梳理科技资源的关联关系，建立分布式科技资源空间的多领域本体，通过领域本体中的术语对每一类科技资源进行分词处理，首先提取其中的特征词作为资源分布式索引的基础，然后提取科技资源中的其他相关属性和知识源接口，形成索引并存入索引库，通过资源搜索、匹配、分析、推理、评价和优化等方式，为京津冀、哈长、长三角、成渝城市群实体产业提供服务，构成如图 1-2 所示的分布式科技资源体系。

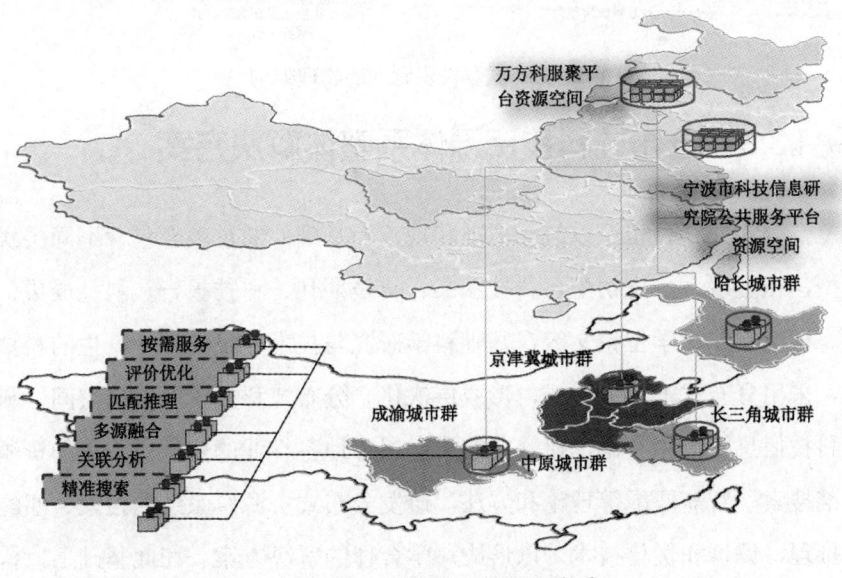

图 1-2　分布式科技资源体系

1.3.2 分布式科技资源体系的物理架构

分布式科技资源池的物理架构如图 1-3 所示。

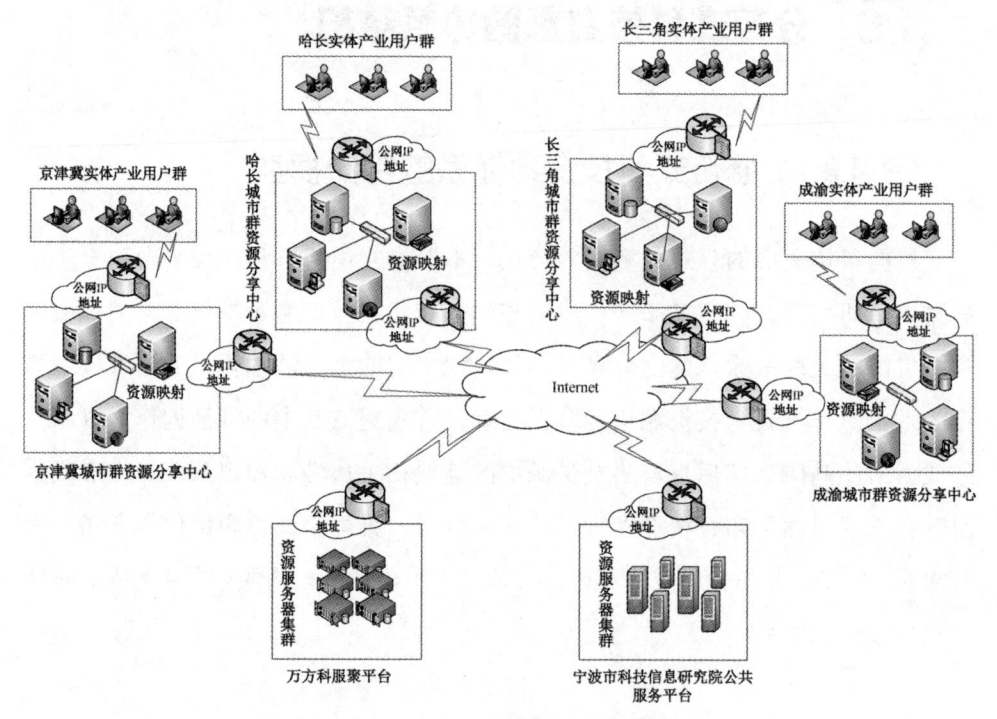

图 1-3 分布式科技资源池的物理架构

1.3.3 分布式科技资源体系整体解决方案

综上，分布式科技资源以统一标准和规范为基础，通过整合包含不同层次、不同类型、相互联系、密切配合科技图书、科技期刊、科技报告、科技成果、专利文献、标准文献、学位论文等在基础科学研究与技术开发过程中产生的科技信息资源，采用分布式汇聚的方式，形成层次化、分布式科技资源数据空间。科技资源以科技信息资源为基础，研究分布于全国各地各行业的资源巨系统的资源聚集、精准搜索、智能匹配等理论和方法，研发分布式资源巨系统的搜索、匹配、分析、推理、评价和优化技术，以形成科学合理的解决方案。在此基础上，构建

第 1 章　分布式科技资源的概念与体系结构

城市群分布式科技资源体系,针对城市群实体产业的科技服务需求,为企业不同业务环节的智能运行提供按需服务。分布式科技资源体系整体解决方案如图 1-4 所示。

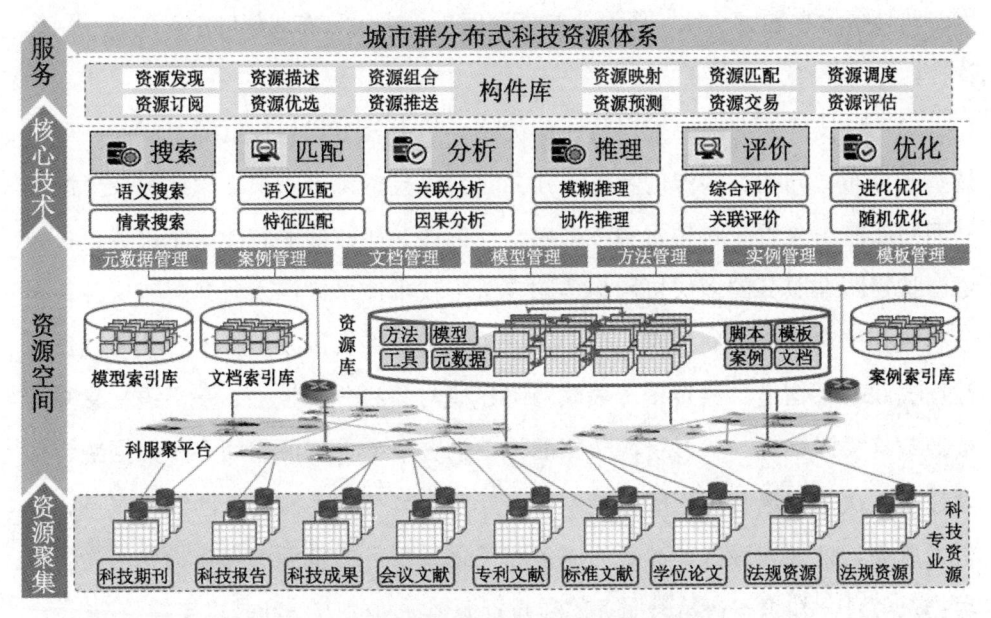

图 1-4　分布式科技资源体系整体解决方案

(1) 科技资源的分布式汇聚。针对分布式资源空间中多源、异构、多时态空间的科技资源数据与综合科技资源数据,制定多源异构资源数据分布式处理机制,建立多科技资源数据库间的对象实体映射及查询适配,搭建资源池的文件库模型,以文件的形式存储和处理非结构化的模型数据,通过资源粒度的数据隔离与共享机制完成分布式多源数据库管理模型和文件库模型的构建,实现分布式资源空间结构、非结构化数据的协同共享存储、分布式处理。

(2) 分布式科技资源空间。基于云计算框架,通过分布式存储技术将海量数据分散存储于同一数据中心(或不同数据中心)的不同节点上,用户只需通过资源分享中心提供的使用接口在数据空间存取数据即可,而数据的存储、组织、管理及数据的可靠性、可用性保证均由资源分享中心负责。在此基础上,建立分布式科技资源空间的多领域本体，通过领域本体中的术语对每一类科技资源进行分词处理，提取其中的特征词作为资源分布式索引的基础，提取科技资源中的其他相关属性和知识源接口，形成索引并存入索引库，进而构建科技资源多领域本体库、科技资源主题索引库、资源分类资源库等，实现分布式资源空间的统一组织管控。

（3）科技资源的匹配推理与评价优化。基于分布式科技资源空间，针对科技资源分布、异构、多源的特征，建立包括科技资源分布式汇聚、科技资源关联网络建模与分析、科技资源多源融合与推理、科技资源智能决策服务、科技资源按需精准服务的多层协同构建的方法与技术体系。深入研究科技资源数据分布式存储与统一访问技术、基于知识图谱的多维资源视图技术、分布式资源数据关联关系描述、科技资源关联网络建模与关联分析技术、基于语义感知的资源数据关联推理、关联资源数据的知识融合技术、资源空间多源数据融合推理技术、决策优选与精准服务技术等，开发一套搜索为服务、匹配为服务、分析为服务、推理为服务、评价为服务和优化为服务的资源服务化构件，为形成数据—信息—知识—决策—服务的科技资源体系提供方法和技术支撑。

（4）科技资源的体系构建。建立以万方科服聚平台和宁波市科技信息研究院公共服务平台为代表构成的基础分布式科技资源数据集群，通过梳理科技资源的关联关系，建立分布式科技资源空间的多领域本体，通过领域本体中的术语对每一类科技资源进行分词处理，提取其中的特征词作为资源分布式索引的基础；然后提取科技资源中的其他相关属性和知识源接口，形成索引并存入索引库，通过资源搜索、匹配、分析、推理、评价和优化，为京津冀、哈长、长三角、成渝城市群实体产业提供服务，形成分布式科技资源体系的组织模型。

（5）科技资源的按需服务。根据城市群产业实体用户对科技资源服务需求，一方面需要根据服务任务需求和任务信息，主动推荐与用户业务活动相关的各种专业科技资源；另一方面需要针对产品生命周期中某个特定的功能或者过程，组织资源空间的各种科技资源（包括模型、方法、标准、案例等），以动态服务的形式提供给实体产业用户。因此，根据科技资源组织、封装和推送的内容及形式不同，科技资源服务又可以分为静态科技资源服务和动态科技资源服务两种模式。

参 考 文 献

[1] 苏朝晖. 科技服务研究[M]. 北京：社会科学文献出版社，2016.

[2] 顾乃华. 科技服务业发展模式研究[M]. 广州：暨南大学出版社，2019.

[3] 孙林夫. 产业集群科技服务方法论及科技服务业创新发展试点技术报告[R]. 成都：四川省技术市场协会科学技术成果评价报告，2020.

[4] 刘孝保，陆宏彪，阴艳超，等. 基于多元神经网络融合的分布式资源空间文本分类研究[J]. 计算机集成制造系统，2020，26(01):161-170.

[5] BeLL D. The Coming of the Post-industrial Society: A Venture Insocial Forecasting [M]. New York: Basic Books, 1976.

[6] WINDRUM P. TO MLINSON M. Knowledge-intensive Services and International Competitiveness: A Four Country Comparison [J]. Technology Analysis Strategic Management, 1999, 11(3): 391-408.

[7] 赖志军. 佛山市科技服务业发展战略研究[D]. 吉林大学，2008.

[8] 程梅青，杨冬梅，李春成. 天津市科技服务业的现状及发展对策[J]. 中国科技论坛，2003(03):70-75.

[9] 王永顺. 加快发展科技服务业 提升创新创业服务水平[J]. 江苏科技信息，2005(08):1-2.

[10] 张贵红. 我国科技创新体系中科技资源服务平台建设研究[D]. 复旦大学，2013.

[11] 赵伟，赵奎涛，王运红，等. 科技信息资源共享与服务的价值传递分析[J]. 科技进步与对策，2009，26(15):8-11.

分布式科技资源服务实体产业的需求分析

· 第 2 章 ·

依托城市群的新一代信息技术、高端装备制造、生物医药等优势产业,既是国家战略性高科技企业,也是典型的科技资源密集型企业,产品自身所具有的特点对科技资源服务模式提出了迫切需求。而科技资源的按需服务可以有效支撑实体产业产品研制错综复杂的过程,支撑多样的业务运营模式,有效提升产品研制整体效率。本章从科技资源高效配置、实体产业管控能力,以及产品研制整体效率提升等方面分析了实体产业对科技资源的需求,讨论了科技服务的特点,以及云模式下实体产业科技服务运行的难点。

2.1 城市群产业对科技服务的需求

2.1.1 城市群产业对科技资源集成的需求

城市群发展是世界经济科技重心转移的结果,已成为世界上经济最为活跃的区域,主导着全球及各国经济的发展。通过产业纵向关联和横向竞合,以及城市独特的优势,在城市群中形成了各种各样的产业集群。尤其区域新一代信息技术、高端装备制造、生物医药等优势产业,它们既是国家战略性高科技企业,也是典型的科技资源密集型企业，其产品研制具有生产链条较长且节点多、参与单位多且地域分布广、学科专业多且交互频繁、研制任务多且研制周期短等特点，在产品研制过程中，高效配置科技资源、共享研制知识、增强管控能力、降低信息化成本等均对科技资源服务模式提出了迫切需求。

城市群区域优势产业产品研制过程错综复杂，涉及多个技术领域和部门，例如，其产品研发的设计、分析、仿真、测试等环节需要的科技文献、数据、案例等分散在不同科技信息平台，利用率低；设计手册、经验参数、仿真模型等为产业群的不同企业所用，设计协作困难；生产加工的工艺装备、手册、经验规范分布在各个制造企业，信息难以共享；分析测试软件、测试数据和经验知识把控在不同科研院所，经验交互困难；产品知识、客户情报、维护知识掌握在主要营销和维护人员手中，无法实现产品全生命周期不同阶段的资源共享。

因此，迫切需要采用科技资源分布式汇聚的模式将分散在全国各地各行业的科技资源进行集中管控和按需调配，既有利于城市群优势产业大规模研制工程的高效开展，也有利于提高科技资源利用率。

因此，针对科技资源及资源分布复杂多样，科技服务系统众多，科技服务系统与实体经济产业之间、科技服务系统内部之间的组成与关系均很复杂的现状，需要在分布于全国各地各行业的巨大科技资源中进行搜索、分析、匹配、评价和优化科技资源，形成科学合理的解决方案。

⊙ 2.1.2 城市群实体产业管控能力增强的需求

通过产业纵向关联、横向竞合及城市独特的优势，在城市群中形成了各种各样的产业集群，分工合作越来越多，产业集群化趋势不断增强，致使城市群由竞争走向竞争与合作，产业集聚效应越来越明显。区域产业集群业务运营模式复杂，产业链上的企业需要根据整个链条总的运营情况做出个性化经营决策。目前，大多产业链上的企业采用的是较粗放的层级管理模式，资源的协调分配中部分信息失真，并且随着集聚企业规模不断扩大，需要管理和协调的事务越来越多，需要有效管控和配置的资源越来越复杂，导致企业在投资决策和实施监控上战略集中管控能力不强。因此，城市群实体产业涉及战略规划管控、经营计划管控、资源管控和业务管控，还涉及对所属企业全面综合的协调，需要在综合考虑产业的商业模式、管控模式和制造模式的基础上，进一步加强在城市群集聚产业管控一体化、企业模式快速调整、产品供应链延伸、企业活动透明且可控制、资源有效利用等方面的管控能力。

未来的区域产业管控将向着资源按需共享的方向发展，管控形式则向高新技术转变的方向发展。实际上，在科技资源服务环境里，通过建立统一、高效的科技资源数据处理中心、资源服务中心及资源调度中心进行资源配置和管理，是解决我国区域产业发展困局的有效措施，也是实现各种资源在更大范围的资源优化配置和按需管控的有效途径，区域实体产业管控措施如图 2-1 所示。

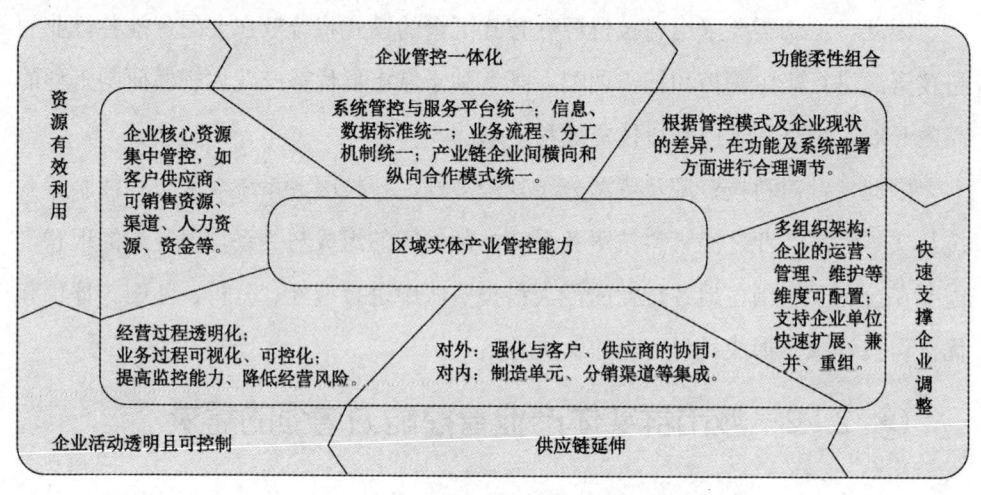

图 2-1 区域实体产业管控措施

2.1.3 城市群产业间协同创新的需求

城市群是我国经济新的增长级，迫切需要依靠科技服务提升城市群的发展水平。目前区域产业集群正向着信息化、服务化和社会化的方向发展，企业与各类资源的云端互联、个性化生产、制造服务化正成为激发产业活力和价值增值的催

第 2 章　分布式科技资源服务实体产业的需求分析

化剂。尤其是装备制造企业，这些企业已从传统的商务、零部件级的协作逐渐深入到工艺流程级的制造过程协作，这种基于工艺流程、面向制造过程的协作，客观上要求协作企业间实现制造过程各环节的协同及各种资源的共享与集成。物联网与云计算技术解决产品全生命周期过程的基础数据采集、云存储、数处理和安全共享等问题，实现生产过程实时控制；科技资源数据挖掘分析技术也为用户行为分析、市场动态分析等提供了方法，据此可实现动态生产决策和预测性制造，并通过充分利用分散在全国不同地区、不同行业之间可利用的具有竞争力的科技资源，实现科技资源的快速重组和优化配置。如图 2-2 所示，区域集聚产业企业需要制定服务标准和运行逻辑，完成制造服务资源的组织与配置、服务过程跟踪与质量管控、制造服务分析与改进，融合物联网、知识网与制造技术，构建科技资源和制造能力池，将人、机、物抽象成一个个服务节点，以服务方式统一于云池中为企业提供各种核心资源服务，并通过信息与知识共享的集群效应实现群体竞争力的提升。

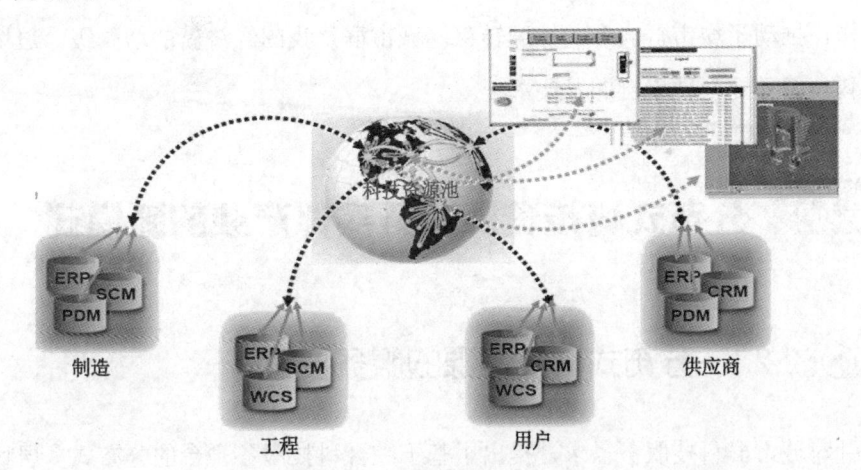

图 2-2　知识资源服务于协同制造过程

▶ 2.1.4　区域科技服务生态系统形成的需求

作为衔接产业链的有效载体，科技服务业通过发挥产业关联、技术转移、知识扩散等作用，成为推动产业效率提升、产业结构优化和产业素质提升直接有效的驱动力。而现代产业作为科技服务业的主要客户及战略承载力，为科技服务业提供了良好的发展环境，反作用于科技服务业，促进其生产力、竞争力的提升，两者的相互作用机理联合推动了产业的更迭、优化和调整，促进了现代产业体系的真正形成。最终，通过现代产业体系的科技需求、两者成长反馈等，形成科技服务业与现代产业良性发展循环机制。

20世纪七八十年代，某些国际大都市率先完成了从工业经济向服务经济的发展和转变。如伦敦第三产业比例为0.04：12.70：87.26，服务业比重达87%。而利物浦等制造业中心城市则构建了制造业与服务业并重的多元经济体系，一是知识密集性服务业向制造业全链条全过程渗透，成为推动城市群产业向价值链高端跃升的重要动力；二是以产业集聚发展现代产业，以制造与服务融合发展产业新生态。

今天的产业竞争已从企业间的个体竞争发展成为产业链之间的整体竞争，构建以专业化分工与社会化协作为基础，各种不同级别企业并存，不同类型企业共生互补的生态化产业体系已成为重大趋势，产业生态化发展推进了城市群的竞争和合作，推动了城市群产业的梯度转移。城市群是我国经济新的增长级，迫切需要以科技服务提升城市群的发展水平。

2.2 分布式科技资源服务实体产业的新模式

2.2.1 分布式科技资源的服务要素

针对城市群科技服务需求，提出了基于综合科技服务平台的分布式多层科技服务模式，该模式由科技服务行为主体通过综合科技服务平台为区域集聚产业提供相应的科技资源信息，实现了科技资源从简单信息数据组合向科技资源与业务流程融合的服务过程组合的提升，加速了城市群实体产业业务信息传递，提高了业务数据质量，优化了产业链业务流程。

第2章 分布式科技资源服务实体产业的需求分析

科技资源服务可描述为以下六元组,即

$$STRS= \{ST, SH, SO, SC, SB, SP\}$$

其中,

STRS 表示科技资源服务,是一个六元组。

ST={CSSP(CBF, CR, RC, TC), CE(CSSP)}表示服务目标,指通过城市群综合科技服务平台为区域产业集群提供信息、资源、知识和技术支持服务,形成区域企业群体的科技资源服务环境。其中,CBF、CR、RC 和 TC 分别表示区域企业群体间的协作业务、协作规则、资源约束和时序约束;CSSP(CBF, CR, RC, TC)表示为实体产业协作业务提供科技资源信息的综合科技服务平台,CE(CSSP)表示分布式科技资源协同服务环境。

SH={CSSP, SA(CSSP)}表示服务主体,指科技资源提供方通过综合科技服务平台为区域企业群体提供科技资源信息服务。其中,CSSP 表示综合科技服务平台,SA(CSSP)表示服务行为主体。

SO={CSSP, EP(CSSP)}表示服务对象,指城市群协作企业群体作为科技服务交互过程中的接受方,通过综合科技服务平台获取科技资源信息。其中,EP(CSSP)表示城市群实体产业群体,是产业行为主体。

SC={CBF, CR, RC, TC, CSSP(CBF, CR, RC, TC)}表示服务内容,指服务主体通过综合科技服务平台,为城市群中企业群体的协作业务提供科技资源信息服务。

SB 表示服务行为,主要描述服务行为主体和产业行为主体在服务交互过程中,针对特定的服务目标而设计的服务活动,同时也包括对两类服务行为发生的环境、运用的服务工具和遵循的服务规则的描述。

SP 表示服务过程,主要描述服务过程中活动与活动之间的相互关系、服务行为与科技资源的结合、服务过程的属性及在此过程中涉及的组织、资源及其交互关系。

⊙ 2.2.2 综合科技服务平台

综合科技服务平台是强调围绕实体产业需求,服务行为主体基于科技服务技术支撑体系，通过服务平台为产业行为主体即企业集群之间的协作业务提供全方位的科技资源信息服务。本节建立了综合科技服务平台的四维服务模型，如图2-3所示。该模型以产业群协同业务为服务行为主体坐标（T），以专业科技资源为信息资源坐标（PR），以高校、产业创新联盟、科技资源共享服务中心等协作企业为科技服务技术支撑坐标（SH），以科技/协同服务企业为产业行为主体坐标（SO）。

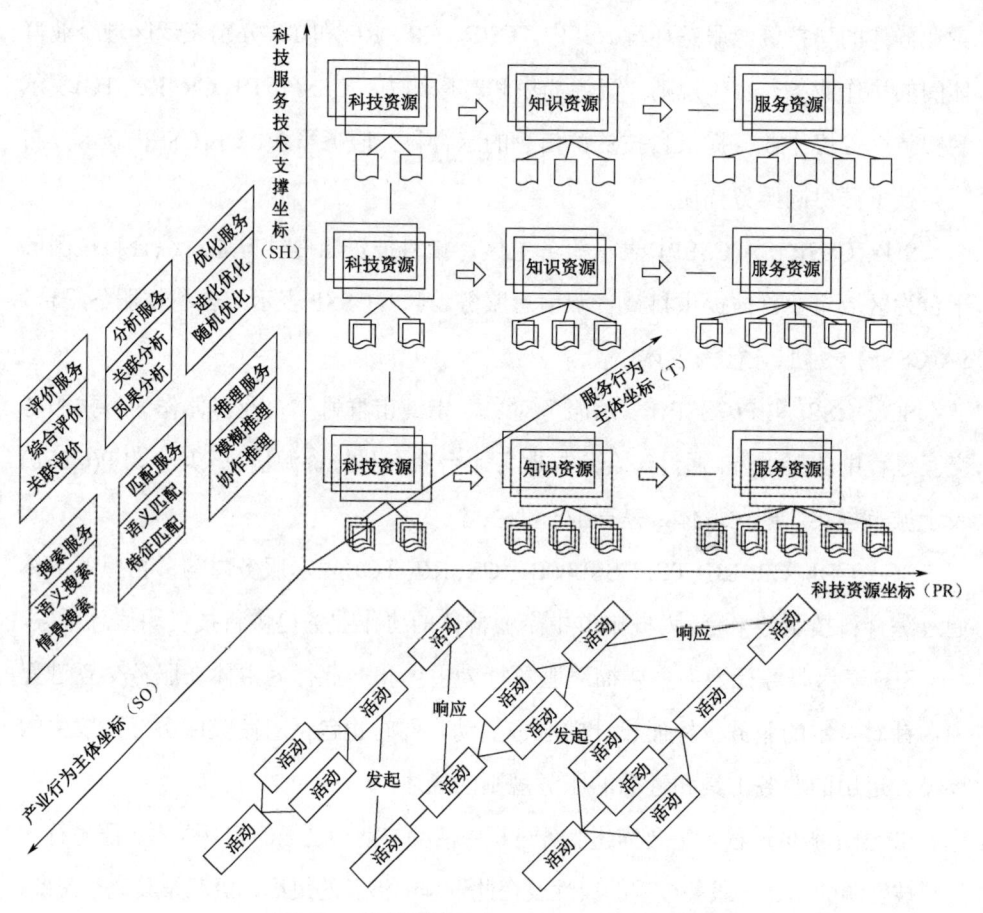

图2-3 综合科技服务平台的四维服务模型

（1）科技服务技术支撑坐标。综合科技服务是由服务行为主体基于科技服务技术支撑体系通过服务平台为产业行为主体即企业集群之间的协作业务提供全方位的科技资源信息服务的。研究科技资源服务体系构建的相关理论、方法和关键技术，是实现科技资源服务的前提。科技资源服务体系的构建过程需要一套覆盖服务生命周期的方法体系，以支持科技服务行为主体建立其服务系统和平台，而高校、产业创新联盟、科技资源共享服务中心等协作企业可为科技资源服务体系的构建及综合科技服务平台的开发提供技术支持。

（2）科技资源坐标。本书研究聚焦的科技资源涉及跨领域多学科的专业知识资源，其资源空间中存在大量复杂异构资源文本，这些资源文本带来了海量无序、耦合互联的属性特征信息，从而给实体产业业务需求中资源的搜索、配置和推送带来了困难。

（3）产业行为主体坐标。科技资源服务在产业行为主体坐标上发生，主要体现为区域企业集群提供科技资源信息服务，是产业行为主体间协作业务在科技资源服务维度的表现。科技资源服务的目的是通过为企业集群的生产交易和价值增值过程提供广泛的研发设计、加工工艺、业务运行、决策预测等业务环节，以及提供科技资源的精准检索、融合推理、评价优化等服务，形成城市群实体产业的产品科技资源服务协同环境。

（4）服务行为主体坐标。科技资源服务在服务行为主体坐标上发生，主要体现为科技服务企业通过综合科技服务平台为区域企业群按需提供科技信息服务。综合科技服务平台在更高的层次上和更宽的范围内扩展科技信息资源及相关服务业务。因此，通过综合科技服务平台为城市群实体产业提供科技资源服务，对于实现服务业与实体产业深度融合及形成区域科技服务生态系统具有重要意义。

2.2.3 分布式科技资源服务实体产业的新模式

针对城市群实体产业用户对分布式科技资源服务的需求，一方面需要通过综合科技服务平台根据科技资源服务的任务需求和任务信息，主动推荐与产业用户业务活动相关的各种科技资源；另一方面需要针对实体产业产品生命周期中某个特定的功能或者过程，组织资源空间的各种科技资源（包括模型、方法、标准、案例等），以搜索为服务、匹配为服务、分析为服务、推理为服务、评价为服务、优化为服务等动态服务的形式提供给实体产业用户。因此，根据专业科技资源组织、封装和推送的内容及形式不同，将科技资源服务分为如图 2-4 所示的静态科技资源服务和动态科技资源服务两种模式。

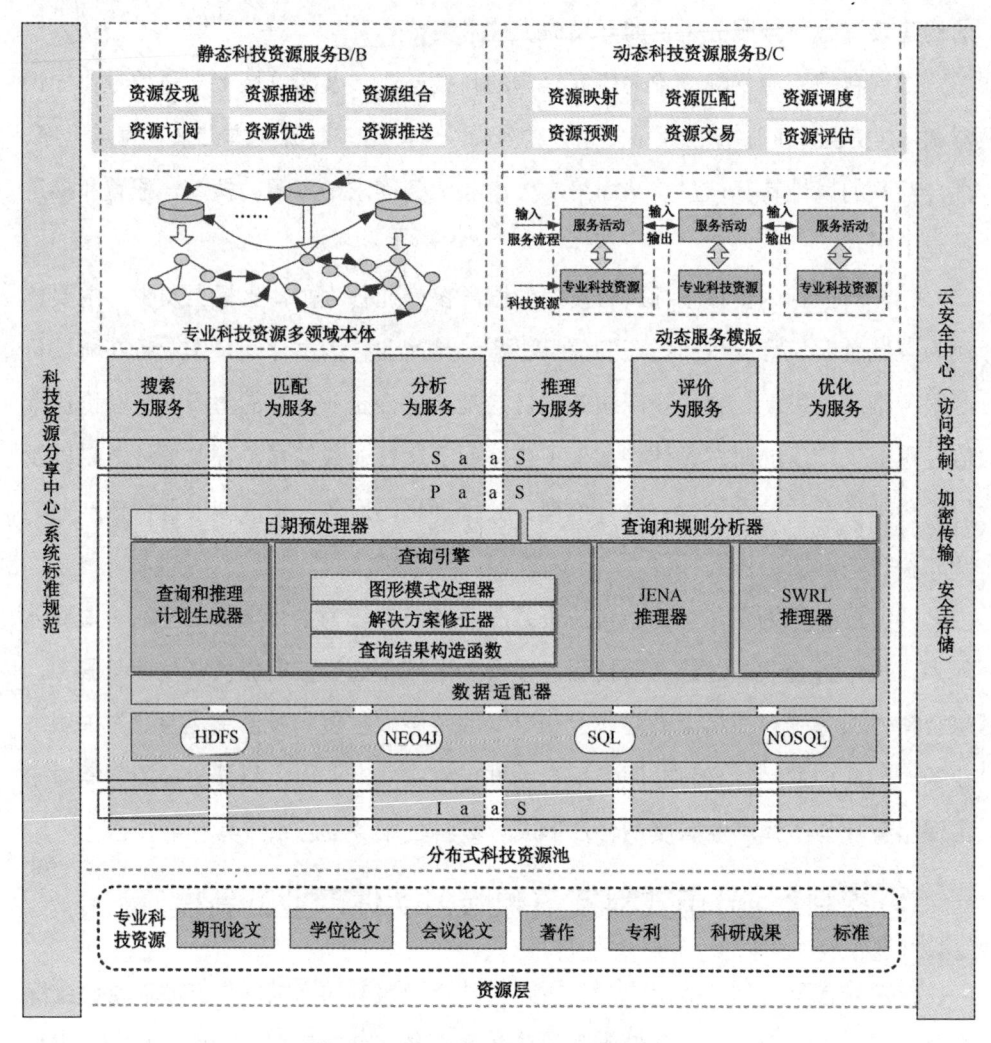

图 2-4 科技资源的静/动态服务模式

2.3 分布式科技资源服务实体产业的难点

2.3.1 分布式多源异构科技资源的整合

分布于全国各地各行业的巨大专业科技资源涉及各类跨领域、多学科、多专业知识资源，分布式科技资源空间如图 2-5 所示，动态科技资源与实体产业云用户服务需求复杂多变，如何对海量科技数据进行分布式汇聚、存储、访问和分析处理，如何统一获取这些分布式多源多领域知识，如何实现跨领域知识动态管理与集成，以及如何实现实体产业全生命周期业务活动中科技资源按需共享优化配置和调度，既是进行科技资源服务的基础，也是难点。因此，需要研究分布式多领域科技资源的统一描述、分布式汇聚、精准搜索、匹配推理、评价优化等技术，并建立相应的模型和支撑平台。

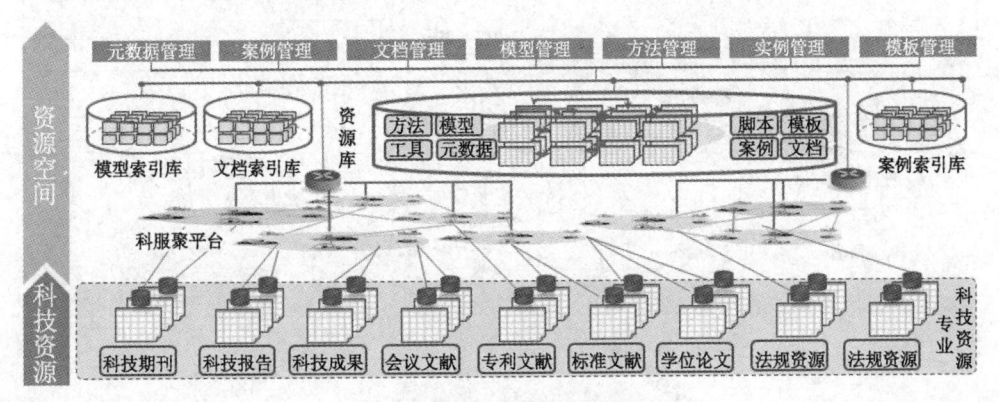

图 2-5 分布式科技资源空间

2.3.2 分布式科技资源服务模式

分布式科技资源服务是将跨领域科技资源动态集成，为城市群实体产业生命周期的各环节、各层面提供系统的智能化支持的能力。科技资源服务包括为研发设计、分析测试、销售、维护及决策预测等过程中的业务活动主动提供相关科技资源的服务，或者以动态服务的形式为实体产业的具体业务功能和过程提供智能化服务。科技资源服务模式如图2-6所示，科技资源按需服务是通过对分散异构科技资源进行动态汇聚、分析挖掘与虚拟化封装，最终以云服务的形式提供。云服务通过智能化组合形成高效能、多类型和低成本的科技资源服务，并按需提供给实体产业用户。科技资源服务的能力表征了科技资源对实体产业业务活动和研制过程的智能化支持程度。

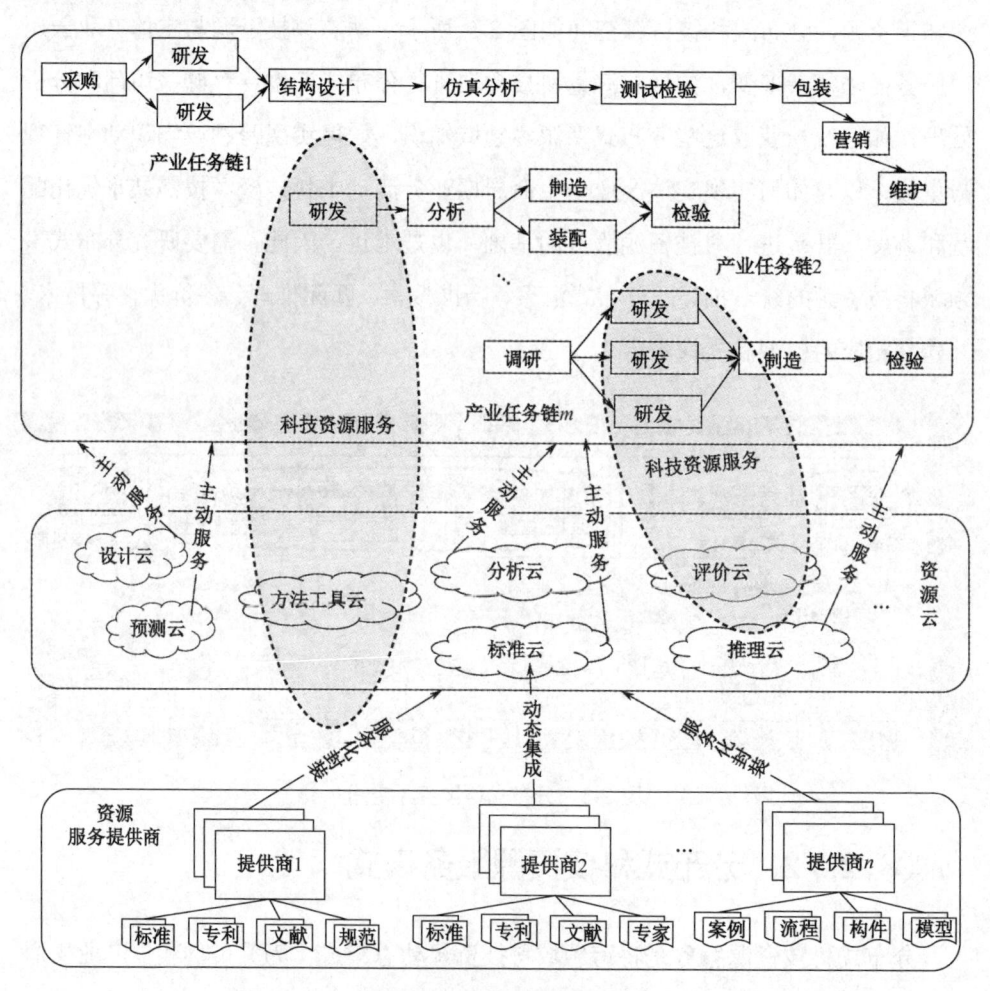

图2-6 科技资源服务模式

2.3.3 分布式科技资源按需服务的关键技术

1. 汇聚融合技术

科技资源分布式汇聚需要建立基础分布式科技资源数据集群，通过梳理科技资源的关联关系与多源信息融合的流程，总结多源信息融合的方法并集成多源信息融合技术，形成多源信息融合的技术方法体系。多源信息融合主要涉及数据唯一识别、数据记录滤重、字段映射与互补、重名区分、别名识别及异构数据加权等多个方面的内容，每个方面都有具体的技术细节与处理方法。

2. 精准搜索技术

分布式科技资源的精准搜索需要基于资源的关联关系，建立分布式科技资源空间的多领域本体，通过领域本体中的术语对每一类科技资源进行分词处理，首先提取其中的特征词作为资源分布式索引的基础，然后提取科技资源中的其他相关属性和知识源接口，形成索引并存入索引库，并由索引管理中心进行统一管理，进而形成全局检索模式；通过添加本体信息实现对索引知识的语义标注，结合知识分类体系实现对知识资源的统一管理，为实现高准确率、高效率、高复杂度的资源检索服务提供技术支持。

3. 匹配推理技术

分布式科技资源的多样性必须集成多层次的匹配方法和策略，从而保证匹配结果的准确性。

目前资源匹配主要有语法级服务匹配和语义级匹配两个层次。其中，语法级服务匹配方式效率较高，易于实现，但其主要从字符的表现形式上进行相关的匹配，缺乏对服务语义信息的描述，因此所得匹配结果集十分庞大，查准率和查全率也相对较低。需要通过将语义信息添加到服务匹配过程中，采用本体对服务的名称、功能和行为等进行语义描述，进而在语义层次上完成服务匹配过程，以获得较高的匹配精度。

知识资源的语义推理是指在计算机或智能机器中利用形式化的知识进行机器

思维和求解问题的过程。其基本作用是由给定的知识获得隐性的知识，在本体中的推理从根本上说就是把隐含在显式定义和声明中的知识通过一种处理机制提取出来，通过对知识表示添加语义支持实现语义层面的知识推理功能，进而为云制造环境下集团企业知识服务资源的合理调配提供技术支持。

4. 优化决策技术

针对海量、多源、异构科技资源存在的非线性、变结构、变参数等开放性复杂决策问题，传统的决策模型对海量数据的获取、分析、处理能力有限，已有的定性定量模型无法有效应对，并且难以扩展。因此，需要研究基于数据驱动的决策模型，以此降低决策复杂度，减少决策过程中的不确定性，洞察隐藏在复杂性之下的潜在规律，从而在微观、中观、宏观层面为决策者提供支持。

参 考 文 献

[1] 阴艳超，张立童，廖伟智. 多维知识资源云协同的服务行为建模[J]. 计算机集成制造系统，2019，25(12):3149-3159.

[2] 何添锦. 产业群与城市群协同发展对区域经济的影响[J]. 经济论坛，2011(10):27-30.

[3] 周小锋. 产业驱动城市群空间组织演化研究[D]. 浙江财经学院，2013.

[4] 李军辉. 产业集群与城市化协同的内生机理及模式研究[D]. 天津大学，2013.

[5] 景保峰，任政坤，周霞. 我国创新型产业集群科技资源配置效率研究[J]. 科技管理研究，2019，39(20):195-200.

[6] 付保宗，盛朝迅，徐建伟，等. 加快建设实体经济、科技创新、现代金融、人力资源协同发展的产业体系研究[J]. 宏观经济研究，2019(04):41-52,97.

[7] 姜红，高思芃，吴玉浩. 哈长城市群科技生态化服务模式构建及发展机制[J]. 科技管理研究，2018，38(23):101-108.

第 2 章 分布式科技资源服务实体产业的需求分析

[8] 张拓宇. 基于创新资源视角的京津冀协同创新研究[J]. 中国科技资源导刊，2018，50(05):13-21.

[9] 任杉，张映锋，黄彬彬. 生命周期大数据驱动的复杂产品智能制造服务新模式研究[J]. 机械工程学报，2018，54(22):194-203.

[10] 赵启阳，张辉，王志强. 科技资源元数据标准研究的现状分析与新的视角[J]. 标准科学，2019(03):12-17.

[11] 谢泗薪，戴雅兰. 经济新常态下科技服务业与现代产业联动模式创新研究[J]. 科技进步与对策，2016，33(05):9-15.

分布式科技资源服务实体产业的技术体系

·第3章·

本章首先给出了分布式科技资源服务实体产业的体系架构,包括分布式科技资源体系的多层构建模式、多链协同模型和技术框架,形成了云模式下科技资源服务实体产业的完整技术体系。然后分析了科技服务的相关支撑技术,包括资源的汇聚与融合技术、科技资源的按需检索技术、科技资源的匹配推理技术、科技资源的组合优化技术,并分析了各技术的特点和机制。

3.1 分布式科技资源服务技术体系框架

3.1.1 分布式科技资源体系的多层构建模式

针对分布式资源空间中多源、异构、多时态空间的科技资源与综合科技资源数据,制定多源异构资源数据分布式处理机制,建立多科技资源数据库间的对象实体映射及查询适配,完成分布式多源数据库管理模型和文件库模型的构建,实现分布式资源空间结构、非结构化数据的协同共享存储、分布式处理;建立基于时序约束、资源约束和流程耦合的科技资源数据关联网络模型,构建科技资源数据动态条件证据网络推理与时空多源证据融合的推理方法。在此基础上，通过数据分析挖掘手段揭示服务质量效能指标在不同的服务状态和运行过程中关键参数的演化规律，建立分布式科技资源按需服务的精准服务模型。最后建立实体产业用户需求与科技资源服务过程的优化调控机制，实现科技资源空间与按需分享的双向持续优化，形成分布式科技资源空间汇聚—关联—融合—服务的分布式科技资源多层协同模式，如图3-1所示。

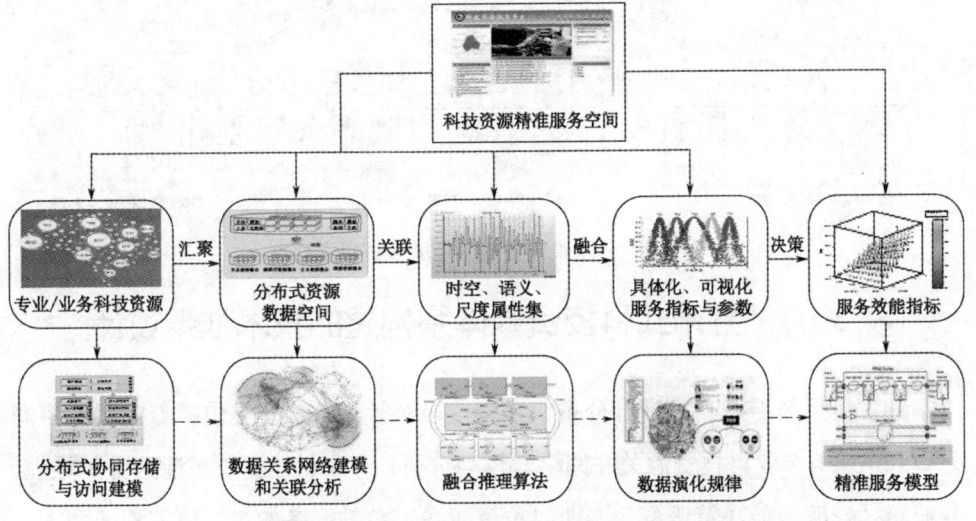

图3-1 汇聚—关联—融合—服务的分布式科技资源多层协同模式

3.1.2 分布式科技资源体系的多链协同模型

通过分析多源、异构、多时态空间的科技资源空间数据要素对象间的拓扑关系、属性关联及细节特征，建立分布式资源时空数据属性对象的基态矩阵结构模型，揭示基态资源数据对象的特定时间、非特定空间的演化规律，构建资源数据对象的双向有效事务时间链结构、空间链、尺度链结构，并通过关联属性集完成各资源数据链的映射与协调，实现多尺度属性科技资源空间数据的多链协同，分布式科技资源池的多链协同模型如图3-2所示。

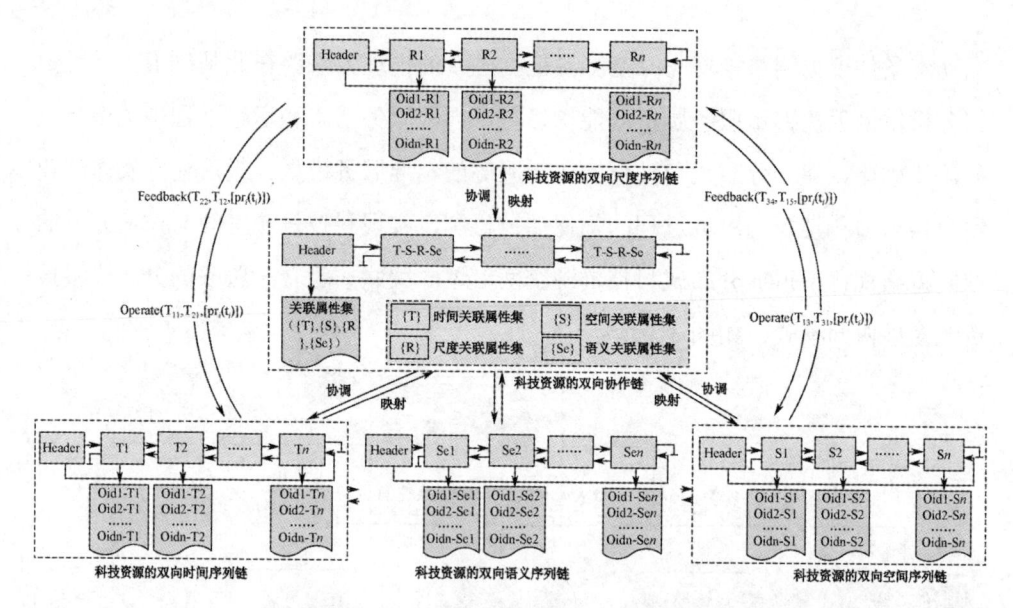

图 3-2 分布式科技资源池的多链协同模型

▶ 3.1.3 分布式科技资源体系构建的技术框架设计

针对巨系统专业科技资源分布、异构、多源等特征，建立包括专业科技资源分布式汇聚、专业科技资源关联网络建模与分析、专业科技资源多源融合与推理、专业科技资源智能决策服务、专业科技资源按需精准服务的多层协同构建的方法与技术体系。深入研究科技资源数据分布式存储与统一访问技术、基于知识图谱的多维资源视图技术、分布式资源数据关联关系描述、科技资源关联网络建模与关联分析技术、基于语义感知的资源数据关联推理、关联资源数据的知识融合技术、资源空间多源数据融合推理技术、决策优选与精准服务技术等，为形成数据—信息—知识—决策—服务的专业科技资源体系提供方法和技术支撑。分布式科技资源体系构建技术框架如图 3-3 所示。

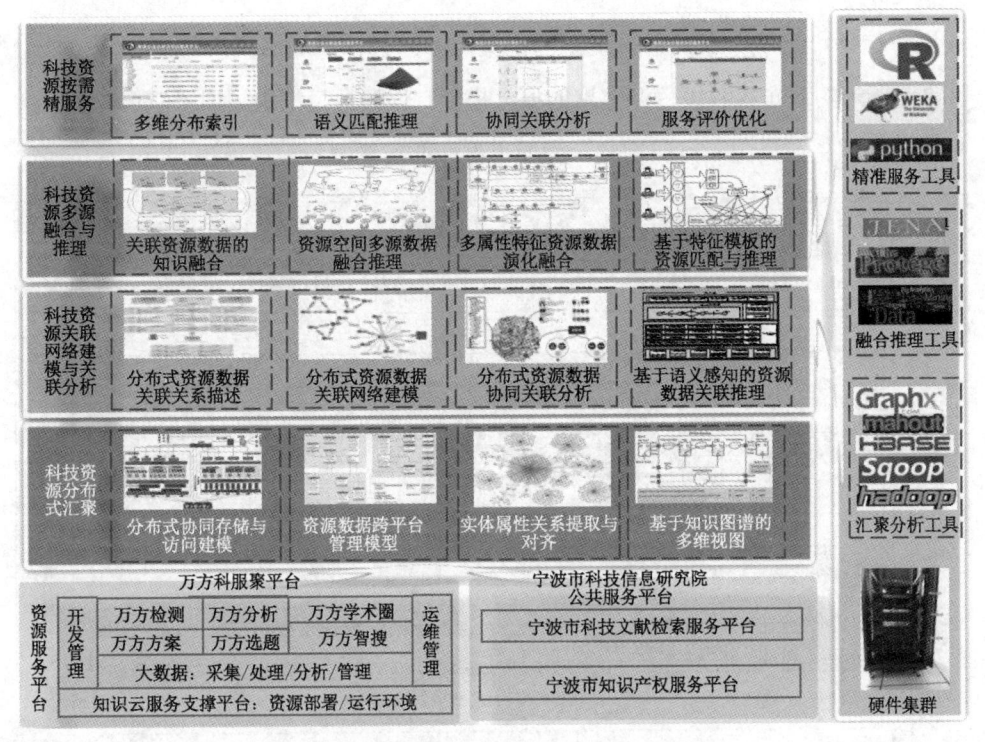

第 3 章　分布式科技资源服务实体产业的技术体系

图 3-3　分布式科技资源体系构建技术框架

3.2 分布式科技资源体系的资源汇聚与融合技术

⊙ 3.2.1 分布式科技资源体系汇聚的概念模型

基于云计算架构，采用分布式系统框架搭建资源巨系统数据处理基础平台；通过分布式计算机制进行资源数据的分布式处理；利用分布式文件系统提供半结构化和非结构化资源数据存储；使用数据交换工具从万方数据中心的关系型数据库中导入结构化数据，存储在分布式文件系统中，形成分布式科技资源池；调用数据分析处理工具对巨系统中资源数据进行搜索、匹配、分析、推理、评价和优化，并封装成服务构件,实现分布式科技资源的汇聚,参照云计算的多层服务架构,建立如图 3-4 所示的分布式科技资源汇聚的概念模型,该概念模型由知识资源层、资源虚拟化与组织层、资源服务层构成,为城市群产业实体服务提供资源支持。

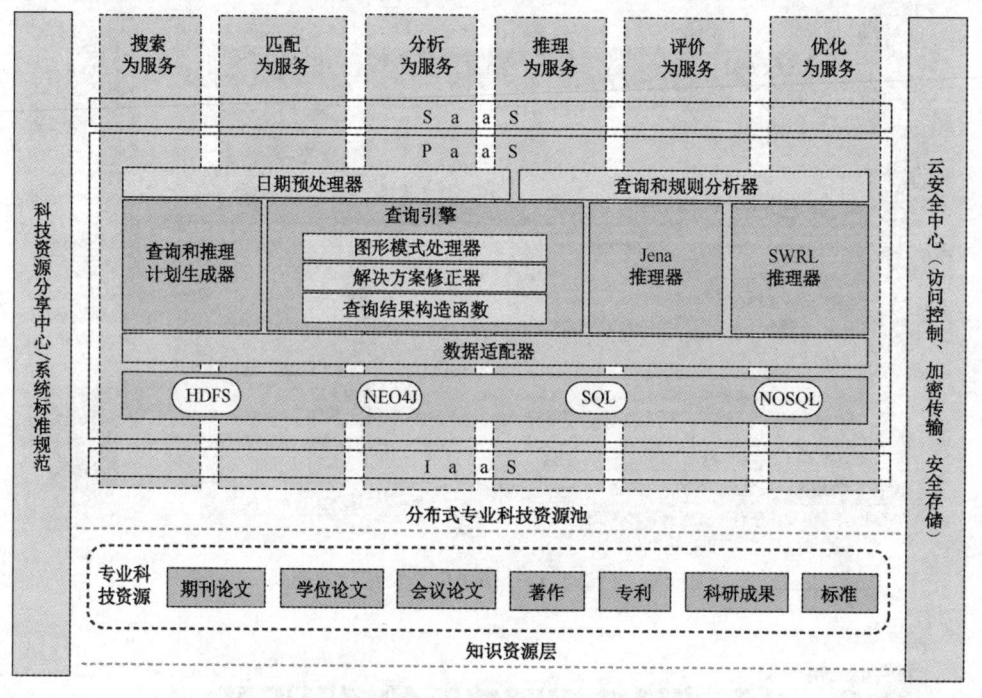

图 3-4　分布式科技资源汇聚的概念模型

(1)知识资源层。知识资源层包括万方科服聚平台的文献类专业科技资源,以及基于 ASP/SaaS 的制造业产业价值链协同平台积累的业务流程和业务数据等综合科技资源。专业科技资源主要包括期刊论文库、学位论文库、会议论文库、起草标准库、专利库、著作库、科研成果库等资源数据;综合科技资源包括以业务数据和业务流程为基础,从价值链协同中发掘、固化、封装知识的结果便是价值链协同业务科技资源;业务科技资源基于业务数据和业务流程,承载现代产业体系价值链协同的知识和经验,以及满足特定需求的行业/领域应用软件。

(2)资源虚拟化与组织层。该层主要通过构建科技资源多领域本体库、科技资源主题索引库、资源分类资源库等,实现分布式资源空间的统一组织管控。

（3）资源服务层。资源服务层除了提供 IaaS、PaaS 和 SaaS，更为实体产业提供科技资源服务全生命周期中所需的其他服务，如搜索为服务、分析为服务、匹配为服务、推理为服务、评价为服务及优化为服务等。

3.2.2 分布式科技资源汇聚的运行模型

分布式科技资源体系运行模型将体系架构向云计算服务平台扩展，利用面向服务的技术架构优势整合分布异构的科技资源，既可以调用本地某个单一功能服务，也可以将异地功能服务集成起来形成松耦合的、基于协议独立的分布式计算体系结构。应用基于消息的企业服务总线模式实现分布式异构资源的部署与管理，同时采用异步或事件驱动模型，实现资源服务随需应变。分布式科技资源池的运行模型如图 3-5 所示。

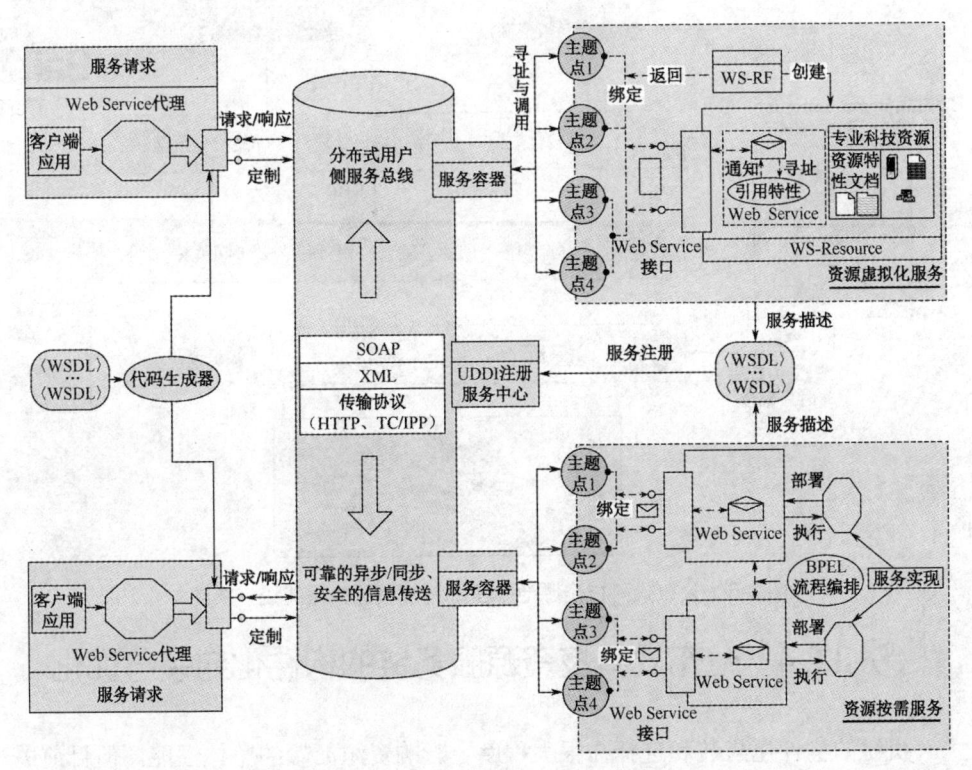

图 3-5 分布式科技资源池的运行模型

3.2.3 基于知识图谱的资源池统一描述

分布式科技资源涉及大规模资源数据交叉、融合、跨语言关联和关系的动态演化，其动态性和自治性特点突出。针对资源池中结构化、半结构化和非结构化资源数据特点，进行资源实体、空间关系、语义关系和时间关系的抽取，并考虑综合科技资源不同数据类型之间的拓扑关系、时序关系和空间关系，进行语义关系和时空关系的融合，然后通过实体链接、知识抽取、知识融合和加工，形成科技资源的知识图谱，完成对资源池中多源专业科技资源数据的统一描述，如图3-6所示。

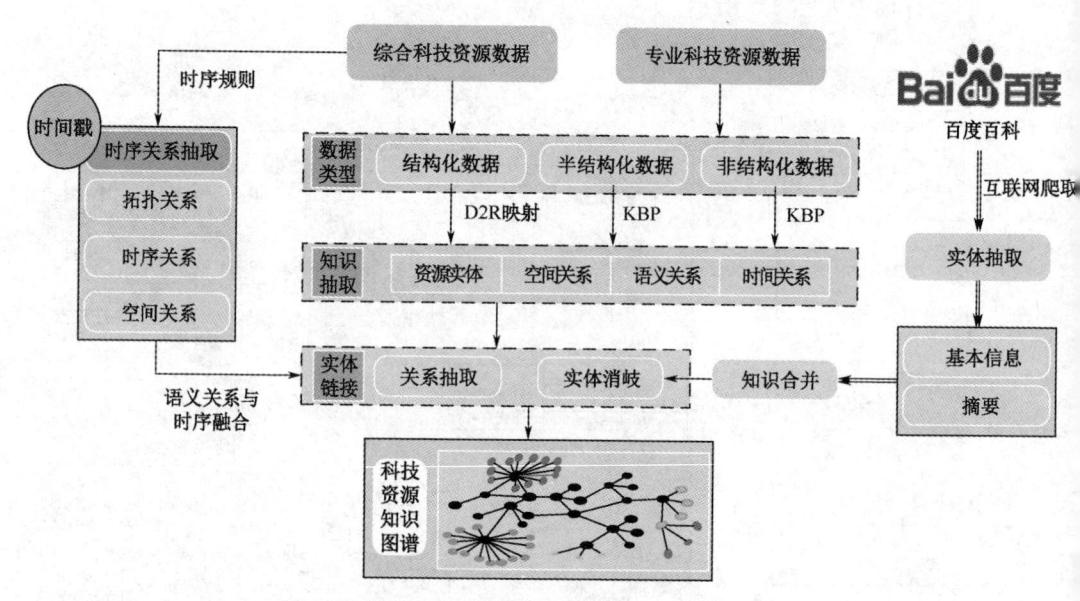

图 3-6 分布式科技资源池中多源科技资源数据的统一描述

3.2.4 分布式科技资源服务链的构件化封装与优化

资源的构件化封装和选择在很大程度上影响资源汇聚的整体性能，但目前关

第 3 章　分布式科技资源服务实体产业的技术体系

于构件的选择研究主要针对单个构件。由于分布式资源汇聚需要同时对多个资源构件进行选择组合，多构件的选择问题是一个在特定约束条件下求解最佳构件选择优化问题。首先，依据实际资源需求进行分析，以确定资源汇聚的功能模块，然后基于资源服务链对每一类资源进行稳定性分析，通过服务稳定集将静态科技资源与动态科技资源分离，从而选择大粒度构件实现稳定资源汇聚，小粒度构件组合实现可变资源汇聚，完成资源需求到资源构件的动态优选过程，提高多粒度科技资源的复用性能，为分布式科技资源的快速汇聚提供技术支撑。分布式科技资源服务链模型如图 3-7 所示。

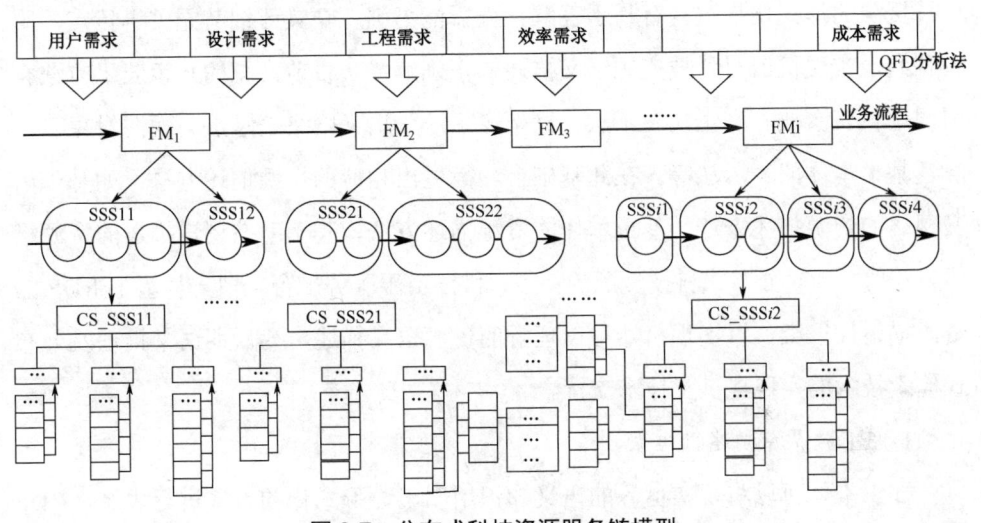

图 3-7　分布式科技资源服务链模型

资源服务链是一条由若干资源构件按照资源需求形成的服务链。资源服务链包括服务稳定集、静态服务特征、动态服务特征、稳定域及多粒度层次资源服务构件。其中，稳定域是由服务功能模块所组成的静态服务特征与动态服务特征相互关联的、耦合的、非独立的服务业务模型空间；服务稳定集是由其所需要的科技资源、服务活动、服务行为，以及服务交互过程中涉及资源提供和使用主体、资源及其共享关系共同封装成的动态服务功能模块和静态服务功能模块。

3.3 分布式科技资源的检索服务

3.3.1 分布式科技资源的形式化描述

科技资源异地分布且多元异构，其形式化描述可以为资源的封装、发现、匹配和推送等环节提供重要信息，同时也是实现科技精准检索服务的基础。分布式科技资源的形式化描述具有易于理解、分析能力强、与具体细节无关等特点，同时有利于实现机器对科技资源语义描述的正确解释。目前常见的知识表示方法有谓词逻辑表示法、产生式表示法、框架表示法、语义网络表示法、面向对象表示法及基于本体的表示法等。在此基础上，衍生出相应的资源描述方法，如基于语义网络的资源描述方法、基于本体的资源描述方法、基于动态逻辑描述的资源描述方法等。针对分布式科技资源的特点，科技资源服务平台采用一种基于 RDF 的资源描述性框架，以实现机器可以理解的资源语义描述，为后期语义推理及分布式检索技术的实现提供了技术支持。

1. RDF 资源描述性框架

知识本体可以将现实世界的语义知识用明确、形式化的方式进行表示，RDF 则可以在已定义领域知识的基础上对资源语义进行描述，并保证机器对资源语义描述的正确解释和根据语义进行推理形式的正确性。RDF 系统先有形式化的语法，后来才有了基于多种逻辑的语义解释，W3C 采用模型理论来解释 RDF 的语义。

作为一套完整的形式化体系，RDF 资源描述性框架主要包括形式语言和推理机制两大部分。为保证该形式化体系的正确性，需要从语法和语义两个层面来研究这个形式化系统的性质。

（1）语法层面。该层面研究形式系统内符号和符号之间的关系，它涉及形式系统的构造，首先给出系统的字母表、形成规则、公理和变形规则，然后根据变形规则从公理推出定理。作为网络资源语义描述框架，形式系统语法层面的性质显得尤为重要。

（2）语义层面。该层面研究形式系统中的符号与它所指称、刻画的形象之间的关系。通过解释，可以将形式系统与特定的领域概念连接起来，从而赋予形式系统内的初始符号和公式以一定的意义，最后机器可以理解利用该形式系统所给出的语义描述。

此外，一个正确的形式系统必须具备语法和语义上的可靠性，其他特性，如完备性、可判定性、独立性和范畴性等，皆是一个良好的形式系统所应具备的特性。

2. 基于 RDF 的科技资源形式化描述

科技资源的描述为资源的共享及检索等后续环节提供了基础。科技资源种类繁多，这就造成了异构资源之间大量的信息量差异。在进行基于 RDF 的科技资源描述时，通过建立云模式下科技资源的 RDF 模式，定义科技资源的类及其属性。

RDF 资源描述性框架提供了 rdfs:Resource、rdfs:Property 及 rdf:Class 3 个核心类，其相应功能分别是 RDF 资源类、RDF 属性类和种类的通用基类。科技服务资源的 RDF 描述文档在该框架的定义下，可用来表达资源—属性—属性值三者之间的逻辑关系。

3.3.2 科技资源的分布式索引

云模式下，科技资源具有逐渐呈现海量增长、异地分布和多用户并发访问等特征，使云模式下的科技资源数据索引技术也开始面临新的挑战，例如，海量索引科技资源要求对索引知识进行大规模分布式存储，因此资源查询过程需要跨越多个节点进行搜索，即需要一种高效搜索方法来精确定位存储节点并快速找到索引数据。又例如，海量用户并发访问要求在查询过程中系统负载平衡，以保证查询操作的高效并行，进而获得较好的查询效率，包括查询响应时间、查询吞吐量及负载均衡水平等。

在科技资源分布式存储环境下，传统的索引技术，如顺序索引、树索引（B+树等）及 Hash 索引（哈希索引）等均难以满足资源快速检索的技术需求，因此需要一种索引空间小、更新效率高、响应速度快、查询吞吐量大并针对分布式资源存储的索引技术，为用户提供高准确率、高效率、高复杂度的知识资源检索服务。

为解决这一问题，国内外学者均对此开展了相关研究，提出了众多分布式索引理论。其中，LSH（Locality-Sensitive Hashing）是在 Chord 的基础上实现的分布式索引，通过位置敏感的哈希算法来获得属性值区间标识与存储节点的位置；CG-Index（Cloud Global Index）是基于亚马逊云计算平台的一个二级索引实现机制，其基本思想是每个节点不仅维护一个局部 B+树，同时还需要维护全局的 CG-Index，通过访问 CG-Index 确定用于查询局部索引的节点，并支持高性能随机读取；CloudIndexEval 不仅支持现有云平台的多维索引，同时能够被扩展到新的多维索引方法中，生成统一的测试用例，进而评测索引性能的基本指标和影响索引性能的因子；CCIndex（Complemental Clustering Index）将索引看作另一种形式的数据并存储为表，使用可靠的互补校验表代替这些表的备份，以实现索引容错和回复，进而可以大幅度减小索引的存储开销；Loc-Glob（Local-Global）是在整合局部和全局索引组织的基础上提出的一种混合型分布式索引组织策略，该策略可有效提升索引的查询性能及负载均衡能力；对于 Master/Slave 模式的分布式存储系统，HIndex（HuaweiIndex）和 IHBase（Index_Hbase）实现了对每个节点数据维护局部索引的方案，这种索引的设计适用于范围扫描查询，而不适用于随机读取的场景。

由此可见，科技资源的分布式索引需在充分考虑系统特点及应用场景的基础上，围绕关键索引技术进行设计。因此，可以采用一种基于 Map/Reduce 的分布式索引框架，该索引技术以 Lucene 作为核心索引工具包，基于 RMI 进行分布式环境的通信，并结合动态负载功能实现任务的合理调配与节点管理。

基于 Map/Reduce 的分布式索引框架下，针对分布式储存的海量科技资源，分别建立相应的索引知识库，并由索引管理中心进行统一管理，进而形成全局检索模式。通过添加本体信息实现对索引资源的语义标注，并结合资源分类体系实

第 3 章　分布式科技资源服务实体产业的技术体系

现对资源的统一管理，分布式索引框架如图 3-8 所示，为实现高准确率、高效率、高复杂度的资源检索服务提供了技术支持。

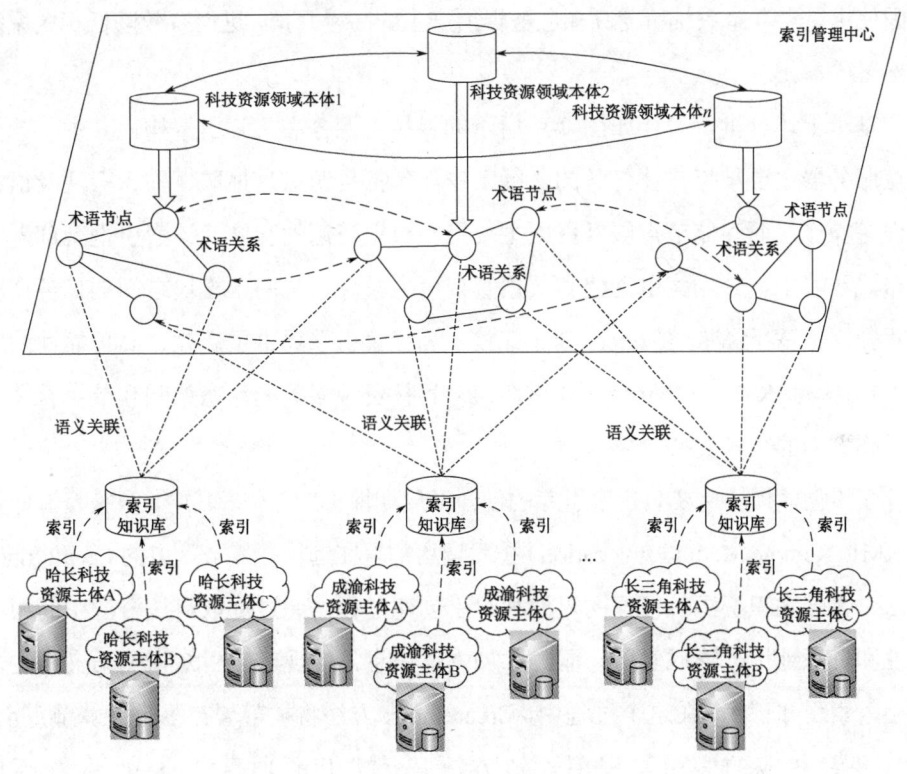

图 3-8　分布式索引框架

该分布式索引框架具有以下三个特点。

（1）语义推理功能。对于用户的检索需求信息，可利用推理机进行语义推理，扩展查询条件，提高系统的查全率和查准率。同时在建立索引过程中，为索引添加知识关系的语义进行标注，使资源索引在资源检索过程中具有可推理查询的特性，进而更好地为用户提供知识检索服务。

（2）广泛适用性。索引的提取源不仅可以是普通的文本类文档，如.txt、.pdf 等，还可以是支持一些具有业务特征的特殊格式的文件，如*.prt、*.slprt 三维模型文件及*.db、*.bin 仿真分析模型文件等多种类型的文件格式。对不同格式的文档及文件可调用与其相对应的解析器进行自动解析，提取信息，并建立索引。

（3）支持分布式部署。科技资源的存储与计算可充分利用分布式集群环境，避免因使用单点存储系统所需高端服务器所产生的高额开销，进而有效降低相关系统的部署成本。

基于上述分析，设计如图 3-9 所示的科技资源分布式索引架构，其中，计算节点服务器主要承担具体任务的执行工作，包括资源信息抽取、知识标注及语义推理等操作；而存储节点服务器则主要用于数据资源的存储。该索引框架部署于分布式环境中，分为索引创建和数据查询两大模块，且两个模块之间的任务调度相互独立，基于 Map/Reduce 分布式技术为搜索引擎提供了高效、高可靠性的服务支持；基于 RMI 进行分布式环境通信为科技资源服务的动态调配和节点管理提供了强有力的技术支持。

索引创建模块主要负责索引库的创建及周期性更新工作。其中，科技资源库通过 RMI（Remote Method Invocation）技术调用部署在远程计算节点上的 CreateIndex 方法，执行知识资源特征词的提取和索引创建过程，通过提取科技资源中的相关属性和资源地址，形成索引，同时添加本体信息，实现对索引知识的语义标注，并存入索引知识库。在这个过程中，CreateIndex 方法将被部署在多个计算节点上，并行建立相应的索引知识库，该方法是基于开源项目 Lucene 的核心包 org.apache.lucene.index 进行开发实现的。

数据查询模块主要负责接收用户的查询需求，并根据现有的索引知识库信息执行查询任务。该模块主要包括三个部分，即主控节点、Map 操作模块和 Reduce 操作模块。其中，主控节点可对查询任务进行分配，并实时监控任务在执行过程中节点的负载情况，可有效防止节点意外情况的发生，进而避免对搜索引擎的正常执行造成影响；部署 SearchIndex 方法的所有计算节点构成 Map 操作模块；高效聚合计算功能构成 Reduce 操作模块。

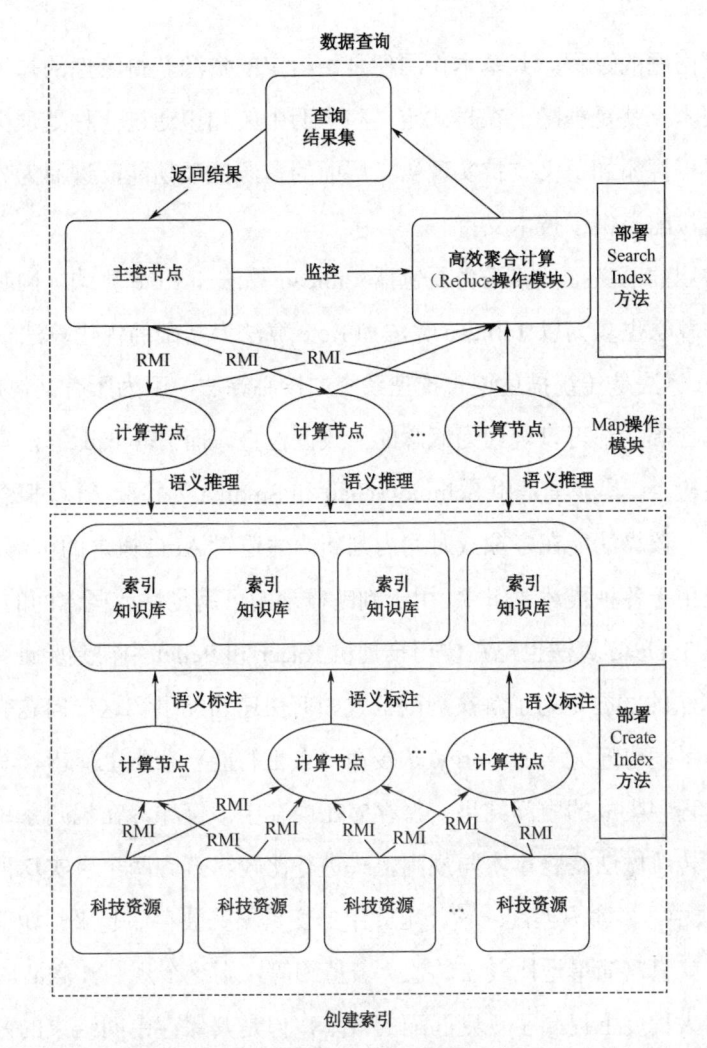

图 3-9　科技资源分布式索引架构

3.4　分布式科技资源匹配推理服务

▶ 3.4.1　分布式科技资源的语义推理算法

科技资源的语义推理是指在计算机或智能机器中利用形式化的资源进行机器

思维和求解问题的过程。其基本作用便是由给定的资源获得隐性的知识，在本体中的推理根本上就是把隐含在显式定义和声明中的知识通过一种处理机制提取出来。通过对资源添加语义支持实现语义层面的资源推理功能，进而为分布式科技资源的合理调配提供了技术支持。

当前常用的语义推理算法主要包括 Tableau 算法和 Rete 算法，同时主流推理机所使用的算法也多为以 Tableau 算法和 Rete 算法为基础的优化算法。

Tableau 算法是传统描述逻辑推理系统的核心算法，因为所有其他推理功能，如分类、包含等，都可以规约为概念的一致性检查，而 Tableau 算法具体负责概念的一致性检查，其最早是由 SchmidtSchau 和 Smolka 为检验 ALC 概念的可满足性而提出的。该算法能在多项式时间内判断描述逻辑 ALC 概念的可满足性问题，并被广泛应用于各种描述逻辑中，用于判断概念的可满足性或概念间的包含关系。各种优化的 Tableau 算法也已在实用推理机 Racer 和 Pellet 中得到验证。

Rete 算法的发展是为了解决规则范式如何快速匹配事实这一问题的，于 1982 年由美国卡耐基梅隆大学的 Forgy 教授在《人工智能》杂志上提出，其基本原理是将匹配过程中生成的中间结果一直存储在内存中。例如，在规则系统的常规执行过程中，传统做法是将事实与规则范式进行比较，直到两个事实均被断言；但在 Rete 算法中，事实只匹配一次，范式中的变量 x 就被存储起来。如果另一个事实被断言，就只需简单地比较 x 的值，若值相等，则这个规则被激活。Rete 算法的使用在很大程度上提高了规则匹配的效率，但是其保存中间结果的方式占用了大量的存储空间。当推理机的知识库比较大时，以存储空间换取执行的时间的做法对存储空间的消耗也是十分惊人的。

3.4.2 分布式科技资源的语义推理机

推理机是进行语义逻辑推理的关键部件，是分布式科技资源服务不可缺少的逻辑推理引擎。目前比较常见的推理机主要有 Racer、Pellet、Jena 和 Fact++四种，其基本情况见表 3-1，该表给出了推理机信息比较分析。通过推理规则和本体实例

第 3 章　分布式科技资源服务实体产业的技术体系

的导入，推理机可实现基于描述逻辑的资源推理，按需组合提供服务。

表 3-1　推理机信息比较分析

类型 内容	Racer	Pellet	Jena	Fact++
开发组织	德国 Race Systems GmbH&Cp.KG 公司	美国马里兰大学 MINDSWAP 项目组	HP 实验室	英国曼彻斯特大学
URL	http://www.racersystems.com/	http://clarkparsla.com/pellet	http://jena.sourceforge.net/	http://owl.man.ac.uk/factplusplus/
开源	商用软件	开源软件	开源软件	开源软件
类别	OWL 推理机	OWL-DL 推理机	语义 Web 基础开发框架	DL 分类器
语言	Lisp	Java	Java	C++
算法	Tableau 算法	Tableau 算法	Rete 算法	Tableau 算法
API	DIG、Lisp、Java	DIG、OWL-API、Jena	DIG、Java	DIG
开发文档	详细	一般	详细	无
示例代码	有	有	有	无

对表中信息进行对比分析可知，Racer 是针对 OWL 的本体推理机的，但是考虑其属于商用软件，不提供开源服务，因此应用成本相对较高；Fact++仅支持本体描述语言 Kb 的推理分析，不支持当前主流的 OWL 本体描述语言和本体查询，可扩展性较低；Jena 作为本体存储系统，带有简单的推理功能，支持基于规则的简单推理，自身包含的推理机基本上是一种 CLISP 配合本体领域产生式规则的前向推理系统，同时支持 RDF 的数据表达、解析和查询，其推理机制如图 3-10 所示。然而，仅使用 Jena 作为推理工具无法达到深层语义上的推理，为实现 OWL 层面的语义推理，有必要使用专业推理机进行辅助。

Pellet 基于 Tableau 算法并针对 OWL-DL 本体描述语言进行开发，可处理描述逻辑本体，并且在对本体的 Tbox 推理方面具有明显优势，是一款合理完备的推理机，其推理机制如图 3-11 所示。同时，Pellet 开放源代码，支持深层次的研究与应用。此外，为进一步增强实用性，并方便用户使用，Pellet 为应用程序调用提供了部分接口，主要包括 Jena 接口、OWL 接口和 DIG 接口。其中，DIG 接口为其他外部应用程序调用 Pellet 的推理结果提供了可能,该接口类似于 HTTP 的接口,在传递数据过程中会消耗一定的时间,但是该接口只能用于传递数据,无法充分发挥 Pellet 的推理功能。OWL API 接口是 Pellet 对本体操作的接口,通过该接口,可以创建和载入本体,创建本体中的类、实例和属性及公理。Jena 接口是 Pellet 调用 Jena 进行规则推理的接口,有效弥补了 Pellet 在产生式规则推理方面的缺陷。

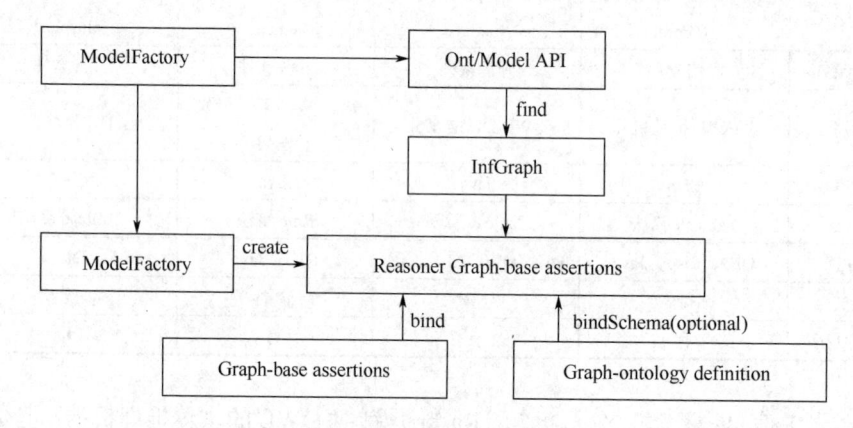

图 3-10 Jena 推理机制

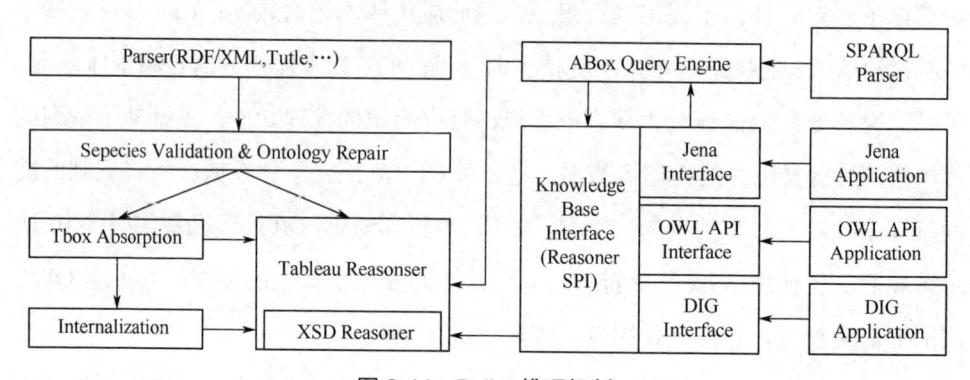

图 3-11 Pellet 推理机制

通过对上述推理机的对比分析,提出一种将规则推理(Jena)和描述逻辑推理(Pellet)相结合的组合式科技资源推理框架,如图 3-12 所示。其主要推理工作流程是:用户通过应用程序界面输入相关信息,进入查询层后对用户的输入信

第3章 分布式科技资源服务实体产业的技术体系

息进行 LTP（Language Technology Platform）分析、查询预处理、提取关键词、查询解析器等生成推理引擎可以支持执行的步骤；推理过程主要分为两大部分，即基于自定义规则的 Jena 推理部分和基于描述逻辑的 Pellet 推理部分，二者通过 Jena API 接口进行连接。推理得到的结果通过结果输出模块返回给用户，同时可以利用关系数据库将结果进行持久化存储。

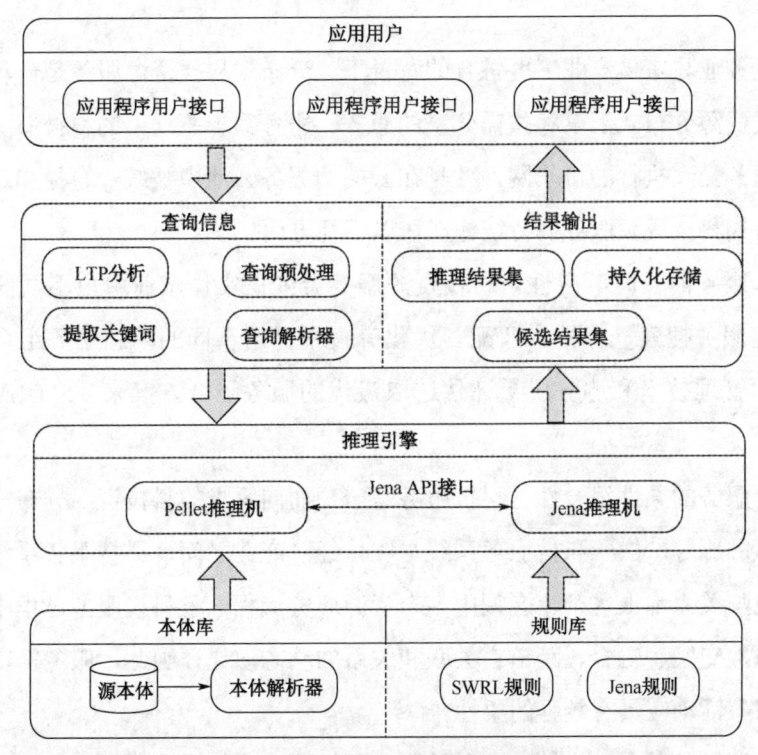

图 3-12 组合式科技资源推理框架

该组合式知识推理框架将 Jena 自定义规则推理功能与 Pellet 完备的 OWL-DL 推理功能进行有机结合，可充分发挥 Jena 推理子系统自定义规则灵活广泛的应用优势，同时有效利用专业推理机 Pellet 对具有推理完备性和可判定性 OWL-DL 的支持，弥补了单纯使用 Jena 推理机的不足，可以有效避免推理过程中的冗余计算，进而大幅度提升知识推理效率，为云制造环境下知识资源的组合与分析提供了合理完备的推理机制。

3.5 分布式科技资源服务评价与优化技术

3.5.1 分布式科技资源服务的特点

在服务业与实体产业深度融合的背景下,分布式科技资源服务是一种面向需求的科技资源分布式汇聚和按需分享的服务。服务需求驱动下的科技服务活动形成了多任务交互执行的协作网,并且在云端的服务云池中被统一管控和运行。因此,分布式科技资源服务的特征体现在以下几方面。

(1)服务的及时响应性。科技资源服务会依据实体产业用户不同的服务请求,通过服务搜索、分析、匹配、优化等技术提出不同的动态服务组合方案,根据最优管理技术和服务质量评估选取最优的服务组合方案来及时响应用户的服务请求。

(2)服务的柔性组合性。科技服务是一种面向需求的科技资源分布式汇聚和按需分享的服务。由于科技服务系统与实体经济产业之间、科技服务系统内部之间的组成与关系都很复杂,会调用多个资源服务流程,且科技服务过程中涉及大规模资源数交叉、融合、跨语言关联和关系的动态演化,因此,服务需求驱动下的科技服务活动应具有较强的柔性。

(3)服务的关联动态性。在科技服务环境下,实体产业用户根据自己的服务需求向科技服务平台提交服务任务,科技服务云平台及时解析服务任务,当多服务任务交互执行时,任务之间存在复杂的关联协作关系。为完成某项任务,会关联组合多个资源服务,需要考虑资源服务的串并联、选择和循环等多模式的混合组合。

(4)服务的创新性。科技资源服务的提供者、消费者和平台运营者均是智能协作主体,如何满足自身利益需求并达到服务利益最大化是各主体协作的目标,科技服务的创新性将对资源服务效能产生较大影响。

（5）服务响应的不确定性。在分布式科技服务环境下，科技资源通过分布式汇聚、虚拟化封装和服务化共享形成科技资源服务，并且在云端的服务云池中被统一管控和运行。由于科技服务所映射的科技资源分布在各地、各行业、各单位的资源系统中，因此，在分布式科技服务任务调度过程中不仅要考虑服务之间的关联协作关系，还要考虑服务任务在分布式科技资源之间的传输时间。调度系统需要在调度过程中处理大量的服务调度并需要在设定好的时间内做出响应，这就要求调度系统对影响服务响应的并发服务访问进行合理安排，在充分利用计算资源的同时保障系统的响应能力，按需给用户提供适时的输出。

（6）资源分配的不均衡性。科技服务需要给围绕实体产业产品生命周期不同阶段的业务活动配置合理的科技资源，然而需求驱动下的科技资源服务活动会形成多任务交互执行的协作网，并且一个服务活动可同时发生在多个服务任务执行过程中，随着任务的形成发展而动态衍生变化，随着实体产业服务需求变化进行服务任务的拓展、收缩和重点转移，这些动态和不确定因素会严重影响服务资源分配的均衡性。

（7）多服务任务交互执行。科技服务是一种面向需求的科技资源分布式汇聚和按需分享的服务，在服务业与实体产业深度融合的背景下，与实体产业科技服务任务进行调度和匹配的不再是传统的科技资源，而是科技服务。

3.5.2 科技资源服务能力的评价

1. 科技资源服务能力的影响因素

云模式下，科技资源服务效能评估是提高科技资源智能化服务能力，保障科技资源共享与按需使用的关键。云模式下有诸多不确定因素会对科技资源云能力服务效率和服务质量产生一定影响，主要因素有以下几个方面。

（1）科技资源云能力本质属性。科技资源服务具有分布性、多样性、异构性和按需使用的特点，科技资源服务成本、可用性、准确性和可靠性等是其本身属性。

（2）协作主体。科技资源服务的提供者、消费者和运营者均是智能协作主体，如何满足自身利益需求并达到利益最大化是各主体协作的目标，它们之间的科技资源/能力交付的时间、各方服务及其创新性将对科技资源服务效能产生较大影响。

（3）交互过程。科技资源服务具有多态性和动态性特点，科技资源服务交互复杂多变，使实体企业用户无法确认科技资源服务是否能可靠可信地实现。另外，科技资源服务过程需要在相关科技资源的长期积累下实现，科技资源的动态性和长期性是保证交互过程顺利完成的重要影响因素。因此，交互过程的可信性和可持续性也是提高科技资源服务效能的重要保证。

综上所述，云模式下科技资源服务效能不仅需要考虑成本、可用性、准确性等评价指标，还应考虑及时性、创新性、可信性和可持续性等重要影响因素。

2. 科技资源服务的评价体系

科技资源以云服务的形式为各城市群用户提供服务，科技资源云服务能力（简称科技资源云能力）是通过对跨领域科技资源动态集成为实体产业生命周期的各环节、各层面提供系统的智能化支持的能力。科技资源云能力包括为设计、分析、采购、销售和维护等过程中的业务活动主动提供相关科技资源的能力，或者以动态服务的形式为产品研制过程中具体业务功能和过程提供智能化服务的能力。科技资源云能力表征了对实体产业业务活动和产品研制过程的智能化支持程度。

科技资源服务包括功能性属性和非功能性属性。其中，功能性属性主要用于刻画该资源服务能做什么，由该科技资源的流程标准决定。资源服务的非功能性属性即服务质量属性，主要包括性能、可用性、完整性、安全性及可靠性等方面。服务质量即用户使用科技资源服务的一些效果，这些效果会反映用户对该资源服务的满意程度。科技资源服务质量与一般的质量的性质一样，从用户本身出发感知的资源服务质量决定了用户对资源服务的满意度。

分布式环境下，科技资源云能力服务效能综合评估是建立科技资源畅通流动服务通道,最大限度保障科技资源与服务能力共享与按需使用的关键。分布式环境下有诸多不确定因素会对科技云能力服务效率和质量产生一定影响。为实现科技资源云能力服务效能的最大化,需要明确影响和制约科技资源云能力和效能的因素和条件,进而建立既能反映科技资源云能力本质属性,又能反映科技资源云能力整体特征的科技资源云能力综合评估体系。

3. 科技资源服务的评价方法

目前,国内外关于科技资源服务的研究主要集中在知识密集型服务业和图书情报领域,大量文献从该领域知识服务的内涵、服务模式、过程及服务效能等角度展开研究,但难以解决科技资源服务过程中资源的共享和利用问题,更无法量化评估云模式下科技资源服务的效率和质量。针对科技资源服务能力的随机性、模糊型和不可预测性,可引入定性定量评价理论,通过对云模式下科技资源服务能力、影响因素及综合评估机制等问题进行研究,构建能够反映科技服务能力整体特征的评估体系,进而给出科技资源服务效能的量化评估方法。如基于概率的不同主观信任能力评估和预测方法,基于模糊逻辑的主观信任评估方法,基于聚类的、基于图论的、基于符号验证及基于 AHP 的能力评估方法。但这些方法通常从评估方法本身所具有的技巧角度进行研究,很少研究科技服务能力本身属性及其影响因素的客观与随机特性。

3.5.3 科技资源服务的组合优化

目前,针对科技资源服务的研究,国内外学者大多从高校图书馆和情报机构提供文献查新、文献检索和知识服务的视角展开。而对于资源组合优化的研究主要集中在云计算资源、网络资源和云制造资源方面。

1. 科技资源服务的组合过程分析

在科技资源云服务模式下,实体产业用户根据自己的服务需求向科技资源服务云平台提交服务任务。平台及时解析服务任务,并根据云平台中科技资源的服务能力和实体产业科技服务任务的实时信息,将不同的科技资源服务封装成最小服务单元，为云平台提供科技资源服务的调用和组合。科技资源服务主要包括科技资源服务需求方、科技资源服务云平台和科技资源。在资源服务组合过程中，实体产业用户输入请求参数自动生成科技资源服务组合任务，然后将请求任务信息传递给资源服务组合执行器，执行器查询是否注册了相应的资源组合服务，若查询结果表明已注册，则调用资源服务组合方案，返回给用户；若查询结果表明未注册，则对组合任务进行分解，生成资源服务组合执行子任务，将其传递给执行器生成资源组合执行序列，提交给科技资源组合引擎，调用智能优化算法，优选出符合参数要求的最优科技资源组合方案，提供给实体产业用户。

2. 科技资源服务的组合优化模型

在服务业与实体产业深度融合的背景下，科技资源服务是一种面向需求的科技资源分布式汇聚和按需分享的服务，服务需求驱动下的科技服务活动形成了多任务交互执行的协作网，并且在云端的服务云池中被统一管控和运行。因此，科技资源服务组合的优选不仅要考虑服务时间等评价指标，还应该考虑创新性、组合性、关联性等重要影响因素。因此，首先需要建立科技资源服务组合评价指标体系。面对实体产业所需的科技资源服务，为了满足用户要求并且取得更加良好的用户反馈，以响应时间、创新性、组合性和关联性为关键优化评价因素，建立对该科技资源服务组合的优选模型，将科技资源服务组合划分为串联、并联、选择、循环等多种组合方式。但是在实际服务过程中，一个科技资源服务组合可能同时存在着多种组合方式。科技资源组合服务以服务时间、创新性、组合性、关联性为优化目标，可以得到一个最优的服务组合方案，进而构建科技资源服务的组合优化的数学模型。

3. 科技资源服务的组合优化方法

针对资源服务组合优化算法的研究主要集中在微粒群优化算法、烟花算法、蜂群算法，以及模拟退火算法等智能启发式优化算法上，然而这些方法对实际资源服务影响因素考虑不足，难以有效应对分布式异构科技资源的按需组合问题。针对科技资源服务组合问题，应指出其组合优化的关键问题，并建立相应的建模

第 3 章 分布式科技资源服务实体产业的技术体系

和优化方法,如采用语义匹配查找相应的服务,并用遗传算法进行服务组合优化;基于服务质量优化的服务组合和科技服务平台,得到满足各个子任务功能性约束需求的待选资源集中,各选一个服务资源并按照一定规则形成资源服务组合,协同完成多资源服务任务。虽然国内外有很多学者研究资源组合优化,但大多数研究都不是面向科技服务业的,无法满足实体产业科技服务需求,无法在分布式科技资源服务环境下做到按需组合、共享和利用科技资源。

参 考 文 献

[1] 李伯虎,张霖. 云制造:Cloud manufacturing[M]. 北京:清华大学出版社,2015.

[2] 徐红升. 基于形式概念分析的本体构建、合并与展现[D]. 河南大学,2007.

[3] 江萍,王力,王士凯,等. 基于本体描述逻辑的云制造服务匹配方案[J]. 计算机技术与发展,2013(3):49-52.

[4] 于少波,李新明,刘东,等. 基于可拓理论的装备知识形式化描述模型研究[J]. 兵器装备工程学报,2016(8):23-28.

[5] 牛红伟. 云模式下复杂曲面零件数控铣削知识推送研究[D]. 昆明理工大学,2018.

[6] 李春泉,尚玉玲,张明. 云制造原理与应用[M]. 西安:西安电子科技大学出版社,2016.

[7] 黄斌,彭宇行,彭小宁. 云计算环境中高效分布式索引技术[J]. 武汉大学学报(信息科学版),2014,39(11):1375-1381.

[8] Datar M, Immorlica N, Indyk P, et al. Locality-sensitive hashing scheme based on p-stable distributions[C]. Twentieth Symposium on Computational Geometry. ACM, 2004:253-262.

[9] Stoica I, Morris R, Karger D, et al. Chord: A scalable peer-to-peer lookup service for internet applications[M]. ACM, 2001.

[10] Wu S, Jiang D, Ooi B C, et al. Efficient B-tree based indexing for cloud data processing[J]. Proceedings of the Vldb Endowment, 2010, 3(1-2):1207-1218.

[11] 周新，王延昊，刘辰，等．CloudIndexEval：面向云平台上多维索引的评测系统[J]．计算机研究与发展，2013，50(s1):431-434.

[12] Zou Y, Liu J, Wang S, et al. CCIndex: A Complemental Clustering Index on Distributed Ordered Tables for Multi-dimensional Range Queries[C]. Ifip International Conference on Network and Parallel Computing. Springer-Verlag, 2010:247-261.

[13] 陈伟，刘康苗，卜佳俊，等．搜索引擎中混合型分布式索引组织策略[J]．浙江大学学报（工学版），2009，43(8):1361-1366.

[14] 翁海星，宫学庆，朱燕超，等．集群环境下分布式索引的实现[J]．计算机应用，2016，36(1):1-7.

[15] 卢强．分布式索引在东华搜索引擎中的研究和应用[D]．东华大学，2010.

[16] Baader F, Sattler U. An Overview of Tableau Algorithms for Description Logics[J]. Studia Logica An International Journal for Symbolic Logic, 2001, 69(1):5-40.

[17] 刘大有，赖永，王生生．Tableau 算法的优化及模型规约技术[J]．计算机学报，2014，37(8):1647-1657.

[18] 闫之焕．Tableau 算法在粗糙描述逻辑中的扩展应用[J]．计算机技术与发展，2015，25(12):10-13.

[19] Forgy C L. Rete: A Fast Algorithm for the Many Pattern/Many Object Pattern Match Problem[M]. Expert systems. IEEE Computer Society Press, 1991:547-559.

[20] 顾小东，高阳．Rete 算法：研究现状与挑战[J]．计算机科学，2012，39(11):8-12.

[21] 汤怡洁，周子健．语义 Web 环境下语义推理的研究与实现[J]．图书馆杂志，

2011(3):69-75.

[22] 李红梅，魏雪艳．面向产品设计的本体推理技术与应用研究[C]// 全国知识组织与知识链接学术交流会，2013．

[23] 侯天祝．本体推理中组合推理机制的研究[D]．西南交通大学，2016．

[24] 亓伟，叶晓俊，王建民．ODBC 标准符合性测试框架[J]．计算机工程，2005，31(20):101-103．

[25] 杨春静．科技情报机构知识服务能力研究[D]．安徽财经大学，2017．

[26] 曹进军．学科服务视角下资源评价与资源建设联动模式研究[J]．现代情报，2017，37(04):103-107,157．

[27] 李迎迎．知识服务视角下高校图书馆数字资源评价研究[D]．曲阜师范大学，2014．

分布式科技资源的语义分析技术

第4章

针对分布式科技资源服务过程中精准检索服务的需求，本章研究了科技资源的方面级情感分类方法、基于学习标签相关性的多标签文本分类方法、科技资源应用实体抽取方法，以及分布式资源空间的语义分析方法，为实现科技资源服务实体产业中资源的精确检索提供理论依据和解决方法。

4.1 基于细粒度注意力机制神经网络的方面级情感分类

科技资源的方面级情感分类由于采用粗粒度的注意力机制，且忽视关键短语对方面情感极性的影响而导致资源信息丢失，针对这一问题，提出一种短语感知的细粒度注意力机制神经网络用于方面级情感分析（PFAN）方法，其结构如图4-1所示。首先，构建了包括Embedding Layer、Convolution Layer、Contextual Layer、Fine-grained Attention 和 Output Layer 的五层分类框架。然后，采用CNN提取的上下文句子中的短语向量和词向量，将短语信息引入模型。在此基础上设计了一种细粒度注意力机制，通过捕获方面级和句子中单词之间的交互来生成方

第 4 章　分布式科技资源的语义分析技术

面术语的特定表示。并且基于典型科技资源数据集进行实验，实验结果证明所构建模型能够有效识别专业科技资源中句子和方面级的关键信息。

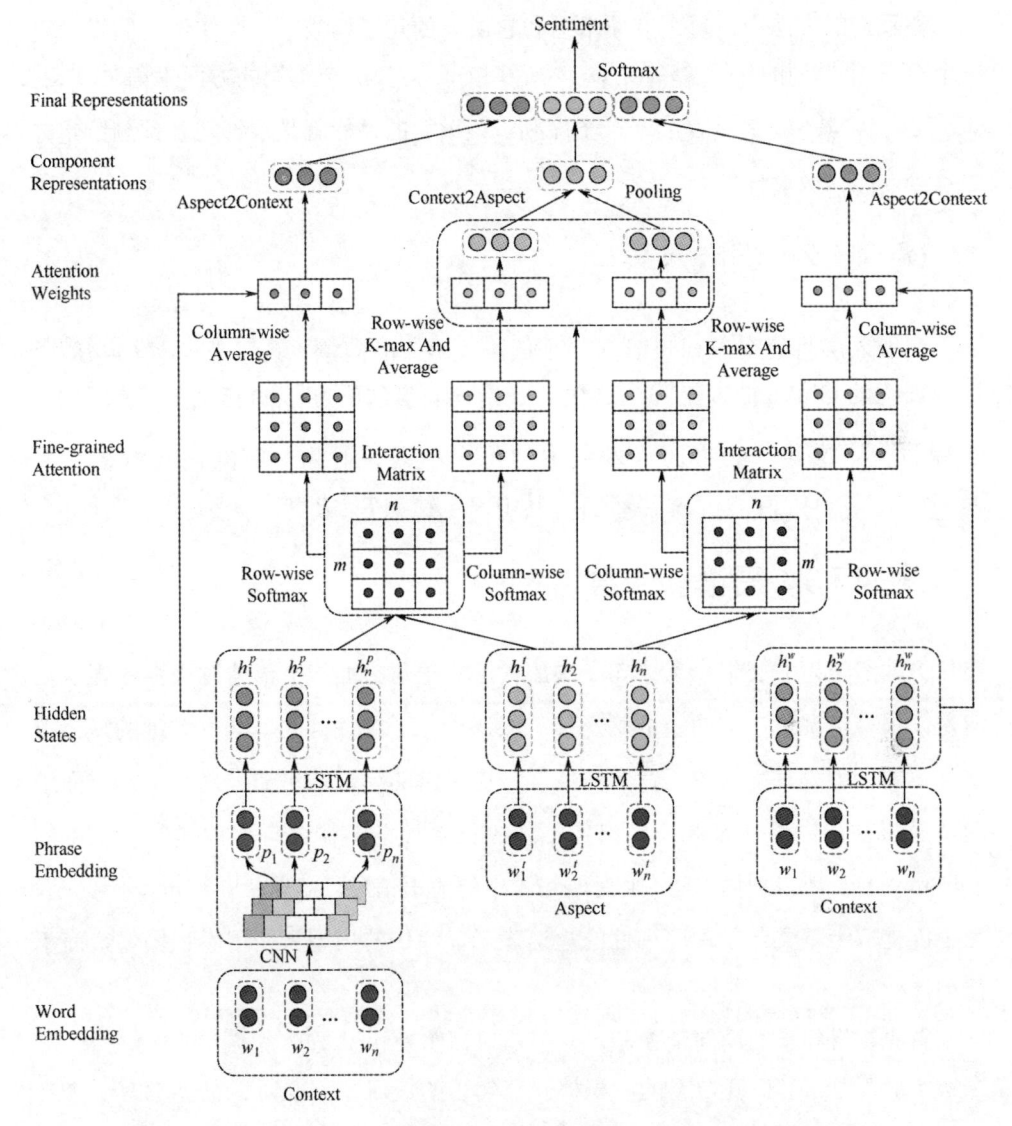

图 4-1　PFAN 的结构

4.1.1 模型框架

在我们的方法中，每个方面术语和它所在的句子构成了一个实例。假设给定一个有 n 个单词的句子 $S=[w_1,w_2,\cdots,w_n]$ 和一个有 m 个单词的方面术语 $T=[w_1^t,w_2^t,\cdots,w_m^t]$，其中，$T$ 是 S 的一个子序列。该模型的目标就是根据句子预测给定方面级术语的情感极性。

4.1.2 词嵌入层

词嵌入层将每个单词映射为一个低维、实值的向量。具体来说，$L \in dR^{d\times|v|}$ 为预训练的GloVe嵌入矩阵，这里的 d 指词向量的维度，$|v|$ 指词汇表的大小。然后将上下文句子和方面级术语中的每个单词映射为对应的词向量，得到 $S=[v_1,v_2,\cdots,v_n]$ 和 $T=[v_1^t,v_2^t,\cdots,v_m^t]$，其中 $S \in R^{n\times d}$，$T \in R^{m\times d}$。

4.1.3 短语嵌入层

方面级情感分类很少考虑句子中的关键短语对方面级术语情感极性的影响。但是，很多情况下，方面级情感不仅只取决于句子中关键的单词，关键的短语也非常重要。因为关键的短语在一些情况下比关键的单词能更加准确地决定方面级的情感极性。由于CNN在之前的工作中已经被证实能够有效地提取句子中的n-gram特征，所以使用CNN来提取句子中的短语信息。但是，与Kim不同的是，为了能提取上下文句子中序列性的短语表示，我们的模型只使用卷积操作，而不使用池化。

首先，将句子的词向量 $S=[v_1,v_2,\cdots,v_n]$，作为卷积层的输入，其中 $S \in R^{n\times d}$。令 $m \in R^{k\times d}$ 为一个长度为 k 的卷积核。在句子的任何一个单词 v_j 处，都有一个带有 k 个连续词向量的矩阵 $S_{j:j+k-1}$：

$$S_{j:j+k-1}=[v_j,v_{j+1},\cdots,v_{j+k-1}]$$

其中，$S_{j:j+k-1} \in R^{k\times d}$。然后卷积核 m 依次滑过 S，可以得到窗口大小为 k 的

卷积核对应的特征图 $e \in R^{n-k+1}$，e 中的每一个元素 e_j 计算式如下：

$$e_j = f\left(S_{j:j+k-1} \circ m + b\right)$$

其中，$\circ$ 是元素乘法，b 是偏置参数，f 是非线性函数，这里选择 Relu 作为激活函数。用 m 个窗口大小为 k 的卷积核，就能得到 m 个相同长度的特征图，可以得到：

$$E = [e_1, e_2, \cdots, e_m]^T$$

其中，$E \in R^{(n-k+1) \times m}$，$e_i$ 是指第 i 个卷积核产生的特征图。E 的第 j 行 p_j 是一种新的特征表示，它是由 m 个不同卷积核对 k 个连续词向量矩阵 $S_{j:j+k-1}$ 进行卷积操作得到的一个 m 维的向量。可以将 p_j 视为句子中单词 v_j 对应的短语表示。此外，为了能得到与输入序列长度相同的短语表示，对句子进行填充。因此，最终可以得到一个序列长度为 n 的短语表示 S'：

$$S' = [p_1, p_2, \cdots, p_n]$$

4.1.4 BiLSTM 编码层

由于 LSTM 可以避免梯度消失的问题，同时能很好地学习长期依赖性，所以使用三个 BiLSTM 网络来分别学习隐藏在句子的单词和短语及方面级的单词中的语义信息。

将句子的短语表示 $S' = [p_1, p_2, \cdots, p_n]$ 分别作为前向和后向 LSTM 的输入，由此可以得到前向和后向 LSTM 的隐藏状态 $\overrightarrow{h_s} \in R^{n \times d_h}$ 和 $\overleftarrow{h_s} \in R^{n \times d_h}$，这里的 d_h 是隐藏状态的维度。然后我们将 $\overrightarrow{h_s}$ 和 $\overleftarrow{h_s}$ 拼接起来，得到最终的隐藏状态 $H^p \in R^{n \times 2d_h}$。相似的，将方面和句子的词向量分别作为 BiLSTM 的输入，可计算得到最终的隐藏状态 $H^t \in R^{m \times 2d_h}$ 和 $H^w \in R^{n \times 2d_h}$。

$$\overrightarrow{h_s} = \overrightarrow{\mathbf{LSTM}}([p_1, p_2, \cdots, p_n])$$

$$\overleftarrow{h_s} = \overleftarrow{\mathbf{LSTM}}([p_1, p_2, \cdots, p_n])$$

$$H^p = [\overrightarrow{h_s}, \overleftarrow{h_s}]$$

考虑到通常距离方面级术语较近的上下文单词或者短语对该方面级的影响较

大，因此，可使用一种位置编码机制，为上下文句子中的每个单词和短语赋予一个权重w_t，其定义如下：

$$w_t = \begin{cases} 1 - \dfrac{l}{n-m+1}, & l > 0 \\ 0, & l = 0 \end{cases}$$

其中，l表示句子中的单词离方面术语有l个单词的距离，将方面级术语中单词的距离l设为0。因此，可以得到上下文单词最后的输出为$H^w = [w_1 * h_1^w, w_2 * h_2^w, \cdots, w_n * h_n^w]$，以及上下文短语最后的输出为$H^p = [w_1 * h_1^p, w_2 * h_2^p, \cdots, w_n * h_n^p]$

4.1.5 细粒度的注意力机制

由于注意力机制能根据方面级信息有效地识别句子中的哪些单词更重要，所以它被广泛用于解决方面级的情感分类任务。之前很多基于注意力机制的方法都是使用粗粒度的注意力机制，这种粗粒度的注意力机制通常是简单地使用方面级向量的平均来学习上下文句子中单词的注意力，或者简单地使用上下文向量的平均来学习方面级术语中单词的注意力。而这种简单的平均机制在上下文句子较长和方面级术语中含有多个单词时，可能会导致信息丢失。因此，提出一种细粒度的注意力机制，这种细粒度注意力机制能够捕获方面级术语和上下文句子中单词级交互。这个细粒度的注意力机制包括Aspect2Context和Context2Aspect两部分。其中，Aspect2Context用于捕获上下文句子中决定方面级情绪的部分，然后生成最终的上下文表示；Context2Aspect用于捕获方面级中重要的单词，然后生成最终的方面级表示。在模型中，可以使用两个细粒度注意力机制分别用于捕获方面级的单词和句子中短语之间的交互及捕获句子中单词和方面级单词之间的交互。

首先，用方面级语的隐藏状态$H^t \in R^{m \times 2d_h}$和句子短语的隐藏状态$H^p \in R^{n \times 2d_h}$进行计算，可得到一个交互矩阵$U$：

$$U = H^t * (H^p)^T$$

这里的$U \in R^{m \times n}$，$U_{i,j}$表示方面中第i个单词与句子中第j个短语的相似度。

Aspect2Context：首先对交互矩阵 U 逐行进行 softmax 操作，然后得到方面级到句子的注意力矩阵 U^c：

$$U^c = \text{softmax}(U_{i,:})$$

这里的 $U^c \in R^{m \times n}$，其中，U^c 的每一行表示方面中的一个单词对句子中所有短语的注意力权重。然后再逐列对 U^c 求平均值，从而得到方面级对句子中短语的注意力权重 $w_c \in R^n$，然后可以得到最终短语级的上下文表示 $r^p \in R^{2d_h}$：

$$r^p = w_c * H^p$$

Context2Aspect：首先对交互矩阵 U 逐列进行 softmax，然后得到句子到方面级的注意力矩阵 U^t：

$$U^t = \text{softmax}(U_{:,i})$$

这里 $U^t \in R^{m \times n}$，这里的 U^t 的每一列表示句子中的一个短语对方面级中的所有单词的注意力权重。对每个方面级的单词而言，句子中只有少数短语能够决定其情感，为了避免直接使用平均操作造成信息丢失的问题，所以先求每一行的前 k 个最大值，然后再求其平均值，从而得到句子对方面级中单词的权重 $w_t \in R^m$。然后可以求得最终方面的表示，$r^{tp} \in R^{2d_h}$。

$$r^{tp} = w_t * H^t$$

同样，将方面级术语的隐藏状态 $H^t \in R^{m \times 2d_h}$ 和句子单词的隐藏状态 $H^w \in R^{n \times 2d_h}$ 作为另一个细粒度注意力机制的输入，可以得到单词级的上下文表示 $r^w \in R^{2d_h}$ 及方面级表示 $r^{tw} \in R^{2d_h}$。然后，将方面级表示 r^{tw} 和 r^{tp} 的平均作为最终的方面级表示，$r^t \in R^{2d_h}$，有

$$r^t = (r^{tw} + r^{tp})/2$$

4.1.6 表示聚合层

最后，将短语级的上下文表示 r^p、单词级的上下文表示 r^w，以及方面级的表示 r^t 拼接起来，作为最终的表示 $r \in R^{6d_h}$，并将其代入 softmax layer 用以预测方面的情感极性。

$$r = \left[r^p, r^w, r^t \right]$$
$$p = \text{softmax}\left(W_p * r + b_p \right)$$

其中，$p \in R^C$ 是方面的情感极性的概率分布，$W_p \in R^{C \times 6d_h}$ 和 $b_p \in R^C$ 分别是权重矩阵和偏置向量。这里设置 $C=3$，表示情绪的种类。

4.1.7 实验分析

1. 实验数据

在3个数据集上进行了实验，其中，第一个和第二个数据集分别是 Restaurant 和 Laptop 的评论数据，它们来自 SemEval 2014 Task 4（Pontiki2014SemEval）dataset。第三个数据集是由 Dong et al.（dong2014adaptive）收集的 Twitter 数据集。这些数据集标有三种情感极性，即 positive、neutral 和 negative。

2. 实验设置

通过最小化带有 L2 正则化的交叉熵损失函数来训练模型。关于一个训练实例的损失函数定义为：

$$L = -\sum_{i=1}^{C} y_i \lg(p_i) + \frac{\lambda}{2} \|\theta\|^2$$

其中，y_i 是第 i 个类别的热独编码；λ 是 L2 正则化的权重；θ 是 CNN、LSTM 和线性层的权重参数。

可以使用 Adam 优化器来计算和更新训练参数，还可以使用 dropout 策略来防止发生过拟合。

3. 实验结果

为了验证模型的效果，利用以下模型在三个数据集上进行对比。

Majority 是一个基线模型，它将测试数据中的每一个样本都赋值为在训练数据集中出现次数最多的情感极性。

LSTM（wang2016attention）使用一个 LSTM 网络对句子建模，并将每个单词隐藏状态的平均值用于情感分类。

TD-LSTM（tang2016effective）使用两个 LSTM 网络分别对带有方面级的左边的上下文和带有方面级的右边的上下文进行建模，然后将这两个网络最后的隐藏状态拼接起来用于预测方面级的情感。

RAM（chen2017recurrent）通过使用双向 LSTM 的输出来代表记忆，并使用一个 GRU 来学习句子的表示，从而强化 MemNet。

IAN（ma2017interactive）分别使用两个 LSTM 模型和注意力用于学习方面级和上下文句子的表示，然后将它们拼接起来用于预测情感极性。

BiLSTM-ATT-G（liu2017attention）使用两个基于注意力的 LSTM 模型分别对左边的上下文和右边的上下文进行建模，并引入门从而衡量 left context、right context 和整个句子对预测的重要性。

PBAN（gu2018position）将句子中单词的位置嵌入和词向量拼接起来作为 LSTM 的输入，然后使用一个双向注意力机制来学习方面特定的表示。

MGAN（fan2018multi）首先使用两个 LSTM 模型分别对方面级和上下文进行建模，然后分别使用粗粒度的注意力机制和细粒度的注意力机制来学习方面级和上下文句子的表示，并将它们用于预测。

LCR-Rot（zheng2018left）使用三个 BiLSTM 模型分别对 the left context、the aspect 和 the right context 极性建模，接下来使用一种 rotatory attention mechanism 得到左边上下文的表示、方面级的表示和右边上下文的表示，并将它们拼接起来用于预测情感极性。

实验结果见表 4-1。

表 4-1 分别显示了现在的方法和之前的方法在 Laptop、Restaurant 和 Twitter 数据集上的性能比较。从表中可以得出以下的对比结果。

根据表中的结果可以清楚地看到，Majority 在所有数据集上的表现效果都是最差的，因为它只是简单地利用数据的分布信息。除 Majority 外，其他所有的模型都是基于 RNN 的，可以看出基于 RNN 的方法表现效果都优于 Majority 方法。这表明 RNN 可以自动学习更好的表现方法来提升情感分类的效果。

表 4-1　三个数据集上的结果比较

Method	Laptop	Restaurant	Twitter
Majority	0.5350	0.6500	0.5000
LSTM(2016)	0.6650	0.7430	0.6650
TD-LSTM(2016)	0.7183	0.7800	0.6662
IAN(2017)	0.7210	0.7860	—
RAM(2017)	0.7449	0.8023	0.6936
BiLSTM-ATT-G(2017)	0.7312	0.7973	0.7038
PBAN(2018)	0.7412	0.8116	—
LCR-Rot(2018)	0.7524	0.8134	0.7269
MGAN(2018)	0.7539	0.8125	0.7254
PFAN	0.7696	0.8214	0.7413

相比其他神经网络模型，LSTM 方法的表现效果最差，这是因为它只考虑了上下文句子，而没有利用方面级信息。另外还可以发现，所有基于注意力机制的方法（如 IAN、RAM、BiLSTM-ATT-G、PBAN、LCR-Rot 和 MGAN 等），都明显优于 TD-LSTM，这是因为注意力机制能够根据方面级信息识别上下文的重要部分，从而生成更有效的表示。

本章提出来的模型在所有数据集上的效果都优于 IAN、RAM、BiLSTM-ATT-G、PBAN、LCR-Rot 和 MGAN。主要有如下几点原因：（1）除了 MGAN，其他所有的模型都是使用粗粒度的注意力机制，它们简单地使用平均的方面级向量或者平均的上下文向量来引导注意力，而这样做在很多情况下会导致信息丢失。（2）所有这些模型都只考虑了关键的单词对方面级情感极性的影响，并没考虑关键的短语信息对方面级情感极性的影响。但是在很多情况下，关键的短语比关键的单词更能正确地决定方面级情感极性。

4. 案例分析

在我们的模型中，使用两个细粒度的注意力机制来学习句子和方面之间的关系。其中一个注意力机制用于学习句子中短语信息和方面之间的交互，另一个用于学习句子中单词信息和方面之间的交互，为了便于区分，分别称其为短语级注意力机制和单词级注意力机制。为了直观地理解提出的模型，将来自 restaurant 数据集的句子 this is one great place to eat pizza more out but not a good place for take-out pizza 和方面级 piazza、take-out pizza 作为案例进行研究，并分别把在这两个注意力机制上学习到的句子和方面级的注意力权重可视化，如图 4-2 所示，图中，颜色越深，则表示注意力权重越大。

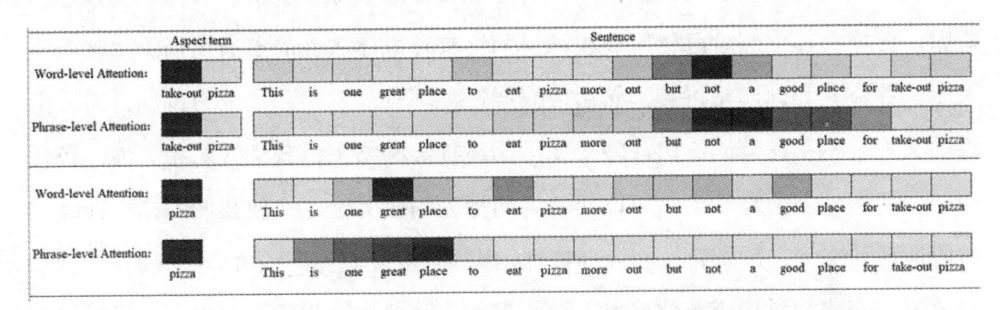

图 4-2 PFAN 在一个含义多个意见目标例句上的注意力权重可视化

使用 PFAN 来对这句话和方面级进行建模，并正确地预测 pizza 和 take-out pizza 的情感极性分别为 positive 和 negative。对方面级术语 take-out pizza 而言，很明显，句子中的 not a good place 在判断这个方面级情感极性中起着决定性作用。从图 4-2 中我们可以观察到，单词级的注意力机制和短语级的注意力分别赋予 not 和 not a good place 更高的权重，这说明使用 CNN 提取的短语信息，能够帮助注意力机制更好地识别句子中的关键短语。另外，在方面级术语中，phrase head take-out 比 pizza 更加重要，因为其他单词是用于修饰 the head word。从图 4-2 中还可以看到，相比单词 pizza，两个注意力机制都给了单词 take-out 更高的权重，这说明提出的细粒度的注意力机制能正确地识别方面级中的重要单词，从而减少信息的丢失。对方面级 pizza 而言，可以发现这两个注意力机制同样分别给了关键词 great 和关键短语 one great place 更高的权重，这进一步说明使用 CNN 提取的短语信息有助于识别句子中的关键短语。

4.2 基于学习标签相关性的多标签文本分类

为了提高科技资源的搜索精度，构建了一种基于 seq2seq 的多标签文本分类模型。该模型在编码阶段使用卷积神经网络来提取序列性的更高级别的局部语义表示，并将其和词向量拼接，然后依次通过循环神经网络和注意力机制，得到最终的文本表示；在解码阶段，除了使用循环神经网络来捕获标签的相关性，还使用一个初始化的全连接层，用以捕获两两标签的相关性。这使我们的模型在编码阶段能捕获文本的局部特征和全局特征，在解码阶段更好地考虑标签的相关性。将该方法在典型科技资源数据集上进行实验，结果表明我们提出的方法优于以前的方法。

首先，多标签文本分类可以描述为：给定一篇有 n 个单词的文本 $x = \{x_1, \cdots, x_i, \cdots, x_n\}$ 和有 L 个不同标签的标签空间 $\mathcal{L} = \{l_1, l_2, \cdots, l_L\}$，该任务就是根据文本 x 的内容找到它所属的类别 $y = \{y_1, \cdots, y_k, \cdots, y_m\}$，其中，$y$ 是 $\mathcal{L}$ 的一个子集。在该方法中，建立一个基于 seq2seq 的模型，其目标就是找到一个标签序列 y 使条件概率 $p(y|x) = \prod_{t=1}^{m} p(y_t | y_{<t}, x)$ 最大化。

在解码阶段，将标签看成一个序列，所以需要对标签进行排序。按照训练数据集中标签的出现频率来对标签进行排序。首先统计训练数据集中每个标签出现的频率，然后将每个样本的标签子集中频率大的标签排前面，并在标签序列的前后分别加上 BOS 和 EOS 标签。

模型整体的框架如图 4-3 所示，该模型由编码和解码两部分组成。在编码过程中，文本序列 x 首先通过 CNN 提取到每个词 x_i 对应的更高级的 n-gram 表示 p_i，然后将 p_i 和词向量 w_i 拼接起来，作为 LSTM 的输入，得到隐藏状态 h_i，最后通过注意力机制得到 t 时刻的文本表示 c_t。在解码过程中，LSTM 将文本表示 c_t、上一

第 4 章 分布式科技资源的语义分析技术

个时刻的隐藏状态 s_{t-1} 及上一个时刻预测的标签向量 $g(y_{t-1})$ 作为输入,得到 t 时刻的隐藏状态 s_t。这里的 y_{t-1} 是上一个时刻预测的标签的概率分布,g 是取 y_{t-1} 中概率最大的那个标签对应的标签向量。然后让 s_t 通过全连接层,预先初始化输出层和 softmax 层,得到 t 时刻标签的概率分布 y_t。

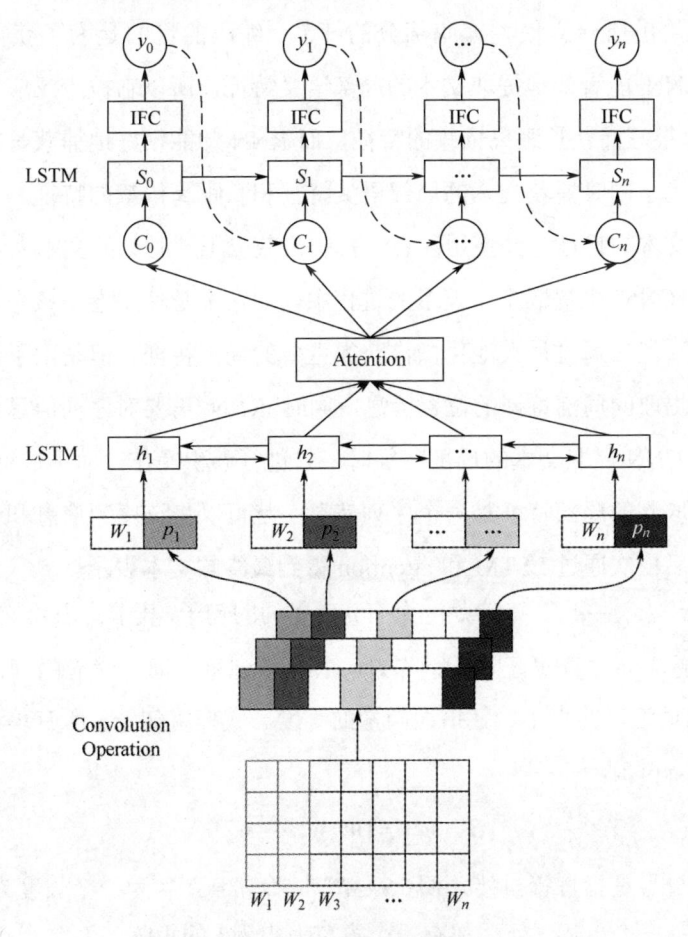

图 4-3 模型整体框架图

本节所研究的方法能有效地提取局部和全局语义信息,并能有效地捕获标签的相关性。在典型科技资源数据集上的实验结果表明,相比基线模型,本节所研究的方法在 Hamming Loss 和 micro-F1 上表现的性能更好。此外,对实验结果的进一步分析也证明了初始化的全连接层能有效地考虑标签之间的相关性，也证明我们的方法相比基线模型能更好地处理标签长度较长的资源样本。

4.2.1 编码阶段

本节将给出所建立模型编码部分的细节。编码的目的是为了获得文本的表示。由于 CNN 能有效地提取文本的局部语义特征，所以它被广泛应用于文本分类中。CNN 很难捕获长距离依赖的特征，而 RNN 却能很好地捕获长距离依赖的特征。所以为了同时捕获文本的局部语义特征和长距离依赖的特征，可将它们结合起来提取文本的特征，并使用注意力机制来获取不同时刻的文本表示。

在使用 CNN 来提取文本表示的过程中，通常都是使用卷积核来提取文本的局部特征的，然后通过最大池化操作获得重要的局部特征。但是由于池化操作会丢失卷积核提取的局部特征的位置信息，同时 RNN 需要对序列信息进行编码，所以在使用 CNN 提取文本的局部特征时，只进行卷积操作，而不进行池化操作，这样最后提取到的局部特征是一个序列信息，就可以将该序列信息和词向量拼接在一起，然后依次通过 LSTM 和 attention 得到最终的文本表示。

CNN：$x = \{x_1, \cdots, x_i, \cdots, x_n\}$ 是一个有 n 个单词的句子，其中 x_i 表示文本的第 i 个单词。我们首先通过查找词向量矩阵 $\boldsymbol{E} \in \boldsymbol{R}^{|v| \times d}$ 得到每个词 x_i 对应的词向量 $\boldsymbol{w}_i$。这里的 $|v|$ 是指词汇表的大小，d 指词向量的维度。我们将句子 x 所有单词的词向量拼接起来，可以得到：

$$S = w_{1:n} = [w_1; w_2; \cdots; w_n]$$

这里的分号是指按行拼接，并且 $\boldsymbol{S} \in \boldsymbol{R}^{n \times d}$。令 $m \in \boldsymbol{R}^{k \times d}$ 为一个长度为 k 卷积核。在句子的任何一个单词 j 处，都有一个窗口大小为 k 的矩阵：

$$w_{j:j+k-1} = [w_j; w_{j+1}; \cdots; w_{j+k-1}]$$

其中，$\boldsymbol{w}_{j:j+k-1} \in \boldsymbol{R}^{k \times d}$。然后，卷积核 m 依次滑过 $\boldsymbol{S}$，可以得到窗口大小为 k 的卷积核对应的特征图 $e \in \boldsymbol{R}^{n-k+1}$，$e$ 中的每一个元素 e_j 计算式如下：

$$e_j = f\left(\boldsymbol{w}_{j:j+k-1}^\mathrm{T} \circ m + b\right)$$

其中，。是元素乘法，b 是偏置参数，为了简单起见，后面的偏置都用 b 表示，f 是非线性函数，这里选择 Relu 作为激活函数，用 m 个窗口大小为 k 的卷积核就能得到 m 个相同长度的特征图，然后将其按行拼接后转置可以得到：

$$W = [e_1; e_2; \cdots; e_m]^T$$

其中，e_i 是指第 i 个卷积核产生的特征图。让 p_j 表示 $W \in R^{(n-k+1) \times m}$ 的第 j 行，它可以看成单词 x_j 的 k-gram 表示，代表单词 x_j 的局部语义信息，它是由 m 个不同卷积核对 $w_{j:j+k-1}$ 进行卷积操作得到的一个 m 维的向量。我们将单词 x_j 的词向量 w_j 和对应的 k-gram 向量 p_j 拼接起来，得到 RNN 的输入序列 S'：

$$S' = [g_1, g_2, \cdots, g_n]$$
$$g_j = [w_j, p_j]$$

长短记忆和注意力机制：使用双向 LSTM 来对序列 S' 进行编码，并计算每个单词对应的隐藏状态。

$$\overrightarrow{h_j} = \overrightarrow{\text{LSTM}}(\overrightarrow{h_{j-1}}, g_j)$$
$$\overleftarrow{h_j} = \overleftarrow{\text{LSTM}}(\overleftarrow{h_{j+1}}, g_j)$$

得到前向和后向的隐藏状态 $\overrightarrow{h_j}$ 和 $\overleftarrow{h_j}$ 后，将它们拼接起来可得到最终的隐藏状态 $h_j = [\overrightarrow{h_j}, \overleftarrow{h_j}]$，它体现了以第 j 个词为中心的序列信息。

在任意时刻 t，通过注意力机制对文本序列不同部分赋予不同的权重 $\alpha_{t,j}$，最终得到 t 时刻的文本向量表示 c_t。

$$c_t = \sum_{j=1}^{n} \alpha_{t,j} h_j$$

$$\alpha_{t,j} = \frac{\exp(e_{t,j})}{\sum_{i=1}^{n} \exp(e_{t,i})}$$

$$e_{t,i} = v_a^T \tan(W_a s_t + U_a h_i + b)$$

其中，W_a、U_a 和 v_a 是权重矩阵，b 是偏置向量，s_t 是解码过程中 t 时刻的隐藏状态。

4.2.2 解码阶段

本节将给出所建立模型解码的细节。解码的目的是为了获得标签的概率分布。为了提高分类效率，在解码过程中需要考虑标签之间的相关性。首先通过使用 LSTM 来依次产生标签序列，从而考虑当前标签和之前标签之间的关系。其次，由于训练数据中标签的共现本身就提供了一部分标签之间的相关信息，希望利用这些信息来考虑标签之间的相关性。受 Kurata 的启发，将输入神经元个数和输出神经元个数都作为标签数的全连接层作为最后的输出层，其中每一个输入神经元和每一个输出神经元都代表一个类别标签，它们之间的权重被视为两个对应标签的相互依赖关系，并使用训练数据集中标签的共现频率来初始化这些权重，用以捕获任意两两标签的相关性。

LSTM：在解码过程中，使用单向 LSTM 来依次生成标签序列。其中，t 时刻的隐藏状态 s_t 计算如下：

$$s_t = \text{LSTM}(s_{t-1}, [g(y_{t-1}), c_{t-1}])$$

其中，y_{t-1} 是上一个时刻预测的标签的概率分布，函数 g 是取 y_{t-1} 中概率最大的那个标签对应的标签向量，$g(y_{t-1})$ 代表上一个时刻最终预测标签的标签向量。接下来通过全连接层，得到 t 时刻标签的分数 o_t。

$$o_t = W_d f(W_o s_t + U_o c_t + b)$$

其中，$o_t \in R^L$，并且 W_d、W_o 和 U_o 是权重矩阵，b 是偏置向量。标签分数 o_t 为一个 L 维的向量，它的每一维的元素表示句子 x 属于对应标签的分数，分数越大，则属于该类的概率就越大。

初始化全连接层：将 o_t 作为初始化全连接层的输入，得到输出 o_t'。

$$o_t' = W' o_t$$

$W' \in R^{L \times L}$ 是权重参数。最后通过 softmax 可以计算得到 t 时刻预测的标签的概率分布 y_t：

$$y_t = \text{softmax}(o_t')$$

第 4 章 分布式科技资源的语义分析技术

初始化方法：对输出层的权重参数 W' 进行初始化，它是一个 $L\times L$ 的矩阵，可以被视为一个标签依赖矩阵，其模型如图 4-4 所示。其中，W' 的第 i 行，第 j 列的元素 $W'_{i,j}$ 代表着标签空间中第 i 个标签和第 j 个标签相关性。$W'_{i,j}$ 初始化值的计算方法如下：

$$W'_{i,j} = \begin{cases} \dfrac{f_{i,j}}{A_i}, & i \neq j \\ 1, & i = j \end{cases}$$

$$A_i = \sum_{m=1}^{L} f_{i,m}$$

其中，$f_{i,j}$ 表示 i 标签和 j 标签一起出现在训练样本中的频率，这是通过统计训练数据集中样本的标签得到的。A_i 是指 i 标签和其他所有标签在训练数据集中两两共现总的次数。将对角线上的初始化值设为 1，是因为假设每个标签和自己是完全相关的。$W'_{i,j}$ 越大，说明第 i 个标签和第 j 个标签相关性越大。

最后，在训练阶段使用交叉熵函数作为损失函数，在推理阶段使用 beam search 算法找到排名靠前的标签序列。

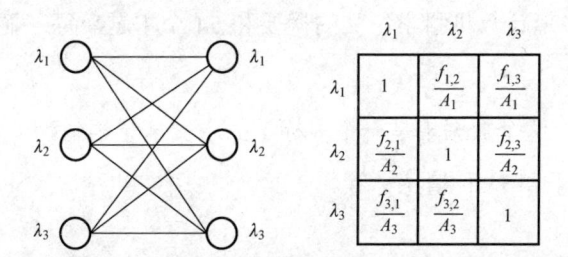

图 4-4　基于多元特征融合的分布式资源空间文本分类模型

标签空间输出层的权重参数 $W' \in R^{3\times 3}$，使用训练数据集中两两标签共现频率对权重参数 W' 进行初始化。

4.2.3　实验分析

1. 实验数据

本节使用 3 个数据集来验证提出的方法。每一个数据集被划分为训练数据集、验证数据集和测试数据集。具体来说，在每个数据集中分别随机采样 1 000 个样本作为验证数据集和测试数据集，其他的样本作为训练数据集。数据集信息见表 4-2。

表 4-2　数据集信息

Dataset	Total Samples	Label Sets	Words/Sample	Lable/Sample
RCV1-V2	804414	103	123.94	3.24
AAPD	55840	54	163.42	2.41
Ren-CECps	37687	11	24.71	2.36

Total Samples 和 Label Sets 分别表示总的样本和标签的数量。Words/Sample 和 Label/Sample 分别表示每个样本平均的单词数和标签数量。

RCV1-V2：Reuters Corpus Volume I（RCV1-V2）由 Reuters ltd 出于研究目的而制作。它包括 800 000 多篇手动分类的新闻，总共有 103 个话题，每一篇新闻被赋予一个或者多个标签。

AAPD：Arxiv Academic Paper Dataset（AAPD）由 Yang et al.（2018）提供。它包括 50 000 多篇计算机科学论文的摘要和 54 个主题，每一篇摘要被赋予了多个标签。

Ren-CECps：这个数据集是一个多标签的中文情感语料库，它包含 30 000 多句中文博客的句子和 11 种情感标签。

2. 评价指标

使用 Hamming Loss 和 micro-F1 来评估我们的模型。其中，Hamming Loss 反映的是被错分的标签个数；micro-F1 是精准率和召回率的加权平均。另外，也会给出 micro-precision 和 micro-recall 作为参考。

3. 参数设置

由于数据集的大小不同，在不同的数据集上可以设置不同的超参数。在 RCV1-V2 上，过滤掉长度大于 500 的样本，并在训练数据集上提取 50 000 的单词作为词汇表。其中，词汇表以外的单词将被设置为 unk。词向量和标签向量的

第4章 分布式科技资源的语义分析技术

维度分别被设置为 512 和 256，并随机初始化。CNN 的窗口大小为 3，卷积核个数为 256。编码 LSTM 的 hidden size 为 256，层数为 2。解码 LSTM 的 hidden size 为 512，层数为 2。

在 AAPD 和 Ren-CECps 上，过滤掉长度大于 500 的样本，并在训练数据集上提取 30 000 的单词作为词汇表。其中，词汇表以外的单词将被设置为 unk。词向量和标签向量的维度分别被设置为 256 和 256，并随机初始化。CNN 的窗口大小为 3，卷积核个数为 256。编码 LSTM 的 hidden size 为 256，层数为 2。解码 LSTM 的 hidden size 为 512，层数为 1。

使用 Adam 优化算法训练模型，并且学习率初始化为 0.001，其他为默认设置。为了防止过拟合，将 Dropout 设置为 0.5。另外，梯度裁剪被设置为 [-10,10]。主要的超参数见表 4-3。

表 4-3 主要的超参数

Hyperparameter	RCV1-V2	AAPD&Ren-CECps
Vocabulary size	50 000	30 000
Word vector size	512	256
Label vector size	256	256
Filter size	3	3
Number of filters	256	256
Hidden size of encoded LSTM	256	256
Number layers of encoded LSTM	2	2
Hidden size of decoded LSTM	512	512
Number layers of decoded LSTM	2	1

4. 基线模型

接下来介绍 6 种基准模型，这些模型将要和我们的模型进行对比。

Binary Relevance（BR）：将多标签分类转换为多个单标签分类任务。

Classifier Chain（CC）：通过将多标签分类转换为一条链式的二分类问题，来考虑标签的相关性。

CNN：通过使用多个卷积核来提取文本表示，然后通过初始化的全连接层，接着通过 sigmoid 函数，得到标签的概率分布。

EncDec：一种基于 seq2seq 的方法，使用 RNN 来提取文本表示，然后通过 RNN 来依次产生标签序列。

CNN-RNN：一种基于 seq2seq 的方法，通过使用多个卷积核来提取文本表示，然后通过 RNN 来依次产生标签序列。

SGM：通过使用带有注意力机制的 seq2seq 模型来解决多标签文本分类。

5. 实验结果

我们的模型和基准模型在 RCV1-V2 数据集上的结果见表 4-4。从基准模型的结果可以看出，传统机器学习方法和其他深度学习模型的效果相差不多，除了 SGM。相比基线模型，我们的模型在 Hamming Loss 和 micro-F1 上表现出了最好的性能。和最常使用的基准模型 BR 相比，我们的模型在 Hamming Loss 上减少了 9.3%，在 micro-F1 上提升了 1.7%。此外，我们的模型在很大程度上优于其他深度学习的模型。例如，和基准模型中表现性能最好的 SGM 相比，我们的模型在 Hamming Loss 上减少了 4.9%，在 micro-F1 上提升了 1.0%。

同时，这里也给出了我们的模型和基准模型在 AAPD 和 Ren-CECps 数据集上的结果，分别见表 4-5 和表 4-6。和在 RCV1-V2 数据集的结果相似，我们的模型的 Hamming Loss 和 micro-F1 在这两个数据上也表现出了最好的性能。这进一步证明了本节所提的方法在大数据集上比以前的方法有明显的优势。和最常使用的基准模型 BR 相比，我们的模型在这两个数据集上的 Hamming Loss 分别减少了 24.1%和 8.4%，micro-F1 分别提升了 10.7%和 12.5%。并且，与表现性能最好的基线模型 SGM 相比，我们的模型在这两个数据集上的 Hamming Loss 分别减少了 7.0%和 8.2%，micro-F1 分别提升了 2.9%和 5.4%。

表 4-4 RCV1-V2 测试集的结果

Models	HL (−)	P (+)	R (+)	F1 (+)
BR	0.0086	0.904	0.816	0.858
CC	0.0087	0.887	0.828	0.857
CNN	0.0086	0.922	0.798	0.855

第4章 分布式科技资源的语义分析技术

续表

Models	HL (−)	P (+)	R (+)	F1 (+)
EncDec	0.0087	0.876	0.843	0.859
CNN-RNN	0.0085	0.889	0.825	0.856
SGM	0.0082	0.897	0.835	0.864
Our Model	0.0078	0.895	0.851	0.873

表 4-4 中，HL、P、R 和 F1 分别表示 Hamming Loss、micro-Precision、micro-Recall 和 micro-F1。"+"表示值越大，模型的表现性能越好；"−"则相反。

表 4-5 AAPD 测试集的结果

Models	HL (−)	P (+)	R (+)	F1 (+)
BR	0.0316	0.644	0.648	0.646
CC	0.0306	0.657	0.651	0.654
CNN	0.0256	0.849	0.545	0.664
EncDec	0.0262	0.738	0.644	0.687
CNN-RNN	0.0278	0.718	0.618	0.664
SGM	0.0258	0.739	0.655	0.695
Our Model	0.0240	0.761	0.675	0.715

表 4-5 中，HL、P、R 和 F1 分别表示 Hamming Loss、micro-Precision、micro-Recall 和 micro-F1。"+"表示值越大，模型的表现性能越好；"−"则相反。

表 4-6 Ren-CECps 测试集的结果

Models	HL (−)	P (+)	R (+)	F1 (+)
BR	0.1761	0.549	0.497	0.521
CC	0.1755	0.546	0.542	0.544
CNN	0.1861	0.620	0.485	0.544
EncDec	0.1729	0.554	0.538	0.546
CNN-RNN	0.1774	0.542	0.535	0.538
SGM	0.1758	0.543	0.569	0.556
Our Model	0.1613	0.582	0.589	0.586

表 4-6 中，HL、P、R 和 F1 分别表示 Hamming Loss、micro-Precision、

micro-Recall 和 micro-F1。"+"表示值越大，模型的表现性能越好；"-"则相反。

6. 案例分析

为了分析该输出层的权重参数矩阵最后是否学习到了标签之间的相互依赖关系，将在 Ren-CECps 数据集上最终训练得到的权重参数矩阵以热力图的形式导出。Ren-CECps 数据集共 11 个标签，它们分别是 positive、joy、love、anxiety、neutral、negative、sorrow、expect、hate、surprise 和 anger，热力图如图 4-5 所示。

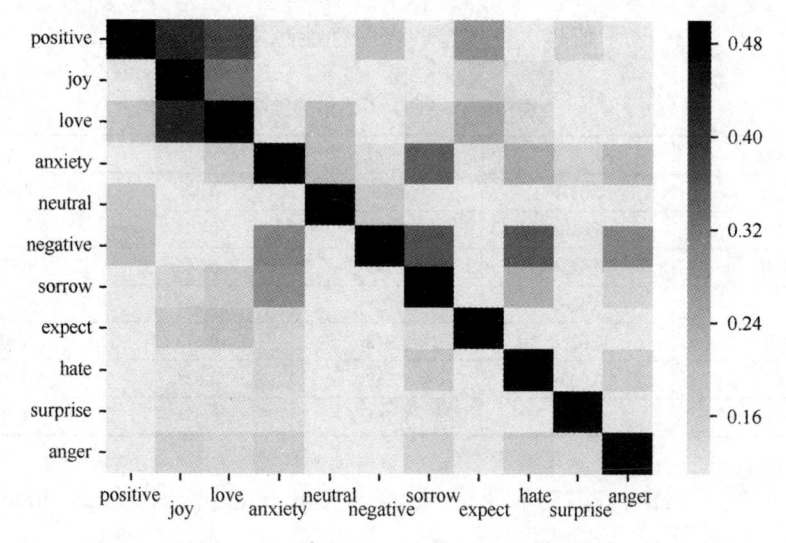

图 4-5　在 Ren-CECps 数据集上最终训练得到的初始化全连接层的权重参数的热力图

从图 4-5 中可以看出，初始化的全连接层能正确学习到标签之间的相互依赖关系，例如，positive 和 joy、love、expect 的关系比较强，和 anxiety、neutral、sorrow、hate 及 anger 的关系比较弱；而 negative 和 anxiety、sorrow、hate、anger 的关系较强，和 joy、love、neutral、expect、surprise 的关系较弱。这些都符合我们的常识。但是，在图 4-5 中也可以看出仍然存在一些貌似不对的依赖关系，如 positive 和 negative 也存在一定的依赖关系，这是由于 Ren-CECps 数据集是一个多标签的数据集，一些句子同时被标注了多个矛盾的情感，例如，一些样本同时被标注为 sorrow 和 love，或被标注为 anger 和 joy，这使得初始化的全连接层最终也学习到了这些关系。

4.3 基于多元神经网络融合的分布式资源空间文本分类

在对科技资源的构成与特点分析的基础上,进行了基于服务效应的分布式资源空间的描述,从实体产业用户需求出发,将服务效应作为分类标准,建立了 C3-BGA 文本分类模型,如图 4-6 所示。该模型通过选取 3 种不同尺寸大小的卷积核以捕获不同视野下的局部特征,融合引入 Attention 策略的 BIGRU 网络来实现文本深层特征的自动提取,并选取服务效应作为分类标准,这更加符合实体产业科技资源需求,有利于全面挖掘科技资源文本深层特征,为解决分布式资源空间文本分类问题提供了一种新的思路和手段。

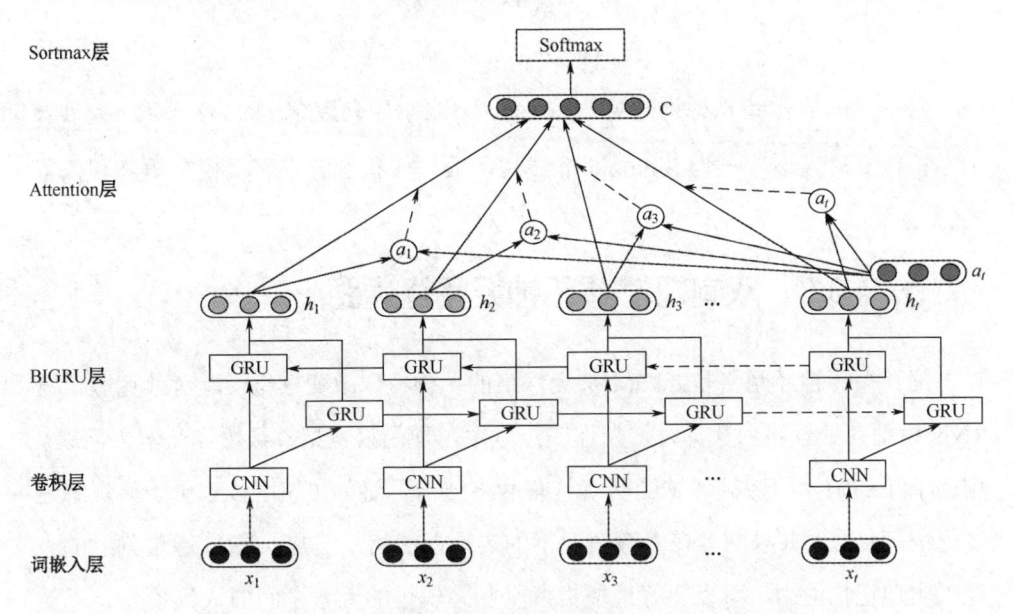

图 4-6 基于多元特征融合的分布式资源空间文本分类模型

4.3.1 卷积层特征提取

卷积神经网络最初在图像识别领域得到广泛的应用，其特有的卷积、池化、全连接等结构层能从原始图像中过滤不同的非线性特征，有效避免了图像复杂的前期预处理工作。在文本数据处理领域，卷积能够自主捕捉文本中词之间的语义相关特征，可以取得更好的分类效果。

词嵌入层采用词向量的方式将科技资源文本转化为易于神经网络处理的连续稠密序列数据，即得到一个 $l \times n$ 的矩阵（l 表示句子长度，n 表示嵌入向量维度）。在卷积层中，多个 $n \times h$ 的卷积核（n 表示嵌入向量维度，h 表示卷积核窗口大小）在词嵌入层的输出矩阵上滑动，自动检测不同宽度视野下的文本特征 m_i。最后每个卷积核捕获的文本特征通过连接，得到卷积层的输出结果 M，计算公式如下所示：

$$m_i = \sigma\left(wx_i^{i+h-1} + b\right)$$

$$M = (m_1, m_2, m_3, \cdots, m_{i-h+1})$$

其中，m_i 表示卷积得到的第 i 个特征，x_i 表示序列数据 x 的第 i 个输入，h 表示卷积核窗口大小，σ 为 Sigmoid 非线性函数，w 和 b 分别表示权重矩阵和偏置向量。

4.3.2 双向门控循环神经网络通路

门控循环神经网络是 LSTM 神经网络的一种特殊改变模型，能有效克服传统 RNN 模型在处理序列数据时，在递归过程中出现的权重指数级爆炸或消失问题。相比于 LSTM，门控循环神经网络具有网络结构更简单、使用参数更少、训练速度更快等优点，并且两者在多数情况下的实际性能相差无几。GRU 通过刻意的设计来实现记忆能力，可以更好地捕捉两个相距较远的元素之间的依赖关系。

GRU 模型的内部结构图如图 4-7 所示。

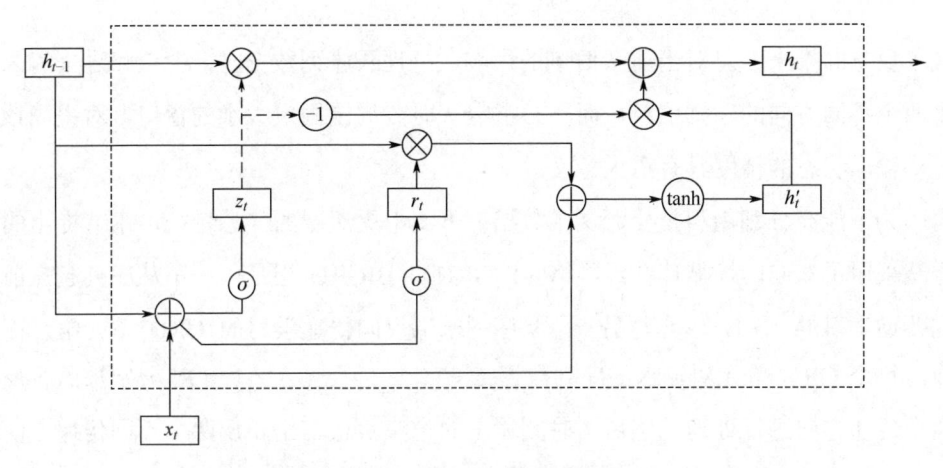

第 4 章 分布式科技资源的语义分析技术

图 4-7　GRU 模型的内部结构图

图 4-7 中，GRU 单元只使用一个门结构准确控制数据的遗忘和选择记忆功能，这样极大地减少了计算机硬件的计算能力和训练时间。假设 x_t 表示当前节点的输入，h_{t-1} 表示（t-1）时刻节点传递下来的隐藏状态，这个隐藏状态包含了上一个节点的相关数据信息。利用 x_t 和 h_{t-1} 可以得到 t 时刻更新门（z_t）和重置门（r_t）的门控信号，更新公式如下所示：

$$z_t = \sigma(\bm{U}_z h_{t-1} + \bm{W}_z x_t + \bm{b}_z)$$

$$r_t = \sigma(\bm{U}_r h_{t-1} + \bm{W}_r x_t + \bm{b}_r)$$

$$h'_t = \tanh(\bm{U}_h (h_{t-1} \odot r_t) + \bm{W}_h x_t + \bm{b}_h)$$

$$h_t = (1 - z_t) \odot h_{t-1} + z_t \odot h_{t-1}$$

其中，更新门 z_t 的作用类似于 LSTM 的遗忘门和输入门，主要用于决定上一层隐藏状态中有多少信息需要被保留；重置门 r_t 用于决定上一时刻隐藏状态中的信息有多少是需要被遗忘的；h'_t 包含了当前输入的 x_t 数据，由重置门 r_t 重置之后的数据 $h_{t-1} \odot r_t$ 与 t 时刻该节点的输入 x_t 进行拼接，再经 tanh 激活得到；σ 与 tanh 分别为 Sigmoid 函数和双曲正切函数，都用于增强网络模型的非线性；$\bm{W}$ 和 $\bm{U}$ 分别为各层之间的权重矩阵，$\bm{b}$ 为各层的偏置向量。

虽然 GRU 通过门的内部机制有效解决了 RNN 在处理长序列数据时出现的短期记忆问题，但只考虑了单方向过去的序列 $x_1, x_2, \cdots, x_{t-1}$ 和当前输入 x_t 的信息，忽视了反方向未来信息对当前 t 时刻的影响。处理长序列数据时，会依赖过去和未来两个不同方向的序列信息，而不必指定 t 时刻周围固定大小的窗口，对提高该时刻输出状态的精度具有重大意义。

为了能充分利用科技资源文本数据上下文中更深层的信息特征，本节提出的方法采用了双向门控循环神经网络（BIGRU）。BIGRU 层是由一个从序列起点前向传递学习的 GRU 单元与另一个从序列末端反向传递学习的 GRU 单元组合而成，每个 GRU 单元对输入的序列数据 $x_i = [x_1, x_2, \cdots, x_t, \cdots, x_n]^\mathrm{T} \in \boldsymbol{R}^n$ 分别按照正反两个传递方向进行处理，然后 t 时刻输出的隐藏状态 h_t 由正反两个不同传递方向的输出结果拼接而成，其拼接公式为：

$$h_t = (\overrightarrow{h_t}, \overleftarrow{h_t})$$

4.3.3 基于资源服务效应的 Attention 机制模型

Attention 机制的核心思想是受人类的选择性视觉注意力启发的，一直被广泛运用于自然语言处理、图像或语音识别等各种不同深度学习模型中，是近年来深度学习中最受人关注的算法之一。视觉注意力机制是人类视觉系统所具有的大脑信号处理机制，人类处理文本信息时通常能迅速地阅读全文，利用有限的注意力从大量信息中快速聚焦和获取关键细节信息，忽略大多无用信息以提高视觉信息处理的效率与准确性。将 Attention 机制引入文本分类模型后，每个文本序列数据中的关键信息将会被分配大小不同的概率权重，这样使一些词语可以获得更多的关注，从而提高该隐藏层获取的文本特征质量。基于资源服务效应的 Attention 机制模型结构如图 4-8 所示。

该模型以 BIGRU 作为编码器，对经过文本预处理后的序列数据 $x_i = [x_1, x_2, \cdots, x_t, \cdots x_n]^\mathrm{T}$ 进行编码，获得正反传递下的最终隐藏状态 $h_i = [h_1, h_2, \cdots, h_t, \cdots, h_n]^\mathrm{T}$，然后在隐藏层中引入 Attention 机制，学习获得注意力分布权重 $a_i = [a_1, a_2, \cdots, a_t, \cdots, a_n]^\mathrm{T}$，最后注意力权重被分配到 BiGRU 中的各个隐藏状态 h_i 中以突显文本关键信息，用于分类。计算公式如下：

第 4 章 分布式科技资源的语义分析技术

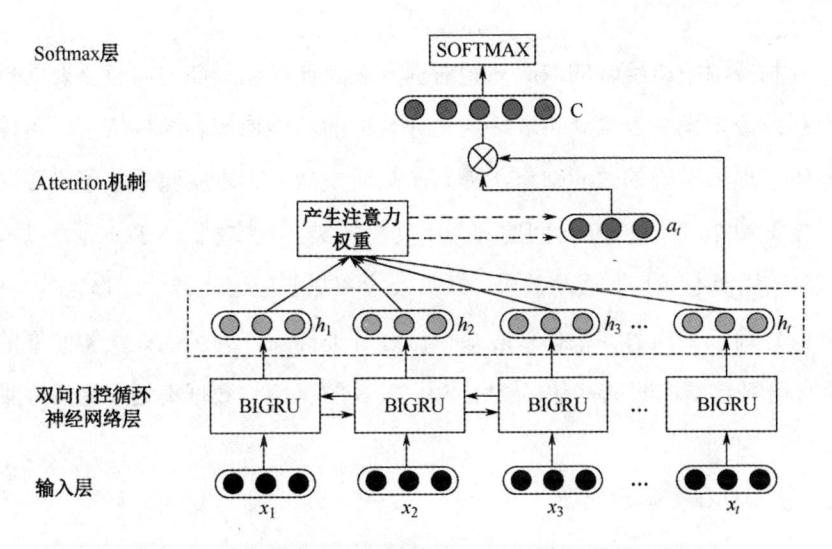

图 4-8 基于资源服务效应的 Attention 机制模型结构图

$$a_t = \frac{\exp(h'_t)}{\sum_{i=1}^{n}\exp(h'_i)}$$

$$h'_t = h_t^T UF$$

$$C = \sum_{t=1}^{n} a_t h_t$$

其中，h'_t 为学习得到的注意力权重，然后归一化处理为概率的形式 a_t。F 为 BiGRU 网络中正反两个不同传递方向下各自输出的隐藏状态值之和，h_t 表示 t 时刻正反传递方向下的组合隐藏状态，U 表示权重矩阵。经过注意力分布的最终特征 C 可以有效携带文本中资源服务效应特征，最后再经过 Softmax 层实现效应知识分类。

▶ 4.3.4 实验分析

1. 资源数据准备

为验证基于多元神经网络融合的 3C-BGA 模型进行分布式科技资源文本分类的效果，以资源空间中的专利科技文献为对象进行实验。从实体产业用户的视角来看，专利资源中所蕴含的效应知识对提升企业产品创新能力具有重要的推动作用，专利效应知识中包含了实现特定设计目标的功能原理和结构信息，可以为用户产品研发提供准确的效应知识，提高产品研发效率。本实验采集了资源空间中万方科技资源2017—2019年间的部分中文机械类专利文档（5 320篇）以构建语料库，并选用离心效应、摆动效应、虹吸效应和热效应这4种效应作为分类标签。首先分析每篇专利内容并根据效应知识做好分类标注，为了保证实验结果的稳定性，所有语料数据均随机打乱，最后按照7∶3的比例将数据集划分为训练集和测试集。

2. 资源特征文本预处理

原始科技资源文本的格式复杂，无法满足多元神经网络对数据的要求，所以需要对资源文本进行预处理，将文本数据数值化。预处理的主要步骤如下。

（1）中文分词。由于大部分的分类算法都不考虑词序信息，基于字的特征粒度会丢失过多的n-gram信息，所以词特征粒度要远好于字粒度。为了更多地提取科技资源文本特征，为分类模型提供特征值对比的词组，本节添加了一个科技资源专业词典作为自定义词典。

（2）去停用词。去停用词是指去除一些对文本分类无意义的高频词，目的在于过滤文本冗余，以提高文本分类的准确率。

（3）文本表示。文本表示的目的就是将分词、去停用词后的文本进行向量化，转化成便于计算机处理的数字形式，是保证文本分类质量的最重要部分。本节通过word2vec算法预先对完成分词和去停用词步骤的科技资源文本进行词嵌入生成，并作为向量词典。接着按照文本中序列顺序，将输入文本转化为词嵌入的形式表示，将神经网络难以处理的高纬度、高稀疏文本数据转化为类似图像的连续稠密数据，使上下文之间的语义关系更清晰。

3. 实验环境搭建与参数设置

以PC为硬件基础，以Windows7系统为操作平台，采用支持GPU和以TensorFlow为后端的Keras平台作为深度学习引擎，使用Python语言编程实现。

第 4 章　分布式科技资源的语义分析技术

相比于 CPU，GPU 更适合用于神经网络通路大量的并行重复运算，这样可以有效地提升模型训练速度。

神经网络模型的参数设定对最后的分类结果有直接影响，本实验模型参数是通过不断调整网络结构，评估分类结果，直至模型达到最佳分类效果得到的。表 4-7 中给出实验模型中的部分参数设置。

表 4-7　实验模型中的部分参数设置

模型参数	参数值
词嵌入维度	300
卷积核大小集合	(3, 4, 5)
BiLstm 层节点数	128
丢弃率（dropout）	0.5
批尺寸（batch_size）	64
训练次数（epoch_size）	12
优化器（optimizer）	rmsprop
损失函数（loss）	categorical_crossentropy

4. 实验结果与分析

为评估 3C-BGA 模型的性能，在相同数据集上，对 3CNN 模型、GRU 模型、3CNN-BIGRU 模型、BIGRU 模型、BIGRU-ATT 模型和 3C-BGA 模型进行实验对比，其中，3CNN 模型是由窗口大小为 3、4、5 的三种不同卷积核组合而成的；3CNN-GRU 模型是由 1 条 3CNN 通路与 1 条双向 GRU 通路拼接融合的；BIGRU-ATT 模型为引入注意力机制的 BIGRU 网络通路；3C-BGA 为本节提出的多元神经网络融合模型。各分类模型的准确率见表 4-8。实验得到不同模型在测试集上准确率（accuracy）与迭代次数（epochs）之间的关系，如图 4-9 所示。

表 4-8　各分类模型的准确率

分类模型	3CNN	GRU	3CNN-BIGRU	BIGRU	BIGRU-ATT	3C-BGA
分类准确率	0.7947	0.7667	0.8725	0.8246	0.8481	0.8865

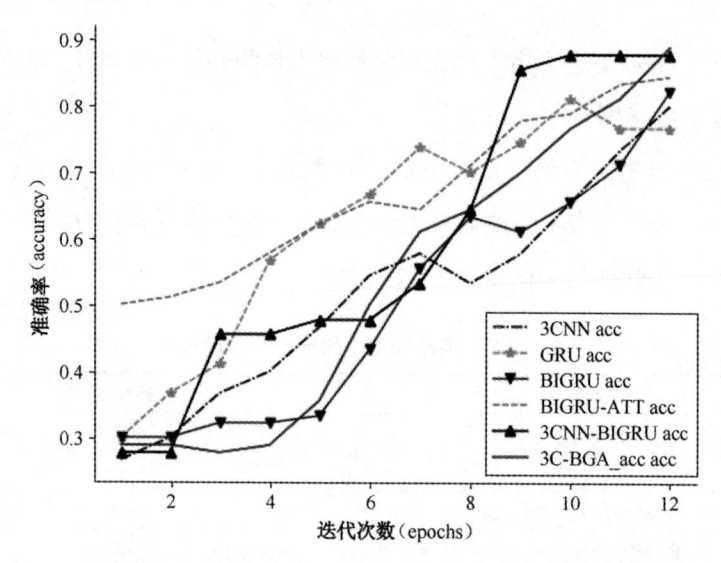

图 4-9　不同模型的准确率与迭代次数变化情况

从实验结果可以看出，基于相同数据集上的 3CNN 模型准确率比 GRU 模型提升了 2.8%，这是因为不同视野下的一维卷积可以过滤并获取有用的数据特征，而且计算比 GRU 要小很多，所以分类效果相对较好；而 BIGRU 模型的分类准确率比 3CNN 提升了约 3%，从模型角度来看，其原因在于 BIGRU 可以融合前向信息与后向信息之间的关联特征，而 3CNN 虽然可以获取句子的局部特征，但缺乏对全局信息的捕获能力；融合注意力机制的 BIGRU 模型通过分配不同大小的注意力权重，能够获取更多需要关注目标的细节信息，从而提高文本识别能力，使 BIGRU-ATT 模型的准确率比 BIGRU 模型提升了约 2.3%；3CNN-BIGRU 模型借鉴了 Tang 等人提出的模型思想，首先通过卷积操作对文本数据中位置不变的局部特征进行采集，然后再利用 BIGRU 来捕获长距离依赖信息。根据实验结果可知，3CNN-BIGRU 模型的准确率比上述提到的单一神经网络模型分类效果更好，达到了 87.25%。而本节所提出的 3C-BGA 模型比 3CNN-BIGRU 神经网络模型在相同条件下表现效果提升了约 1.4%，说明通过多元神经网络的融合，可以学习到数据集中更深层的语义特征，能有效提升文本识别能力。

第 4 章　分布式科技资源的语义分析技术

为了进一步探索词向量维度对模型的影响，分别在不同模型中取 100、200、300 和 400 不同词向量维度对 3C-BGA 模型进行实验对比，表 4-9 给出不同词向量维度下 3C-BGA 模型的准确率对比结果。图 4-10 为不同词向量维度下 3C-BGA 模型的准确率与迭代次数之间的关系。

表 4-9　不同词向量维度下 3C-BGA 模型的准确率

词向量维度	100	200	300	400
分类准确率	0.8421	0.8725	0.8865	0.8836

从实验结果可以看出，随着词向量维度的增加，模型的分类准确率有所提升，这是因为更高维度的词向量可以携带更多的文本特征，可以更准确地区分词之间的语义信息，从而提高模型分类准确率。词向量维度从 100 维增加到 300 维的过程中，模型的分类准确率明显上升，最高精度相差约 4.4%；而词向量维度为 400 时，准确率曲率上升平缓，最终分类效果与 300 维度差异并不明显。因此，根据语料库文本信息，词向量维度设置为 300 最为合适。

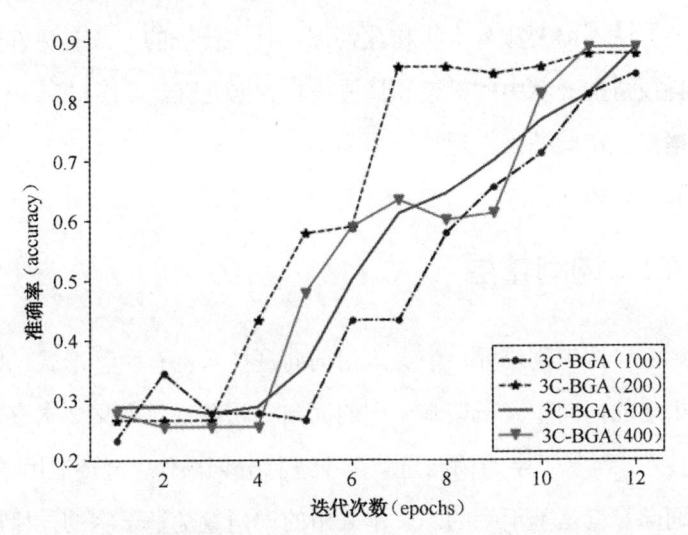

图 4-10　不同词向量维度下 3C-BGA 模型的精确率与迭代次数变化情况

根据实验结果分析可以看出，多元神经网络融合的分布式资源空间文本分类模型在词向量维度为 300 的情况下，与相同条件的传统神经网络模型相比，对文本类别的识别能力更好。同时通过对不同维度 3C-BGA 模型的分类准确率对比，进一步探索了词向量维度对模型的影响。

4.4 基于 BiLSTM-CRF 序列标注的科技资源应用实体抽取方法

分布式科技资源中存在大量的知识实体，现有的方法大多基于规则和传统的机器学习方法，因此导致抽取的准确率不高。本节所提出的方法针对科技情报资源的知识点实体和领域名称实体两种知识实体进行了抽取，即利用 BiLSTM 神经网络获取句子的上下文信息，再通过条件随机场 CRF 来融合全局标签信息得出最优的标注。该方法不需要额外人工构建特征，且比传统的方法有更好的效果，通过对 2 万篇科技情报文献中的标题和摘要进行数据处理，最终得到 50 243 条科技情报资源数据集，在此基础上通过一系列的对比试验，验证了该方法对科技情报资源实体抽取的有效性。

▶ 4.4.1 词向量层

类似于中文实体识别研究，中文运用词向量技术也有两种形式，即基于词的词向量和基于字的词向量。所谓基于词的词向量就是先对中文文本进行分词，再运用词向量技术；而基于字的词向量就是不进行分词操作，直接运用词向量技术，这样得到的词向量就是基于字的。文本采用的词向量是基于字的，所用到词向量矩阵是随机初始化的，里面的参数在模型训练中不断更新。

对于给定的一个输入序列经过词向量层之后可转化为：

$$X = [x_1, x_2, \cdots, x_n] \qquad \vec{h}_i \in \mathbf{R}^d, i \in 1, 2, \cdots, n$$

其中，n 表示输入序列的时间步，k 表示词向量维度。BiLSTM-CRF 模型网络结构见图 4-11。

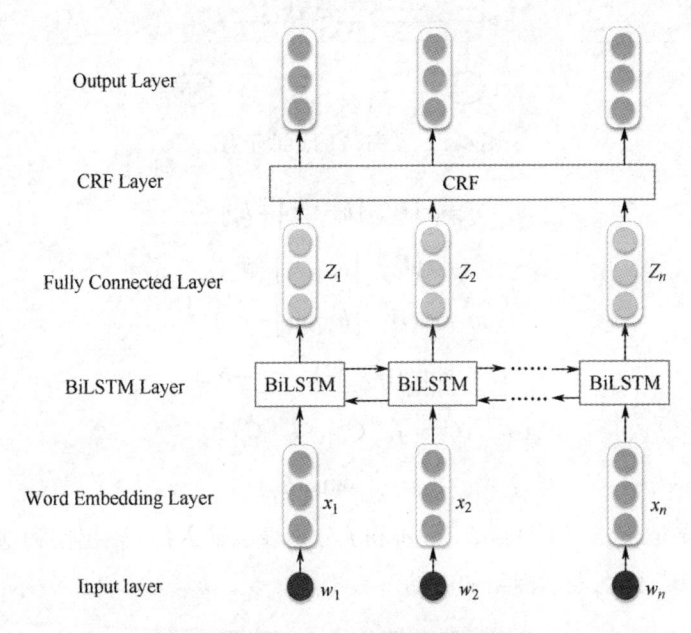

图 4-11 BiLSTM-CRF 模型网络结构

4.4.2 BiLSTM 层

循环神经网络（Recurrent Neural Network, RNN）自提出以来，就在语言识别、机器翻译、词性标注等任务中被广泛应用。但是 RNN 有一个最大的缺点就是长期依赖问题，即在对序列进行学习时，会出现梯度消失（Gradient Vanishing）和梯度爆炸（Gradient Explosion）现象，无法掌握长时间跨度的非线性关系。为解决 RNN 的长期依赖问题，Hochreiter 等人使用一种特殊的门结构来抑制梯度消失现象，并提出了一种改进版本的循环神经网络，取名为长短期记忆网络（Long Short-Term Memory，LSTM）。

LSTM 通过精心设计的被称作为门的结构（输入门、遗忘门和输出门）控制信息通过和遗忘。图 4-12 给出了 LSTM 的 cell 示意图。

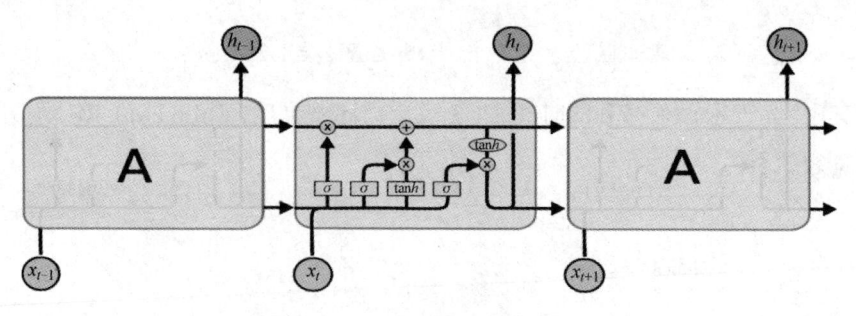

图 4-12 LSTM 的 cell 示意图

$$i_t = \sigma\left(W_i \cdot [h_{t-1}, x_t] + b_i\right)$$

$$f_t = \sigma\left(W_f \cdot [h_{t-1}, x_t] + b_f\right)$$

$$o_t = \sigma\left(W_o \cdot [h_{t-1}, x_t] + b_o\right)$$

$$\tilde{C}_t = \tan h(W_C \cdot [h_{t-1}, x_t] + b_C)$$

$$C_t = f_t * C_{t-1} + i_t * \tilde{C}_t$$

$$h_t = o_t * \tan h(C_t)$$

其中，σ 是 sigmoid 的函数，i_t、o_t 和 f_t 分别表示输入门、输出门和遗忘门，W_i、W_f、W_o 和 W_C 分别表示门结构中的参数矩阵。b_i、b_f、b_o 和 b_C 表示门结构的偏置向量。h_{t-1} 表示上一个时间步隐藏层的输出，x_t 表示当前时间步的输入，C_{t-1} 表示前一个时间步的细胞状态，C_t 表示当前时间步的细胞状态。

通过这些门结构，LSTM 可以很好地控制信息的遗忘和保留。

双向长短期记忆网络（Bi-directional-LSTM，BiLSTM）是考虑了两种方向的 LSTM，即考虑了前向与后向。BiLSTM 常用来建模上下文信息，捕捉双向的语义依赖。

将词向量层的输出 X，输入到 BiLSTM 层得到输出 $\vec{h}$ 和 $\overleftarrow{h}$：

$$\vec{h} = [\vec{h}_1, \vec{h}_2, \cdots, \vec{h}_n] \qquad \vec{h}_i \in \mathbf{R}^d, i \in 1, 2, \cdots, n$$

$$\overleftarrow{h} = [\overleftarrow{h}_1, \overleftarrow{h}_2, \cdots, \overleftarrow{h}_n] \qquad \overleftarrow{h}_i \in \mathbf{R}^d, i \in 1, 2, \cdots, n$$

将输出进行拼接操作得到：

$$h = [h_1, h_2, \cdots, h_n]$$

4.4.3 全连接层

全连接层的目的是为了将 BiLSTM 层的输出维度转化为需要预测的标签类别数，对于 BiLSTM 层的输出序列 h 中的 t 时间步的输出 h_t，其公式如下：

$$z_t^T = h_t^T M \qquad M \in R^{2d*m}$$

$$Z = [z_1, z_2, \cdots, z_n] \qquad z_i \in R^m, i \in 1, 2, \cdots, n$$

其中，M 表示参数矩阵，m 表示需要预测的标签数目，本文有 7 种需要预测的标签。

4.4.4 CRF 网络

需要预测的标签之间具有很强的依赖性，例如，E-ACK 只能出现在 I-ACK 之后，等等，使用条件随机场（CRF）可以很好地建模标签之间的语法规则。

对于全连接层输出序列 Z 对应一个可能的预测结果序列 y，则有：

$$y = (y_1, y_2, \cdots, y_n)$$

其中，$\lg(p(y|Z)) = s(Z, y) - \lg(\sum_{\bar{y} \in Y_Z} e^{s(Z, \bar{y})})$ 是 t 时刻的标签索引，则该预测序列的分数如下：

$$s(Z, y) = \sum_{i=0}^{n-1} A_{y_i, y_{i+1}} + \sum_{i=1}^{n} P_{i, y_i}$$

其中，A 和 P 分别对应转移分数矩阵和全连接层输出的分数矩阵。

对于序列 y 出现的概率，可由 Softmax 函数计算得到：

$$p(y|Z) = e^{s(Z, y)} - \sum_{\bar{y} \in Y_Z} e^{s(Z, \bar{y})}$$

其中，Y_Z 表示对于输入序列 Z 的所有可能出现的观测序列的集合。对于正确的预测序列 y，则在训练过程中需要不断最大化其对应的对数概率，则有：

$$\lg(p(y|Z)) = s(Z, y) - \lg(\sum_{\bar{y} \in Y_Z} e^{s(Z, \bar{y})})$$

预测过程中，选择预测序列 y^* 使得其得分在所有可能的预测序列中最高，则有：

$$y^* = \underset{\tilde{y} \in Y_Z}{\mathrm{argmax}}\left(s(Z,\tilde{y})\right)$$

4.5 服务业务质量评价文本资源细粒度情感分析方法研究

汽车服务生命周期中存在对售前、售中、售后业务服务质量的改进和提升需求，针对目前行业普遍存在的服务评价方法所采用的数据不完整，以及现有评价方法得出的评价结果不明确、不具体，不能客观反映客户真实的情感体验等问题，面向第三方基于 ASP/SaaS 的制造业产业价值链协同平台中，有近 10 年累积的大量售前、售中和售后服务评价相关的结构化数据和大量带有客户主观情感体验的非结构化文本服务数据，可以开展细粒度情感评价方法研究工作。研究如何快速、有效地利用平台数据进行服务质量细粒度、自动化、智能化的分析方法，以求更准确地获取个性化客户需求，支持精准化企业服务。根据近 10 年上万家车企积累的售前、售中和售后服务中大量带有客户主观情感体验的非结构化文本服务数据展开研究，提出了面向服务质量评价的细粒度情感分析方案，如图 4-13 所示。

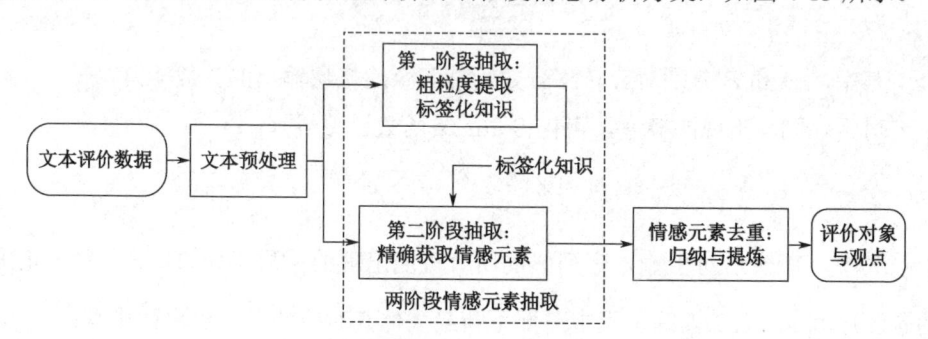

图 4-13 面向服务质量评价的细粒度情感分析方案

如图 4-13 所示，本方案由文本预处理、两阶段情感元素抽取和情感元素去重三大部分组成。根据用户评价文本数据描述存在的随意性大、数据混杂、不规范的问题,以及中文文本连续不间断字、词排列描述的特点,分别通过无效文本过滤技术和中文分词方法进行文本预处理,为后续情感抽取提供数据质量的保证和文本数据的形式化支持。根据平台文本数据未形成用户评价的标签化知识的现状及现有情感元素抽取方法特点,提出基于句法规则匹配及基于深度语义和文字距离的两阶段情感元素抽取方法,第一阶段基于依存语法和主谓关系的算法在无标签文本数据集上进行无监督学习,得到初步的评价对象与观点,并形成标签化知识数据集;第二阶段基于深度语义和文字距离的抽取匹配算法,以第一阶段形成的标签化知识数据集为基础,进行深度循环网络和语义特征融合的训练学习,实现细粒度情感元素的抽取。最后,根据用户意见文本表达中的同义词、近义词等情况导致的两阶段算法结果中存在的同义和近义情感元素冗余问题,提出基于正则化自编码器的 K-means 情感元素语义方法,完成情感元素的去重,以获取更精确、更清晰的细粒度情感元素。

4.5.1 文本预处理

1. 中文评价文本分词

本节采用由字构词的中文评价文本分词方法,分词过程如图 4-14 所示。定义 $Char_1 Char_2 \cdots Char_N$ 为长度为 n 的原始中文评价文本,其中,每个 $Char_n$ 代表文本中的一个字符。定义 $Word_1, Word_2, \cdots, Word_K$ 为使用分词算法分词后的文本,其长度为 k,其中每个 $Word_k$ 代表分词后一个具有独立含义的词。定义符号/为具有独立含义的词之间的分隔符。由此可知,对中文评价文本进行中文分词的过程就是将 $Char_1 Char_2 \cdots Char_N$ 转化为 $Word_1, Word_2, \cdots, Word_K$ 的过程。

对于一个长度为 N 的评价文本 $c^N = c_1 c_2 \cdots c_n$,其词性标注序列为 $t^N = t_1 t_2 \cdots t_n$,且 $t_n \in \{B, I, E, S\}$,其中,B 代表当前字占据一个多字词的词首,I 代表当前字占据一个多字词的词中,E 代表当前字占据一个多字词的词尾,S 代表当前字是一个单字词。由字构词的分词方法是为了最大化条件概率,其概率计算公式如下:

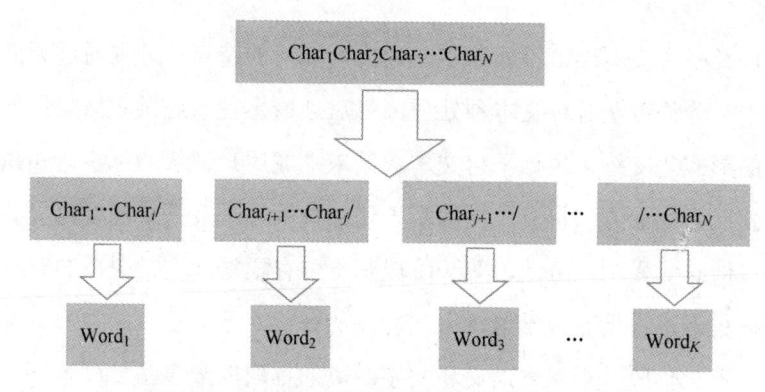

图 4-14　基于由字构词的中文评价文本分词过程

$$P\left(t^N \middle| c^N\right) = \prod_{k=1}^{N} P\left(t^{k-1}, c^N\right)$$

此方法对未登录词取得了非常好的效果，且无须辅助知识库资源，准确率已超过 95%，但是训练模型时需对数据进行标注。

本节选取 pyltp 作为本文的分词工具完成评价文本的分词。图 4-15 所示为原始中文评价文本数据（限于篇幅，仅列举部分文本），图 4-16 列举了其中一条文本数据对比分词前后的文本表示形式。

王师傅很专业，也很有耐心，还给我讲了许多养车 tips。下次还找王师傅。谢谢！
还可以
人很热情，服务周到
还行
服务态度好，专业认真
门店服务人员态度非常好
耐心，认真，服务到位，好评！
师傅水平可以，操作也很规范，以后再来，不错的
师傅很认真很专业，轮毂换的很棒，途虎就是实惠
非常好！
好评好评好评
生意太好，等了一个多小时才上线，不过王师傅手脚真的很快，赞
小帅哥工作娴熟/认真仔细!旧轮胎使用五年多了!没有前后倒过轮所以磨损严重!新轮胎使用起来感觉真的不错
技师专业服务好
速度快王师傅服务专业细心
很好
工作认真，较专业
工作认真，较专业
态度认真，操作规范
服务很专业

图 4-15　原始中文评价文本数据（部分）

第 4 章　分布式科技资源的语义分析技术

> (1) 店里的师傅很细心，帮忙做了相关检查，但是等待的时间太长了，希望以后能够改进。

↓ 分词

> (2) 店里 / 的 / 师傅 / 很 / 细心 / , / 帮忙 / 做 / 了 / 相关 / 检查 / , / 但是 / 等待 / 的 / 时间 / 太 / 长 / 了 / , / 希望 / 以后 / 能够 / 改进 / 。

图 4-16　中文评价文本数据分词前后对比

2. 基于 word2vec 的评价文本向量化

通过使用 CBOW 和 Skip-gram 模型对 word2vec 词向量进行训练，Skip-gram 模型如图 4-17 所示。这些模型能使其包含丰富的语义信息，且相较 one-hot 编码，其维数也大大降低，可以有效改善维数灾难问题。因此使用 word2vec 词向量作为本阶段评价文本的表征方式。

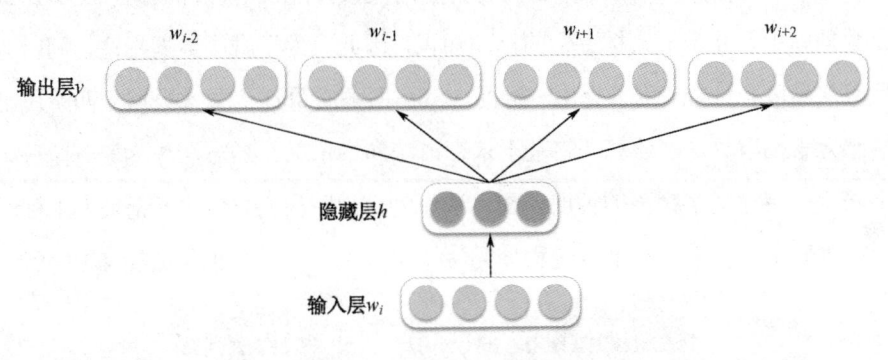

w_{i-2}　　w_{i-1}　　w_{i+1}　　w_{i+2}

输出层 y

隐藏层 h

输入层 w_i

图 4-17　Skip-gram 模型框架

由于一个效果好的词向量需要基于大规模语料库进行训练，而本节作为算法研究使用的数据量为 6 000 条左右，若使用全部本文数据集重新训练词向量，则效果较差。因此，使用网上开源预训练的中文词向量，使用 Python 的 gensim 库导入训练，在建模时设置词向量为可学习，使其在学习时能进行微调。之后使用评价数据在 Skip-gram 模型中进行微调得到词向量。如图 4-18 所示为使用 word2vec 对长度为 n 的评价文本进行表示，并输入至深度循环网络建模的过程。

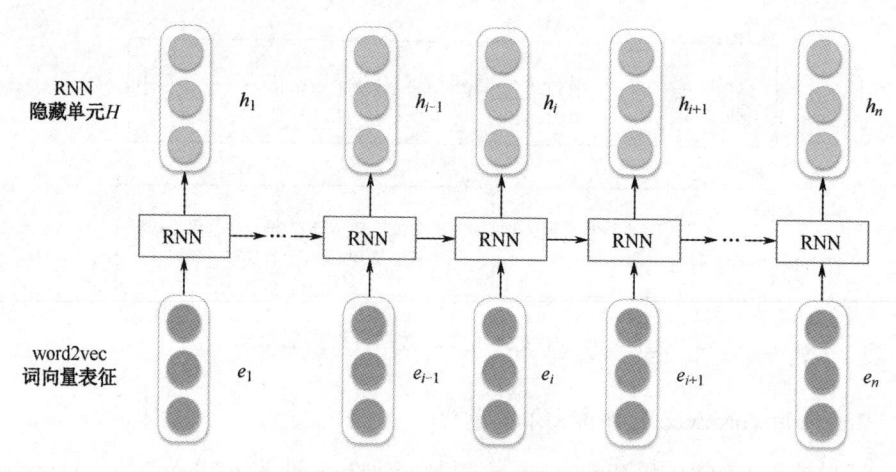

图 4-18　word2vec 形式的评价文本作为深度循环网络的输入

4.5.2　两阶段细粒度情感元素抽取算法原理

在进行回访时，各汽车服务企业将客户的反馈和建议等评价数据以文本形式存储在数据库中，并未形成标签化的标注知识，因此，为了减少数据标注，同时为了保证算法精度和性能，本节提出一种面向汽车服务质量评价文本数据的两阶段细粒度情感元素抽取算法。该算法将基于依存语法和主谓关系的方法作为第一阶段，将基于深度语义和文字距离的抽取匹配算法作为第二阶段，结合前者无须人工标注及后者准确率高的特点，把抽取过程分为两个阶段进行，总体框架如图 4-19 所示。

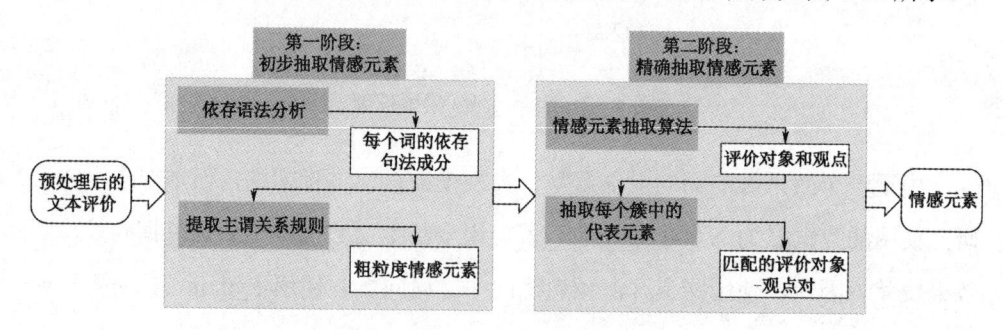

图 4-19　两阶段细粒度情感元素抽取方法总体框架

第一阶段基于依存语法和主谓关系的算法目的是对情感元素进行粗粒度抽取，并为第二阶段提供部分数据标注。该阶段使用依存语法成分作为规则进行无

第4章 分布式科技资源的语义分析技术

监督抽取。当抽取的情感元素达到一定量级时,这些被提取的情感元素将作为一部分标签,经人工纠正后作为第二阶段算法的标注数据集,以此减少数据标注量。为了进一步提升该阶段算法性能,本节将根据真实数据研究长度不同的文本对算法性能的影响,并将结果应用于第一阶段算法的具体方案中。

第二阶段抽取算法在第一阶段所得标注数据集上训练,精确获取评价数据中包含的情感元素。该阶段算法以深度循环网络为基础加入部分语义特征,包括词性标注信息和依存句法关系信息两部分,进一步提升算法性能。针对抽取结构中存在多对评价对象与观点表达对之间的匹配问题,提出一种基于最小文字间隔距离的评价对象和观点表达匹配算法解决该问题。

第一阶段:基于依存语法和主谓关系的抽取算法。

两阶段抽取算法中的第一阶段是在无标签文本数据集上进行无监督学习,得到初步的评价对象及其对应观点,并形成标签化知识数据集,以作为第二阶段算法的基础。因此,从大量评价文本中抽取出评价对象及其对应的观点是本阶段的核心任务。从词性和语法成分上分析,客户对服务及商品的评价文本中包含的评价对象通常为名词,位于句子的主语部分;观点表达通常为形容词,位于句子的谓语部分,那么抽取评价文本中的主语及其对应的谓语成分即得到评价对象及其对应的观点。

为此,设计了第一阶段算法,该算法总体框架如图 4-20 所示。该算法对每一条评价文本使用以词性为辅助特征的依存语法分析,并得到文本中每个词的依存语法成分,然后采用主谓关系作为抽取情感元素的规则,联合抽取其中包含的主语和谓语成分,获得评价对象—观点表达对。其中,$Word_1, Word_2, \cdots, Word_K$ 代表分词后的中文评价词序列,$POS_1, POS_2, \cdots, POS_K$ 和 $DP_1, DP_2, \cdots, DP_K$ 分别代表词序列对应的词性序列和依存语法成分序列,$(SB, V)_1, (SB, V)_2, \cdots (SB, V)_m$ 代表抽取出的情感元素。

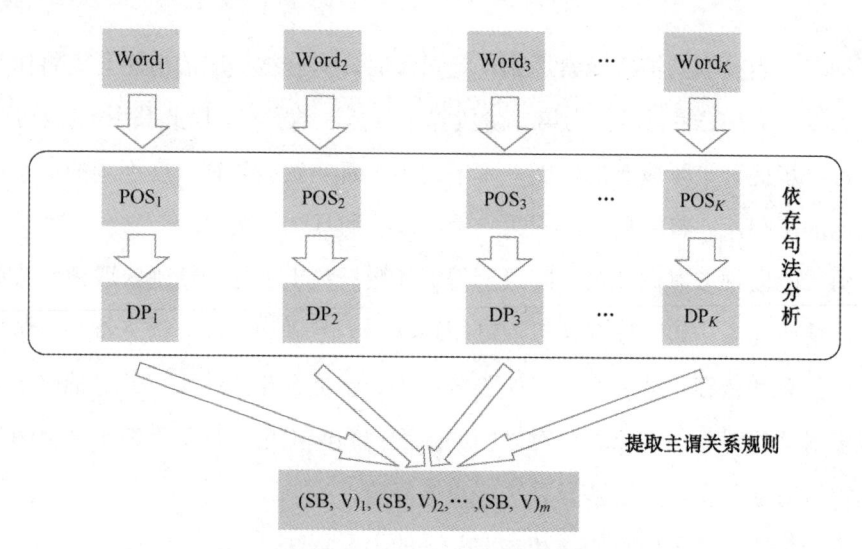

分布式科技资源匹配推理与按需服务技术

图 4-20　基于语法规则匹配的第一阶段算法总体框架

第二阶段：算法框架。

结合 Elman RNN、LSTM 和 GRU 这三种深度循环网络在评价文本情感元素抽取方面的优势，第二阶段算法以深度循环网络为基础网络结构，并融合语义特征进行情感元素的初步抽取，针对抽取结果中存在单条评价文本中出现的多个评价对象与观点表达的情况，提出基于最小文字间隔距离的评价对象和观点表达匹配算法，据此进行对象与观点的两两匹配，以获取更准确的评价对象和观点对。如图 4-21 所示为第二阶段基于深度语义和文字距离的抽取匹配算法框架。

基于深度循环网络—语义融合的情感元素抽取算法的网络结构依次为评价文本词序列层、向量化表征及语义特征层、评价文本特征编码层、全连接层和输出层，其中，$w_1w_2\cdots w_n$ 表示评价文本词序列，$e_1e_2\cdots e_n$ 表示基于 word2vec 的评价文本向量化表征序列，$o_1o_2\cdots o_n \in \{B1, I1, O\}$ 表示评价对象序列，$s_1s_2\cdots s_n \in \{B2, I2, O\}$ 表示观点表达序列，POS 和 DP 分别表示词性特征和依存句法特征，fc 表示全连接前馈网络，h 表示评价文本特征编码层，所有时间步共享 h 层和 fc 层。在抽取评价对象与观点表达后，基于最小文字间隔距离的评价对象和观点表达匹配算法可以对多对评价对象与观点表达对进行匹配。定义 $S_1, S_2,\cdots, S_p$ 和 $O_1, O_2,\cdots, O_q$ 分别

第 4 章　分布式科技资源的语义分析技术

为抽取出的观点表达和评价对象，$E=\{(S'_1,O'_1),(S'_2,O'_2),\cdots,(S'_K,O'_K)\}$ 为评价对象与观点表达对的集合，$K=\min(p,q)$，则匹配算法的目的就是将 $S_1,S_2,\cdots,S_p$ 和 $O_1,O_2,\cdots,O_q$ 正确匹配，以得到 E。

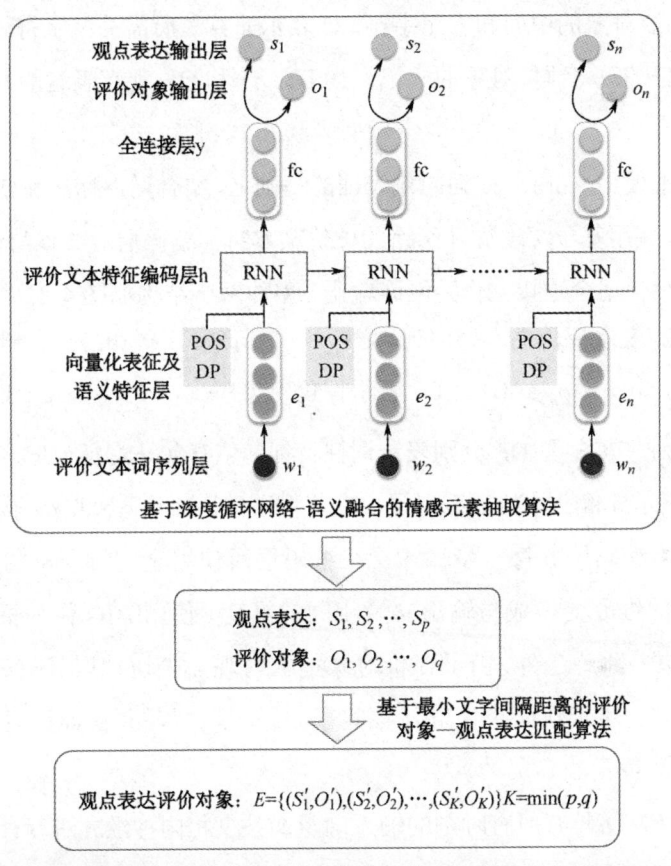

图 4-21　基于深度语义和文字距离的抽取匹配算法模型框架

1. 基于深度循环网络—语义融合的情感元素抽取算法

深度循环网络内部有参数共享和信息传递两个特点，参数共享意为对每个时刻的评价文本词向量输入均使用相同的神经元进行计算；信息传递意为每个时刻的输入除了评价序列对应时刻的数据，还包括上一时刻神经元内部的状态，以此将以往学得的"记忆"更新并保存在隐藏单元中，而同一段中文文本评价中每个词的上下文之间具有很强的关联性,因此深度循环网络能对其有效建模。

使用深度循环网络对评价对象和观点进行抽取是将它们分别看作两个独立的序列标注任务。本节使用 BIO 标注方法进行标记,其中,B 表示抽取对象的首字符,I 表示抽取对象的中间和末尾字符,O 表示非算法所需抽取字符。为了区别两个序列标注任务,将评价对象的标记记为 B1、I1 和 O,观点表达的标记记为 B2、I2 和 O。

在每个词使用 word2vec 词向量表征的基础上,结合词性标注和依存句法成分等语义特征,使用基于深度循环网络的评价文本特征编码层对文本特征进行建模,并在编码层后使用全连接层作为网络输出,整体网络结构如图 4-22 所示。图 4-22 中,$w_1 w_2 \cdots w_n$ 表示评价文本词序列,$e_1 e_2 \cdots e_n$ 表示基于 word2vec 的评价文本向量化表征序列,$o_1 o_2 \cdots o_n \in \{B1, I1, O\}$ 表示评价对象序列,$s_1 s_2 \cdots s_n \in \{B2, I2, O\}$ 表示观点表达序列,POS 和 DP 分别表示词性特征和依存句法特征,fc 表示全连接前馈网络,h 表示评价文本特征编码层。本节将语义特征与 word2vec 向量一同作为深度循环网络编码层 h 每一步输入,在编码层后使用全连接层 y 将深度循环网络输出向量的维度变换成与输出向量相同的维度,使用 BIO 作为标注,因此将其变换至 3 维。除此之外,由于评价对象抽取与观点表达抽取具有密切相关性,因此如图 4-22 所示这两个抽取任务共享同一个模型,并在训练时对评价对象和观点表达交替预测。

深度循环网络具有所有时刻的输入向量均共享相同神经元进行计算的特点,因此每一时刻(或称时间步)输入的评价文本相关特征共享相同 h 层和 fc 层。若分别定义 E、w_k、W_e、W_{POS}、W_{DP} 和 U 为各输入变量的权值,e_{POS} 和 e_{DP} 分别表示词性特征和依存句法的特征向量,并用 $y = g(x)$ 抽象表示 Elman RNN、LSTM 和 GRU 内部运行机制,则第 i 时刻的模型为:

$$e_i = E w_i$$
$$h_i = g(W_e e_i + W_{POS} e_{POS} + W_{DP} e_{DP} + U h_{i-1})$$
$$y_i = \text{sigmoid}(h_i)$$

第 4 章　分布式科技资源的语义分析技术

$$s_i = \frac{\exp(w_k^T h_{ik})}{\sum_{k=1}^{K} \exp(w_k^T h_{ik})}$$

$$o_i = \frac{\exp(w_k^T h_{ik})}{\sum_{k=1}^{K} \exp(w_k^T h_{ik})}$$

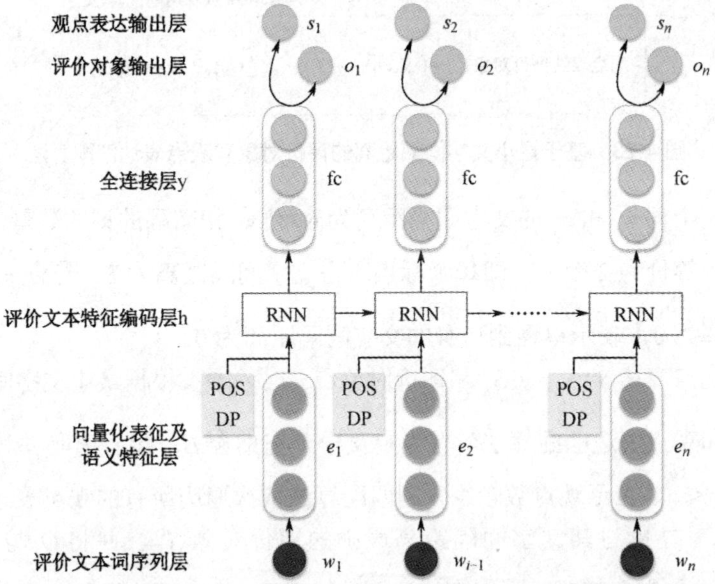

图 4-22　基于深度循环网络—语义融合的情感元素抽取算法网络结构

2. 基于最小文字间隔距离的评价对象和观点表达匹配算法

针对在单条评价文本中可能存在多个评价对象和观点表达的情况，本节提出一种基于最小文字间隔距离的评价对象和观点表达匹配算法，可以对多对评价对象与观点表达对进行两两配对，该算法无须额外标注数据，属于一种无监督算法。

定义 $S_1, S_2, \cdots, S_p$ 和 $O_1, O_2, \cdots, O_q$ 分别为抽取出的观点表达和评价对象，由于评价数据中的观点表达和评价对象存在未成对出现的情形，因此，观点表达数 p 和评价对象数 q 不一定相等，评价对象—观点表达对数为 p 和 q 中的较小者，故定义 $K = \min(p, q)$，则 $E = \{(S_1', O_1'), (S_2', O_2'), \cdots, (S_K', O_K')\}$ 为评价对象与观点表达对的集合。匹配算法的目的就是将 $S_1, S_2, \cdots, S_p$ 和 $O_1, O_2, \cdots, O_q$ 正确匹配并得到 E，如图 4-23 所示。

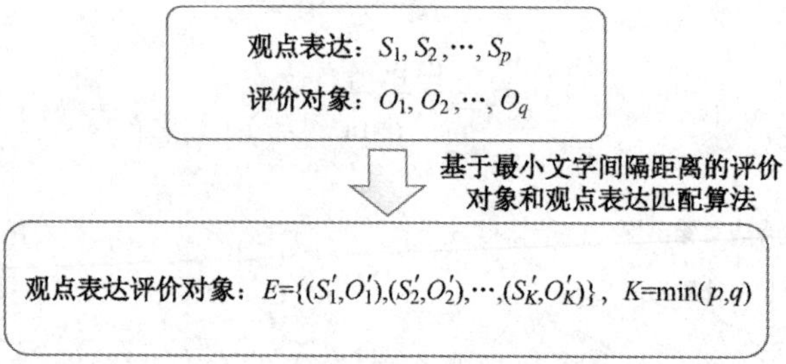

图 4-23　基于最小文字间隔距离的评价对象和观点表达匹配算法

定义两个词 w_x 和 w_y 的文字间隔距离为 w_x 和 w_y 相间隔的词的数量，其中所有的标点统一等价为 2 个词，即每个标点所占文字间隔距离为 2。若 $w_x = w_y$，则文字间隔距离为 0，表示单词到自身的文字间隔距离为 0。

对于观点表达 $S_1, S_2, \cdots, S_p$ 和评价对象 $O_1, O_2, \cdots, O_q$，根据最小文字间隔距离的评价对象和观点表达匹配算法，首先定义一个空集合 E，接着选取 p 和 q 中的较小者。若 $p < q$，表示观点数较少，则匹配算法依次遍历所有的观点表达，对于每个观点 O_i，寻找与其文字间隔距离最小的评价对象 S_j，并将 O_i 与 S_j 组合为 (S_j, O_i)，加入集合 E 中，观点表达遍历完毕后输出 E，即为评价对象与观点表达对。若 $q < p$，表示评价对象数较少，则匹配算法依次遍历所有的评价对象，对于每个评价对象 S_j，寻找与其文字间隔距离最小的评价对象 O_i，并将 O_i 与 S_j 组合为 (S_j, O_i)，加入集合 E 中，评价对象遍历完毕后输出 E，即为评价对象与观点表达对。算法流程如下所示。

输入：评价对象 $O_1, O_2, \cdots, O_q$ 和观点表达 $S_1, S_2, \cdots, S_p$。

输出：评价对象与观点表达对的集合 $E = \{(S_1', O_1'), (S_2', O_2'), \cdots, (S_K', O_K')\}$，$K = \min(p, q)$。

Step1：判断是否有多个评价对象和观点表达，若 $p = q = 1$，则直接返回 (S_1, O_1)。

第4章 分布式科技资源的语义分析技术

Step2：定义空集合 E，比较 p 和 q 的大小，若 $p<q$，则执行 Step3，否则执行 Step4。

Step3：遍历所有观点表达，若遍历完毕，则执行 Step5，否则对于第 i 个观点 O_i，寻找与其文字间隔距离最小的评价对象 S_j，并将这两者组合为 (S_j, O_i)，加入集合 E 中。

Step4：遍历所有评价对象，若遍历完毕则执行 Step5，否则对于第 j 个评价对象 S_j，寻找与其文字间隔距离最小的观点表达 O_i，并将这两者组合为 (S_j, O_i)，加入集合 E 中。

Step5：观点表达遍历完毕后输出集合 E，即为评价对象与观点表达对。

对于评价文本数据中的实际样本"店里的师傅很细心，但是等待的时间太长了"，其评价对象为"师傅"和"等待的时间"，观点表达为"很细心"和"太长"，因此，需将这两组评价对象和观点表达正确配对。如图 4-24 所示为一种错误的匹配结果，图中将"师傅"与"太长"，将"等待的时间"与"很细心"匹配在了一起。正确的结果应该如图 4-25 所示，即"师傅"与"很细心"匹配，"等待的时间"与"太长"匹配。

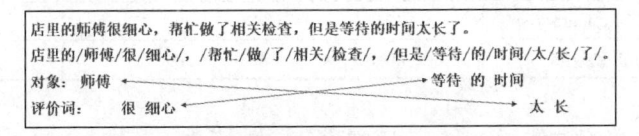

图 4-24　错误的评价对象—观点表达配对

图 4-25　正确的评价对象—观点表达配对

此算法无须标注，且评价对象和观点表达的匹配正确率（即正确匹配的情感元素占所有待匹配情感元素的比例）达到了 83.80%，解决了多对评价对象与观点表达对匹配的问题。通过使用该匹配算法，能够得到评价对象—观点表达对，即情感元素。每一个情感元素即为本文需求分析中所需客户评价的文本表达，这将作为第二阶段的结果输出。

4.5.3 实验设置和分析

1. 实验设置

本节的实验数据由公共数据集和实际数据集组成，见表4-10，公共数据集来自SemEval-2014任务：评价方面级情感分析评估比赛的英文公共数据集，包括笔记本电脑评价数据（SemEval-2014 Laptop）和餐厅评价数据（SemEval-2014 Restaurant）。实际数据集为某几家汽车4S店6 000余条评价文本数据，是本书的真实数据，涵盖了售前、售中和售后服务方面的评价。本节将通过实际数据集对第一阶段中选取不同长度文本对算法的效果进行实验；并使用以上3种数据集，对第二阶段中Elman RNN、LSTM和GRU三种不同网络，以及它们使用的额外语法特征（词性和依存句法特征）的效果进行研究。

表4-10 公共数据集与实际数据集

数据集	训练集样本数	测试集样本数	样本总数
SemEval-2014 Laptop	3045	800	3845
SemEval-2014 Restaurant	3041	800	3841
汽车售后评价数据集	4030	2000	6030

本节所有实验均使用Python语言进行，使用TensorFlow编写深度学习的网络，使用gensim导入词向量，使用scikit-learn中的统计学习算法及Numpy和Pandas进行数据处理。

使用查准率P、查全率R和$F1$这3种经常用于分类和序列标注的指标进行度量。精确率代表模型预测出的完全正确的实体数目占模型预测出的所有实体的数目的比例；召回率则代表模型预测出的完全正确的实体数目占样本中真实存在的实体数目的比例。$F1$的值是查准率P和查全率R的调和平均，这三者的值越大，代表算法的性能越好，它们的表达式分别如下：

第 4 章　分布式科技资源的语义分析技术

$$P = \frac{TP}{TP + FP}$$

$$R = \frac{TP}{TP + FN}$$

$$F1 = \frac{2 \times P \times R}{P + R}$$

其中，TP 表示真正例（True Positive），FP 表示假正例（False Positive），TN 表示真反例（True Negative），FN 表示假反例（False Negative）。

Adam 是一种基于模型损失函数梯度的一阶优化方法，由于其具有快速收敛性和良好的效果等特点而受到研究者的青睐，是目前广泛应用的优化器之一，其缺点是当训练至最优点附近时，迟迟不能收敛至最优值。为了解决此问题，本章第二阶段对三种深度循环网络的实验均采用 Keskar 等人提出的训练方法：在每次迭代采用小批量数据的基础上，训练前期使用 Adam 优化器，当将要达到最优点时，将 Adam 优化器切换成带动量的小批量梯度下降优化算法，并使用提前终止策略确定停止训练的时刻，防止过拟合。

为了能让本节的算法既能在训练数据上表现良好，同时又不发生过拟合现象，使其能在真实场景中发挥作用，将在第二阶段算法中使用提前终止和 dropout 作为正则化操作。

提前终止是一种确定深度学习模型最佳停止训练时刻以防止过拟合的方法。它能找到使测试误差最小的最佳模型参数，此时算法对于真实场景泛化性能最好。由于它不需要对原始模型的结构、损失函数及训练过程做任何改动，是一种简单而有效的方法。本节使用测试集的 $F1$ 值作为提前终止的评价指标，具体做法是：在训练的过程中，每当经过 3 000 次迭代，记录当前模型参数，并使用此参数对验证集中的数据进行预测，并评估这组参数的 $F1$ 值，当观察到出现 p 次在验证集中表现较差的参数时，终止训练，其中 p 被称为容忍度。为了尽量防止算法进入过拟合阶段，本章取容忍度 p 的值为 5。

dropout 是深度学习特有的一类正则化方法，其基本原理是在原始的基础网络结构上随机除去非输出单元并形成子网络。在实际应用中，一般选取固定比例的神经元参与 dropout，本节选取 70%的神经元进行 dropout 操作。dropout 在实际操作中较为简单，只需将对应的神经元的输出乘以零就能有效地删除此神经单元。在 TensorFlow 中已有实现方案，需在定义神经网络层时调用其中的 tf.nn.dropout 函数。

2. 实验结果与分析

本节分别对原始数据集中分词后词数不超过 7、不超过 9、不超过 11 和不超过 15 的文本进行评价对象—观点表达对抽取，同时将包括数据集所有样本的情况作为对照，对这 5 种情况的准确率进行分析，并最终选择对分词后词数不超过 9 的文本进行分析。对查准率 P、查全率 R 和 $F1$ 值进行分析，并将使用数据库中全部文本的情况作为参照，其结果见表 4-11。

表 4-11　不同长度文本的查准率 P、查全率 R、$F1$ 值和包含的样本数

选取的文本	P	R	$F1$	包含样本数
词数不超过 7	52.79	**53.60**	**53.19**	2764
词数不超过 9	**53.74**	52.46	53.09	3570
词数不超过 11	51.41	47.89	49.59	3743
词数不超过 15	46.61	44.84	45.70	4327
包括所有样本	45.58	41.43	43.41	6030

表 4-11 中算法的查准率 P、查全率 R 和 $F1$ 值均随着词数的减少而缓慢增加。当选择词数不超过 7 的文本时，算法的查全率 R 和 $F1$ 值最高；当选择词数不超过 9 的文本时，算法的查准率 P 最高。由于词数不超过 7 的文本过少，且两者精确程度相似，因此最终选择只对分词后词数不超过 9 的文本使用第一阶段算法抽取评价对象—观点表达对。算法精度随着词数的减少而缓慢增加，可能是因为长度越长的文本，其词法、句法和语法结构越复杂，导致对依存句法分析的精度下降。

对第二阶段基于深度语义和文字距离的抽取匹配算法的抽取结果进行统计和分析。首先选取 SemEval-2014 Laptop 数据集作为实验样本，选取查准率 P、查全率 R 和 $F1$ 值作为评价指标，选取 Elman RNN、LSTM 和 GRU 作为待实验网络，

第 4 章 分布式科技资源的语义分析技术

选取词性标注信息（表中以 POS 表示）和依存句法信息（表中以 DP 表示）作为额外的附加特征进行实验。对表 4-12 进行分析可发现，单独使用 GRU 和 LSTM 时的查准率比单独使用 Elman RNN 时的查准率稍高，查全率 R 比查准率的提高更明显一些。3 种深度循环网络在加入词性标注信息后，查全率 R 均比不加任何额外特征时有明显提高，但查准率 P 提升不明显，甚至应用在 Elman RNN 和 LSTM 中反而有所下降。相似的结论也出现在加入依存句法信息后的结果中，但使用依存句法信息作为特征总体没有使用词性标注信息的效果好。此外，同时加入词性标注和依存句法信息后，结果并没有进一步提升，可能是由于多种词法、句法特征在带来了丰富语言信息的同时，也引入了较大的噪声的原因。综合表 4-12 中数据及以上分析，GRU 网络结合词性标注特征对这两种公共数据集中的评价数据是最好的网络结构。

本文选取同样的评价指标、待实验网络和附加特征对 SemEval-2014 Restaurant 数据集进行实验，结果见表 4-13，其结果总体与 SemEval-2014 Laptop 数据集类似，不过算法在 SemEval-2014 Restaurant 数据集上的查全率 R 比在 SemEval-2014 Laptop 数据集上的略高。

表 4-12　不同类型深度循环网络及添加不同特征在 SemEval-2014 Laptop 数据集上的效果

模型	P	R	F1
Elman-RNN	81.46	73.66	77.36
+ POS	80.57	76.37	78.41
+ DP	80.21	75.70	77.89
+ POS + DP	80.48	75.18	77.74
LSTM	81.69	75.51	78.47
+ POS	81.43	78.22	79.79
+ DP	79.57	76.70	78.11
+ POS + DP	80.95	77.51	79.19
GRU	82.11	74.91	78.34
+ POS	83.90	75.30	79.37
+ DP	81.68	75.93	78.70
+ POS + DP	82.82	74.67	78.53

表 4-13 不同类型深度循环网络及添加不同特征在 SemEval-2014 Restaurant 数据集上的效果

模型	P	R	F1
Elman-RNN	80.58	75.48	77.95
+ POS	80.35	76.84	78.56
+ DP	80.32	76.23	80.29
+ POS + DP	80.27	75.82	76.02
LSTM	82.70	77.34	79.93
+ POS	81.96	78.46	80.17
+ DP	81.02	77.45	79.19
+ POS + DP	81.15	76.35	78.68
GRU	81.80	77.52	79.60
+ POS	82.80	78.90	80.80
+ DP	81.66	78.52	82.26
+ POS + DP	82.87	77.65	78.08

对公共数据集进行实验后，以汽车 4S 店售后评价文本数据为例进行实验，以确定所选取的方案对实际数据同样有效。由于售前、售中和售后的评价数据均为带有客户主观情感的文本数据，数据类型非常相似，故只选取售后文本评价数据为代表进行实验，其效果见表 4-14。表中，中文真实数据集总体结果比英文公共数据集平均每项低 5%～6%，原因可能是中文需要先对输入文本进行中文分词，分词带来的误差会级联到分词后的每一个阶段。除此之外，实际数据集中的数据没有公共数据集规整也是一个可能的原因。对于实际数据集而言，结合词性标注信息的 LSTM 网络及结合词性标注信息的 GRU 网络的结果比较好。而结合依存句法信息的三种网络提升并没有很明显，甚至有时效果有些下降。结合以上分析及表中的结果，最终选择在两个数据集都表现良好的结合词性标注信息的 GRU 网络作为第二阶段基于深度语义和文字距离的抽取匹配算法的具体方法。

表 4-14 不同类型深度循环网络及添加不同特征在汽车售后评价实际数据集上的效果

模型	P	R	F1
Elman-RNN	74.05	69.54	71.72

第 4 章　分布式科技资源的语义分析技术

续表

模型	P	R	F1
＋POS	75.70	70.40	72.95
＋D.P.	74.45	70.34	72.34
＋POS＋D.P.	75.39	70.62	72.93
LSTM	76.17	72.23	74.15
＋POS	77.68	72.00	74.73
＋D.P.	75.70	71.80	73.70
＋POS＋D.P.	76.17	72.88	74.49
GRU	76.30	72.91	74.57
＋POS	77.37	73.70	75.49
＋D.P.	76.60	72.52	74.50
＋POS＋D.P.	76.91	72.43	74.60

图 4-26 和图 4-27 所示为对大批量服务评价文本数据使用两阶段细粒度情感元素抽取算法后的部分结果。从图 4-26 和图 4-27 可见，算法从这些文本数据中筛选出了关于客户对服务质量评价的对象及对应的观点等细粒度内容，客观并具体地表征出客户对各种服务是否满意，根据这些评价，服务商们能进一步改进服务质量。但是从结果中也可以发现一个问题，如"态度好"这样的小短句在许多顾客的评价中被提及，它们被抽取出若干次并分别在不同行里面显示；而"态度不错"这样的相似词被分别抽取出来后，也在不同的位置显示，显得有些冗余。若能够将这些相同的短句和语义相近的情感元素进一步合并，则将减少冗余，并得出进一步的结果。本书将在第 5 章对此问题提出一种情感元素语义去重算法，以对该问题进行处理。

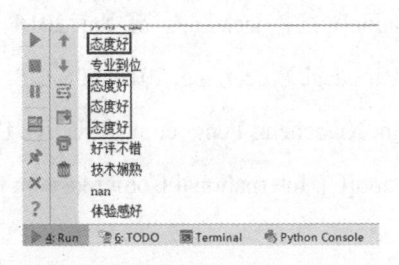

图 4-26　两阶段细粒度情感元素抽取算法部分结果图 1

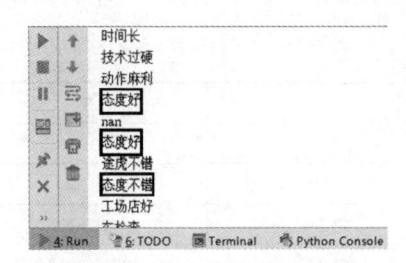

图 4-27　两阶段细粒度情感元素抽取算法部分结果图 2

参 考 文 献

[1] Y. Kim. Convolutional neural networks for sentence classification [C]. Proceedings of the 2014 Conference on Empirical Methods in Natural Language Processing [A], 2014, 1746-1751.

[2] Maria Pontiki, Dimitris Galanis, John Pavlopoulos, et al. Semeval-2014 Task 4:Aspect Based Sentiment Analysis[C]. Proceedings of International Workshop on Semantic Evaluation, 2014, 27-35.

[3] Li Dong, Furu Wei, Chuanqi Tan, et al. Adaptive Recursive Neural Network for Target-dependent Twitter Sentiment Classification[C]. Proceedings of the 52nd annual meeting of the association for computational linguistics (volume 2: Short papers), 2014, 2:49-54.

[4] Yequan Wang, Minlie Huang, Li Zhao, et al. Attention-based Lstm for Aspect-level Sentiment Classification[C]. Proceedings of the 2016 Conference on Empirical Methods in Natural Language Processing, 2016, 606-615.

[5] Duyu Tang, Bing Qin, Xiaocheng Feng, et al. Effective Lstms for Target-dependent Sentiment Classification[C]. International Conference on Computational Linguistics, 2016.

[6]   Peng Chen, Zhongqian Sun, Lidong Bing, et al. Recurrent Attention Network on Memory for Aspect Sentiment Analysis[C]. Proceedings of the 2017 Conference on Empirical Methods in Natural Language Processing, 2017, 452-461.

[7]   Dehong Ma, Sujian Li, Xiaodong Zhang, et al. Interactive Attention Networks for Aspect-level Sentiment Classification[C]. IJCAI, 2017.

[8]   Jiangming Liu, Yue Zhang. Attention Modeling for Targeted Sentiment[C]. Proceedings of the 15th Conference of the European Chapter of the Association for Computational Linguistics, 2017, 572-577.

[9]   Shuqin Gu, Lipeng Zhang, Yuexian Hou, et al. A Positionaware Bidirectional Attention Network for Aspect-level Sentiment Analysis[C]. Proceedings of the 27th International Conference on Computational Linguistics, 2018, 774-784.

[10] Feifan Fan, Yansong Feng, Dongyan Zhao. Multi-grained Attention Network for Aspect-level Sentiment Classification[C]. Proceedings of the 2018 Conference on Empirical Methods in Natural Language Processing, 2018, 3433-3442.

[11] Shiliang Zheng, Rui Xia. Left-center-right Separated Neural Networ for Aspect-based Sentiment Analysis with Rotatory Attention[J]. arXi preprint arXiv:1802.00892, 2018.

[12] S. Lai, L. Xu, K. Liu, et al. Recurrent Convolutional Neural Networks for Text Classification[J]. Twenty-Ninth AAAI Conference on Artificial Intelligence, 2015, (333): 2267-2273.

[13] Y. Zhang, B. Wallace. A Sensitivity Analysis of Convolutional Neural Networks for Sentence Classification[J]. arXiv: 1510.03820 (2015).

[14] S. Hochreiter, J. Schmidhuber. Long Short-term Memory[J]. Neural Comput, 1997, 9 (8): 1735-1780.

[15] G. Kurata, B. Xiang, B. Zhou. Improved Neural Network-based Multi-label Clas-sification with Better Initialization Leveraging Label Cooccurrence[C]. Proceed- ings of the 2016 Conference of the North American Chapter of the

Association for Computational Linguistics: Human Language Technologies, 2016, 521-526

[16] David D. Lewis, Yiming Yang, Tony G. Rose, et al. RCV1: A New Benchmark Collection for Text Categorization Research[J]. Journal of Machine Learning Research, 2004, 5:361-397.

[17] Pengcheng Yang, Xu Sun, Wei Li, et al. SGM: Sequence Generation Model for Multi-label Classification[J]. In COLING 2018, 3915-3926.

[18] Robert E Schapire, Yoram Singer. Improved Boosting Algorithms Using Confidence-rated Predictions[J]. Machine learning, 1999, 37(3):297-336.

[19] Christopher D Manning, Prabhakar Raghavan, Hinrich Schutze, et al. Introduction to Information Retrieval [M]. Cambridge University Press Cambridge, 2008.

[20] Matthew R. Boutell, Jiebo Luo, Xipeng Shen, et al. Learning Multi-label Scene Classification[J]. Pattern Recognition, 2004, 37(9):1757-1771.

[21] Jesse Read, Bernhard Pfahringer, Geoff Holmes, et al. Classifier Chains for Multi-label Classification[J]. Machine learning, 2011, 85(3):333.

[22] Guibin Chen, Deheng Ye, Zhenchang Xing, et al. Ensemble Application of Convolutional and Recurrent neural Networks for Multi-label Text Categorization[J]. IJCNN, 2017, 2377-2383.

[23] N. S. Keskar, R. Socher. Improving Generalization Performance by Switching from Adam to SGD[J]. arXiv preprint arXiv: 2017, 1712.07628.

分布式科技资源的关联分析技术

· 第 5 章 ·

本章重点讨论了基于 LSTM 神经网络模型的科技资源预测汽车配件销售方法、基于 LSTM-SVR 模型的科技资源预测配件损坏量方法，以及科技资源服务中的关联分析方法，并分析了主要关联分析方法的优势与不足，基于产业需求案例给出了详细的实现过程。

5.1 行为参数自适应动态演化的智能优化算法

针对科技资源关联分析中存在的多目标优化问题，本章提出了一种行为参数自适应动态演化的智能优化算法。首先根据关联分析被优化问题初始化种群空间，再根据被优化问题计算行为参数取值区间，采用发散树法对行为参数集合进行演化计算得到集合 U；对行为参数在集合 U 中进行随机取值，形成多组行为参数组合，对每组行为参数对应的当前种群最优值进行线性排序；对每组行为参数求取 Borda 数，将其中最大的 Borda 数对应的行为参数代入种群当前迭代计算过程；将求得的行为参数作为当前代微粒的参数值，产生下一代粒子，直至种群当前最优适应值达到结束标准。这种方法能准确快速地选取下一代所需最优算法参数，使微粒群算法的收敛性独立于参数，有效提高微粒群算法的收敛速度。

本方法主要包括以下四部分：参数优化配置的菱形思维模型，参数配置方案物元的发散，基于模糊意见集中法的收敛方法，以及 ERTPSO 算法流程。算法的核心是对参数配置方案物元模型的创建、参数配置方案物元的发散、收敛及算法参数的实时自适应更新。此过程使算法能够依据函数被优化过程中的反馈信息，在算法的不同阶段自适应选取最优的算法参数，为资源关联分析中多目标优化问题提供有效的算法支持。

5.1.1 参数优化配置的菱形思维方法

客观世界的万物都可以用物元来描述，从某一物元出发，利用物元的可拓性，对物元进行开拓，然后利用合适的评价方法进行筛选，从而收敛成少量物元的思维方法被称为菱形思维方法。菱形思维方法为模拟人类的创造性思维提供了一套行之有效的形式化处理方法。

根据微粒群优化算法的参数优选，建立其菱形思维模型，将算法的行为参数名称作为物元特征，将各参数区间范围作为参数配置方案关于行为参数的相应量值，从算法参数配置方案物元出发，利用物元可拓方法，如发散树、分合链、相关网、蕴含系等，由不同的途径开拓出多个参数配置物元，此过程被称为发散过程。在此基础上，根据实际优化问题的具体要求和条件限制，从可行性、优劣性、真伪性和相容性出发，对发散过程得到的大量参数配置物元进行评价，选出符合要求的最优物元，此过程被称为收敛过程。发散—收敛—再发散—再收敛的思维过程被称为微粒群算法参数优选菱形思维过程。

5.1.2 参数优化配置的菱形思维模型

根据被优化问题优化精度要求的不同，建立参数优化配置方案的二级菱形思维模型，如图 5-1 所示。

第 5 章 分布式科技资源的关联分析技术

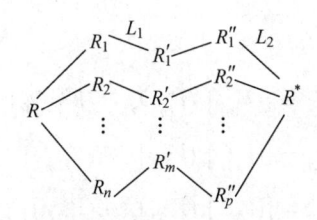

图 5-1 参数优化配置方案的二级菱形思维模型

图 5-1 中，$n > m, p > m$，$\boldsymbol{R}$ 为待优化参数配置方案的物元，$\{R_1, R_2, \cdots, R_n\}$ 为 $\boldsymbol{R}$ 进行发散后得到的参数配置方案的物元集，$\{R'_1, R'_2, \cdots, R'_m\}$ 为 $\{R_1, R_2, \cdots, R_n\}$ 采用相应评价方法后得到的方案物元集，$\{R''_1, R''_2, \cdots, R''_p\}$ 为 $\{R'_1, R'_2, \cdots, R'_m\}$ 再次发散后得到的方案物元集，R^* 为采用模糊意见集中法收敛后得到的最佳参数配置方案，可根据后续仿真结果灵活确定菱形思维模型的发散级数，以进一步提高算法的精度和效果。

▶ 5.1.3 参数配置方案物元的发散

将物元 N、特征名 C 和 C 关于 N 的量值 v 构成的有序三元组 $\boldsymbol{R} = (N, C, v)$ 作为描述事物的基本元，简称物元。N、C 和 v 称为物元 $\boldsymbol{R}$ 的三要素。若将 PSO 算法的行为参数名称作为物元特征，各参数区间范围是参数配置方案关于行为参数的相应量值，则参数配置方案的物元表示为：

$$\boldsymbol{R} = (N, C, C(N)) = \begin{bmatrix} 方案N & 惯性权重\omega & \omega(N) \\ & 认知参数c_1 & c_1(N) \\ & 社会参数c_2 & c_2(N) \end{bmatrix}$$

由分合链法，参数配置方案物元模型中的分层特征模型为：

$$V_1 = \{[V_{11}], (V_{12}), \cdots, (V_{1n})\};$$
$$V_2 = \{[V_{21}], (V_{22}), \cdots, (V_{2n})\};$$
$$V_3 = \{(V_{31}), (V_{32}), \cdots, (V_{3n})\};$$
$$V_{11} = \{[V_{111}], (V_{112}), \cdots, (V_{11m})\};$$
$$V_{12} = \{[V_{121}], (V_{122}), \cdots, (V_{12m})\};$$

$$\cdots$$
$$V_{1n} = \{(V_{1n1}],(V_{1n2}],\cdots,(V_{1nm}]\};$$
$$V_{21} = \{(V_{211}],(V_{212}],\cdots,(V_{21m}]\};$$
$$V_{22} = \{(V_{221}],(V_{222}],\cdots,(V_{22m}]\};$$
$$\cdots$$
$$V_{2n} = \{(V_{2n1}],(V_{2n2}],\cdots,(V_{2nm}]\};$$
$$V_{31} = \{(V_{311}],(V_{312}],\cdots,(V_{31m}]\};$$
$$V_{32} = \{(V_{321}],(V_{322}],\cdots,(V_{32m}]\};$$
$$\cdots$$
$$V_{3n} = \{(V_{3n1}],(V_{3n2}],\cdots,(V_{3nm}]\}。$$

对于不同的待优化函数，其微粒群算法参数在不同区间范围的取值可达到最佳效果，发散后的各参数配置方案物元可表示为：

$$\boldsymbol{R}_1 = \begin{bmatrix} 方案 N_1 & 惯性权重\omega & \omega(N_1) \\ & 认知参数 c_1 & c_1(N_1) \\ & 社会参数 c_2 & c_2(N) \end{bmatrix}$$

其中，$\omega(N_1) \in V_1, c_1(N_1) \in V_2, c_2(N_1) \in V_3$。

$$\boldsymbol{R}_2 = \begin{bmatrix} 方案 N_2 & 惯性权重\omega & \omega(N_2) \\ & 认知参数 c_1 & c_1(N_2) \\ & 社会参数 c_2 & c_2(N_2) \end{bmatrix}$$

其中，$\omega(N_2) \in V_1, c_1(N_2) \in V_2, c_2(N_2) \in V_3$。

$$\cdots$$

$$\boldsymbol{R}_n = \begin{bmatrix} 方案 N_n & 惯性权重\omega & \omega(N_n) \\ & 认知参数 c_1 & c_1(N_n) \\ & 社会参数 c_2 & c_2(N_n) \end{bmatrix}$$

其中，$\omega(N_n) \in V_1, c_1(N_n) \in V_2, c_2(N_n) \in V_3$。

5.1.4 基于模糊意见集中法的收敛方法

模糊意见集中法是研究如何将 m 种意见集中成一种意见的评价方法。设论域 $U=\{u_1,u_2,\cdots,u_n\}$，L_i 是对 U 进行排序的一个线性序，令 $x\in U$，$B_i(x)$ 表示在线性序 L_i 中排在 x 之后的元素的个数，若 x 是 L_i 中的第 k 名，则 $B_i(x)=n-k$，即 x 在线性序 L_i 中的得分。如果线性序 L_i 有 m 个：$L_1,L_2,\cdots,L_m$，则 x 的 Borda 数为：

$$B(x)=\sum_{i=1}^{m}B_i(x)$$

论域 U 中元素按 Borda 数大小可得到一个新的排序，即 Borda 数 $B(x)$ 就是 x 在各个线性序 $L_1,L_2,\cdots,L_m$ 中的得分总和，由此可得出 U 中元素的优劣排序。

以上物元 $R_1,R_2,\cdots,R_n$ 可看作 n 种微粒群优化法参数配置方案，这 n 种方案构成了论域，即 $U=\{R_1,R_2,\cdots,R_n\}$。根据具体优化问题的精度要求，令 m 个评判员分别在各配置方案的参数区间范围内对参数 ω,c_1,c_2 进行随机取值，将组参数值对应的当前全局最优适应值（该值是通过微粒群优化得到的）作为评判标准，对各参数配置方案的优劣进行排序，得出 Borda 数，取其中最大 Borda 数对应的参数作为当前代的参数值，然后开始下一步迭代。如果尚未达到所优化问题的精度要求，可对参数配置物元再次进行发散，直到满足要求为止。

5.1.5 基于嵌入式菱形思维的微粒群算法流程

菱形思维能够准确地描述人类的创造性思维过程（该思维过程具有发散性和收敛性），通过建立菱形思维模型，可将人类的创造性思维具体化。若将菱形思维过程嵌入到微粒群算法中用来解决算法的参数优选问题，不仅克服了嵌入式进化迭代计算高计算的成本问题，而且还使微粒群算法参数优选过程模拟人类创造性思维过程的计算机实现成为可能。

假设微粒群算法目前迭代到第 n 步，算法中有三个待优化参数 ω,c_1,c_2，可以利用菱形思维确定其最优配置，然后通过更新粒子的速度和位置产生新种群。又

假设群体的第 $n-1$ 步迭代的所有信息已知，建立参数配置方案的物元模型，采用分合链法将参数区间范围进行发散，再通过模糊意见集中法得到最优参数配置方案，将其对应的参数作为第 n 步的参数值，然后开始第 $n+1$ 步迭代，将上述菱形思维方法嵌入到微粒群优化算法的每一步。在进化过程中，如果有一组参数得到的全局最优适应值满足所优化问题的精度要求，则可以结束程序。ERTPSO 算法流程框图如图 5-2 所示。

基于嵌入式菱形思维的微粒群优化算法具体步骤如下。

步骤 1：在定义空间随机产生初始种群。

步骤 2：建立参数配置方案物元模型。

步骤 3：确定待优化问题参数区间范围 V_1、V_2 和 V_3，对参数配置方案物元进行发散。

步骤 4：设定论域 U 和线性序 L_i。

步骤 5：计算每组参数对应的粒子群的位置和速度。

步骤 6：将每组参数值对应的当前全局最优适应值作为评判标准，对各参数配置方案的优劣进行排序，得出其 Borda 数，取其中最大 Borda 数对应的参数作为当前步的参数值。

步骤 7：利用步骤 6 得出的参数值产生下一代粒子，检查微粒群当前最优适应值是否达到结束标准，如达到标准，则结束整个程序；否则，转到步骤 3，对参数配置物元再次进行发散，直到满足结束标准为止。

ERTPSO 算法的核心为流程框图中的虚线部分，如图 5-2 所示即对参数配置方案物元模型的创建、参数配置方案物元的发散、收敛及算法参数的实时自适应更新，使算法能够依据函数被优化过程中的反馈信息，在算法的不同阶段自适应选取最优的算法参数，给微粒进化提供最优的参数配置方案。该过程使微粒群进化模拟人类创造性思维的计算机实现成为可能。

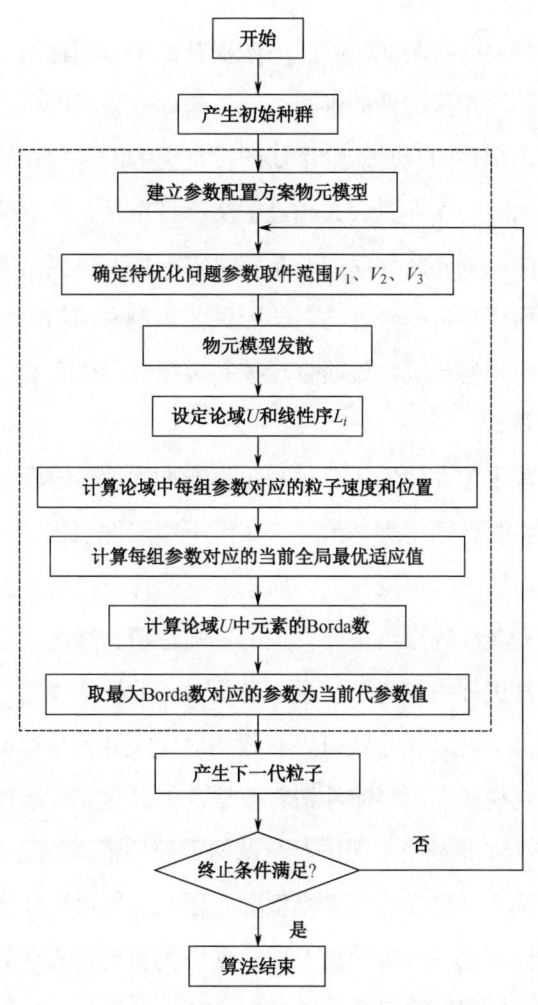

第 5 章 分布式科技资源的关联分析技术

```
            开始
             │
             ▼
         产生初始种群
             │
   ┌─────────▼─────────┐
   │  建立参数配置方案物元模型 │
   │         │         │
   │  确定待优化问题参数取件范围 $V_1$、$V_2$、$V_3$ │
   │         │         │
   │     物元模型发散      │
   │         │         │
   │  设定论域 $U$ 和线性序 $L_i$ │
   │         │         │
   │ 计算论域中每组参数对应的粒子速度和位置 │
   │         │         │
   │ 计算每组参数对应的当前全局最优适应值 │
   │         │         │
   │  计算论域 $U$ 中元素的 Borda 数 │
   │         │         │
   │ 取最大 Borda 数对应的参数为当前代参数值 │
   └─────────┬─────────┘
             ▼
         产生下一代粒子
             │
             ▼
        ◇ 终止条件满足? ◇──否──┐
             │是              │
             ▼                │
         算法结束              │
                              │
   (否路径返回建立参数配置方案物元模型)
```

图 5-2 ERTPSO 算法流程框图

5.2 基于 LSTM 神经网络模型的汽车配件销售预测分析

目前我国的汽车工业发展迅猛,汽车零配件的供应对汽车行业发展至关重要。

汽车零配件供应商想要获得利润，除了不断提升汽车零配件的质量，还需要提高配件运作管理能力。汽车零配件的供给率低下与库存积压严重却始终是两个突出的难点问题。其中，配件的及时供给率低通常是因为配件库存量不足引起的；库存积压严重则是因为配件库存量大大超过了实际订单量，从而使配件积压过多引起的。因此，合理的控制零配件库存量是解决零配件及时供给率低下与库存积压严重问题的关键。而库存量的合理与否与配件需求量密切相关，所以能够准确预测未来汽车零配件的销售情况，进而合理控制零配件的库存量，对于汽车零配件企业的发展至关重要。

很多企业在汽车零配件销售情况预测中不能准确地对零配件销售情况进行预测，主要因为预测零配件销售类型单一。在汽车零配件销售过程中，某些零配件更换周期短、积累的历史数据规模大，而某些零配件更换周期长、数据规模小。现有销售预测方法只能准确预测某一类型的零配件销售情况，不能同时对不同数据规模的汽车零配件进行销售情况预测。目前对于数据集规模较大的销售数据采用基于 LSTM 的预测方法，该方法可以有效地对零配件销售情况进行预测，然而实际上仍然会存在规模较小的零配件销售数据，并且这类零配件对预测的准确率要求较高，采用 LSTM 预测模型无法对全部的零配件销售情况进行很好的预测。对此类型数据采用基于机器学习的多模型融合预测方法可以提高零配件销售预测的准确率。因此，拥有能够同时预测不同数据规模和更换周期的汽车零配件销售情况的方法是目前亟待解决的问题。

在上述分析的基础上提出基于 LSTM 神经网络模型汽车配件销售预测分析，该方法可以同时预测更换周期长、数据规模小和更换周期短、数据规模大的汽车零配件销售情况。算法的执行过程如下。

（1）首先将零配件数据集传入模型中，融合预测模型判断汽车零配件销售数据集字节数。

（2）当数据集字节数大于融合模型提前设定的阈值 N，调用基于 LSTM 的子模型 2 进行零配件销售预测，返回输出结果。

（3）当数据集字节数小于融合模型提前设定的阈值 N，调用基于机器学习的子模型 3 进行零配件销售预测，返回输出结果。

（4）将子模型生成的销售预测结果作为融合模型的销售预测结果，最终实现融合模型零配件销售预测的输出。

基于 LSTM 的预测模型是一种监督式学习算法。图 5-3 为基于 LSTM 预测模型的输入输出结构图。

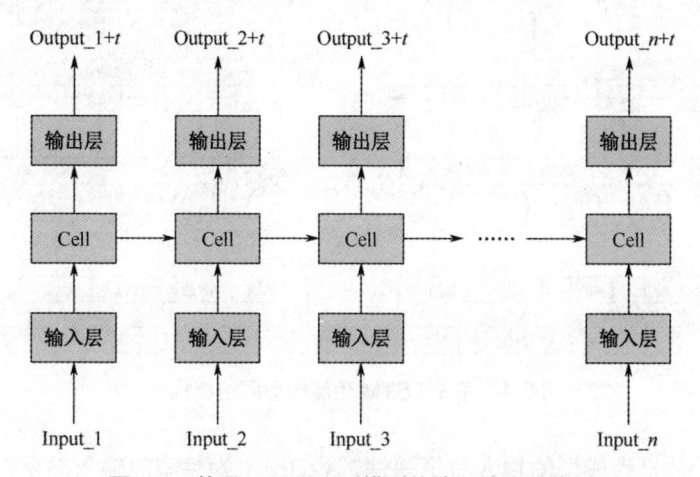

图 5-3　基于 LSTM 预测模型的输入输出结构图

定义 t 为时间步，记为 Timesteps；

定义 Input_n 为模型的输入，其由 t 个输入向量组成；

定义 Output_$n+t$ 为模型的输出，即模型的预测值。

时间步的取值不仅会影响模型的复杂度，还会影响模型的输入。时间步取值越大，则模型的结构越复杂，输入数据的维度也越大，模型的计算复杂度越高。同时，模型的输出也与时间步的取值有关。以该方法的数据集为例，当时间步取值为 2 时，此时如果输入层输入的是第一、二周的样本数据，即两个输入向量，则输出的是第三周汽车零配件的销量，即可以根据 t 个连续的时间段的数据属性预测 $t+1$ 时间段的目标值。

为了更加直观地看出 LSTM 的网络结构，将单一输入输出进行展开，其网络结构图如图 5-4 所示。

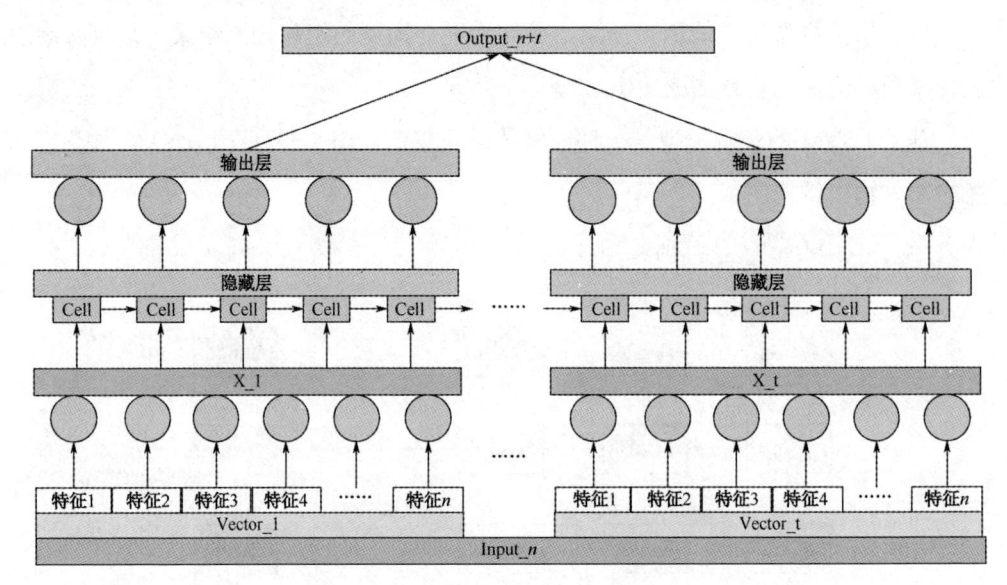

图 5-4 基于 LSTM 预测模型网络结构图

定义特征 n 为模型的输入特征属性，Vector_t 为模型的输入向量，是由 n 个输入特征属性组成的一个 n 维的向量，即 Vector_t =（特征 1，特征 2，…，特征 n）；Input_size 为输入向量的维度；X_t 为模型 t 时刻的输入，其由模型的输入向量 Vector_t 组成。

在该方法的资源数据中，模型的输入特征属性为基于 Filter 和 Wrapper 模式的双阶段特征抽取算法，即从全部特征数据中抽取出 5 个特征属性及其对应的汽车配件销售量，由它们共同组成一个 6 维的输入向量作为模型每个时刻的输入。综上可知，模型的输入为各个时刻组成的输入向量，输出为模型需要预测的时间段的汽车配件销量。

5.2.1 LSTM 神经网络模型原理分析

LSTM 型 RNN 是一种改进的循环神经网络。通过对上一节的内容进行分析，

第 5 章　分布式科技资源的关联分析技术

可知循环神经网络中隐藏层之间是紧密相连的，即所有 RNN 的隐藏层内部都有循环的链式结构。在普通的 RNN 中，其隐藏层内部是一种非常简单的结构，如只包含 tanh 激活函数，如图 5-5 所示。

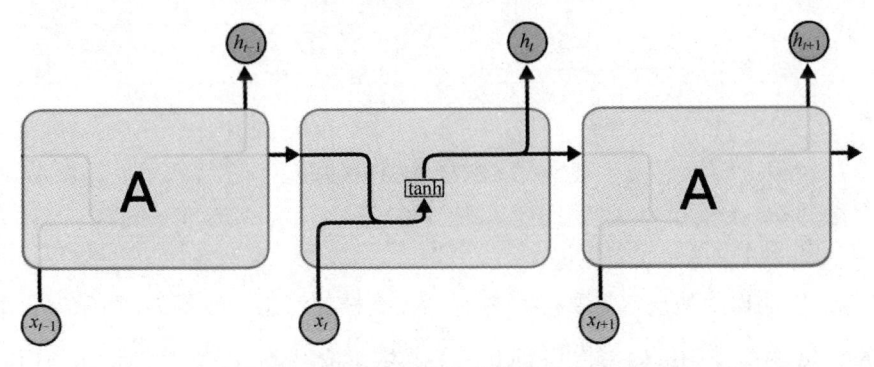

图 5-5　循环神经网络循环模块结构图

　　与 RNN 相同，LSTM 的隐藏层也有这种链式结构，但是其内部结构复杂，LSTM 的隐藏层内部结构中并非是单一的 tanh 激活函数，而是由三个 σ 函数和 tanh 激活函数组成，这三个 σ 函数是 LSTM 新加入的三个门结构，分别为遗忘门、输入门和输出门，每个门实际上是一个 sigmod 函数。

　　LSTM 与 RNN 最大的区别在于，LSTM 的隐藏层内部结构中不仅包含了短期记忆 h_t，还增加了长期记忆 C_t，即 cell-state。而隐藏层中的每个神经元中所包含的三个门结构和激活函数的作用就是移除或增加信息到长期记忆中。以下对这几个门结构进行简要描述。

1. 遗忘门

　　遗忘门的输入数据为当前时刻的输入 x_t 和上一时刻隐藏层的输出 h_t-1。通过一个 sigmoid 函数将该层的输出值映射到[0,1]之间，输出的值会直接传递到上一时刻的长期记忆中，即 C_{t-1}，以此来判断 C_{t-1} 中的信息是否被遗忘。当输出为 0 时，C_{t-1} 中的信息会全部遗忘；当输出为 1 时，则保留 C_{t-1} 中所有信息。LSTM 遗忘门结构图参见图 5-6。

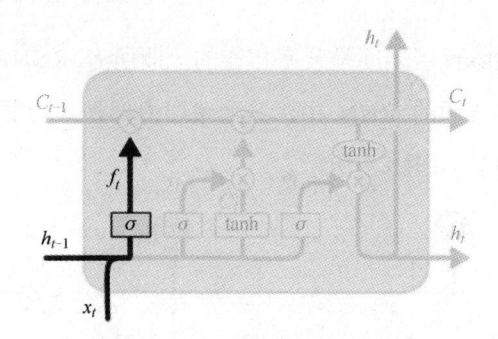

图 5-6　LSTM 遗忘门结构图

2. 输入门

输入门的作用是决定需要往 C_t 中存储什么样的信息。如图 5-7 所示，它由一个 sigmoid 函数控制的门结构和 tanh 激活函数组成。该门的结构与遗忘门相似，利用 sigmoid 函数将输入的 x_t 和 h_{t-1} 通过非线性变换，映射到[0,1]范围内的数值，以决定输入的信息；tanh 激活函数的作用是对输入的 x_t 和 h_{t-1} 做一个非线性变换，将值映射到[-1,1]之间，因为如果当前输入的某一特征值较大，而 C_{t-1} 中存储的对应的特征值很小的时候，C_{t-1} 的值会被覆盖，导致记忆丢失，经过 tanh 函数变换后的变量称为候选长期记忆，即 $\tilde{C}_t$。

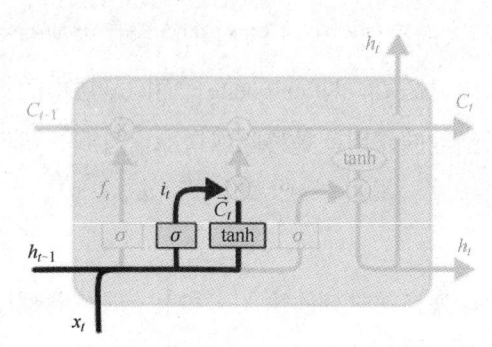

图 5-7　LSTM 输入门结构图

3. 更新门

如图 5-8 所示为 LSTM 的更新门结构图。

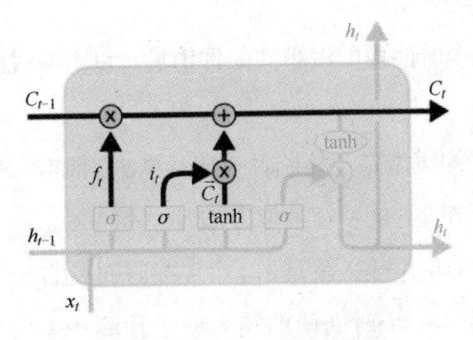

图 5-8　LSTM 更新门结构图

该控制门的作用是将遗忘门中决定遗忘的信息和输入门中决定输入的信息更新到长期记忆中，即将 C_{t-1} 更新为 C_t。

4. 输出门

图 5-9 所示为 LSTM 的输出门结构图，与输入门相似，它由一个 sigmoid 函数控制的门结构和 tanh 激活函数组成。该门结构也与遗忘门相似，根据当前时刻的输入数据 x_t 和上一时刻隐藏层的输出数据 h_{t-1} 决定 C_t 中需要输出的信息。tanh 激活函数的作用是将更新门所更新的长期记忆进行非线性的变换，然后与输出门层的输出相乘，得到用于输出的短期记忆 h_t。

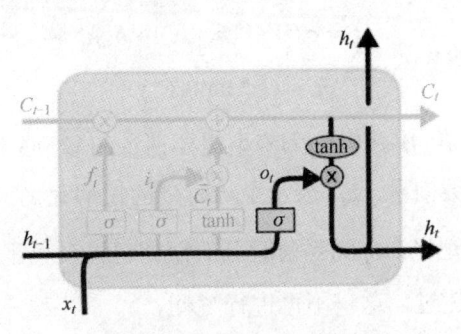

图 5-9　LSTM 输出门结构图

5.2.2　基于 LSTM 的汽车配件销售预测模型

本节采用深度学习框架 TensorFlow 搭建 LSTM 预测模型。预测模型的输入为第 3 章设计的基于 Filter 和 Wrapper 模式的双阶段特征抽取算法所抽取的特征属性值，输出为未来某个时间段的汽车零配件销量。以下将对基于 LSTM 的预测模型展开详细的设计。

基于 LSTM 的预测模型是一种监督式学习算法。根据 LSTM 预测模型的输入输出状态，再结合本节设计的特征抽取方法。

由于输入层接收的单个输入就是由 t 个连续时间段的输入向量组成的，所以，LSTM 模型是根据连续 t 个时间段的输入向量预测 $t+1$ 时刻的目标值。LSTM 的四个控制门存在于隐藏层中的神经元。四个控制门的计算公式如式下所示：

遗忘门：

$$f_t = \sigma(W_f * [h_{t-1}, x_t] + \boldsymbol{b}_f)$$

输入门：

$$i_t = \sigma(W_i * [h_{t-1}, x_t] + \boldsymbol{b}_i)$$
$$\tilde{C}_t = \tanh(W_c * [h_{t-1}, x_t] + \boldsymbol{b}_c)$$

更新门：

$$C_t = f_t * C_{t-1} + i_t * \tilde{C}_t$$

输出门：

$$O_t = \sigma(W_o * [h_{t-1}, x_t] + \boldsymbol{b}_o)$$
$$h_t = O_t * \tanh(C_t)$$

以上公式中，W_f, W_i, W_c 和 W_o 为模型需要训练的参数矩阵，$\boldsymbol{b}_f, \boldsymbol{b}_i, \boldsymbol{b}_c$ 和 $\boldsymbol{b}_o$ 为模型需要训练的偏置参数向量，h_{t-1} 表示上一时刻的短期记忆，$\tilde{C}_t$ 为候选长期记忆，C_t 为当前时刻的长期记忆，h_t 为当前时刻的短期记忆，也是隐藏层的输出。各个控制门的作用已经阐述过，这里不再进行解释。

5.2.3 基于 LSTM 销售预测模型的学习优化方法

预测模型训练过程的本质是从已有的数据集中学习特征属性与预测目标之间的关系。在学习的过程中，为了保证模型学习的正确性，需要定义损失函数和优化方法。损失函数用于衡量预测值和真实值之间的差距；优化方法用于模型在学习的过程中优化损失函数，降低预测误差。不同的优化方法会影响模型的学习过程，目前主要有梯度下降法（Gradient Descent，GD）和随机梯度下降法（Stochastic Gradient Descent，SGD）。其中，梯度下降法的核心思想是计算当前位置的负梯度方向，将其作为搜索方向。在离最优解位置较远的时候，梯度下降法搜索速度快，离最优解位置越近，搜索速度越慢。但是，梯度下降法存在的问题是该算法每次迭代都需要用到全部的数据，所以该算法的计算复杂度会随着训练集的增大而增加。为了降低计算复杂度并减少模型的计算成本，研究人员采用随机梯度下降法。因为随机梯度下降法在优化损失函数过程中不需要重复遍历所有数据，而是每输入一条数据，就更新一次损失函数的参数，所以该方法极大地缩短了模型计算的时间。但是这种优化方式也存在一定的问题，由于其每次优化的方向只考虑当前的样本数据而不是所有数据，导致损失函数的下降方向不一定是全局最优的方向。

通过对 SGD 和 GD 的比较，本节采用批量梯度下降法（Mini-batch Gradient Descent）。该算法首先将样本数据划分成若干个 Mini-batch，然后每读取一个 Mini-batch 的数据集，就优化一次损失函数。如图 5-10 所示为数据划分结构图。

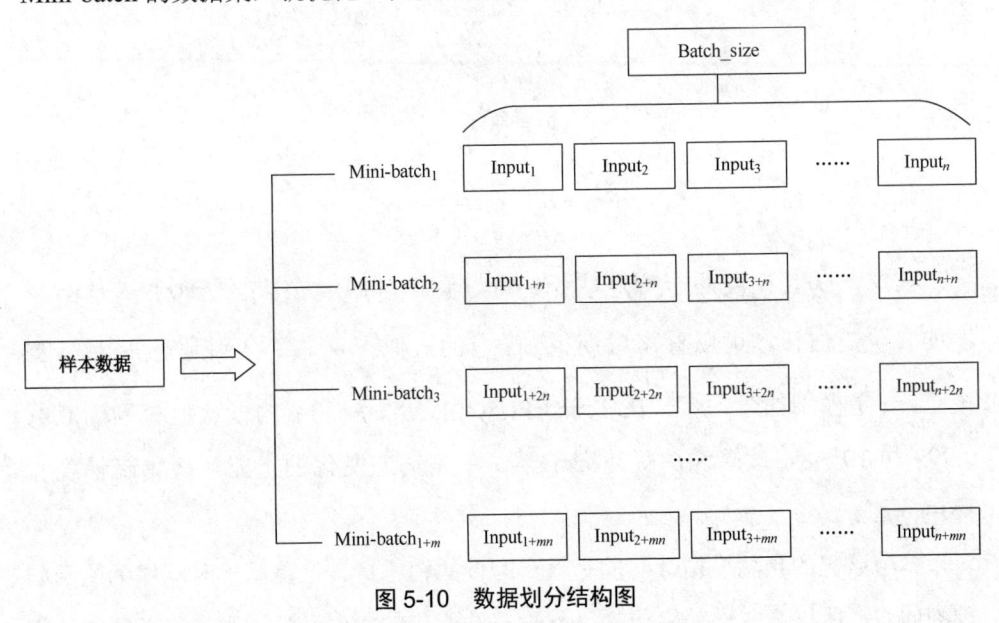

图 5-10 数据划分结构图

图 5-10 中每一行表示一组数据，将数据划分成 1+m 个 Mini-batch，每组包含 n 个输入（Input），将输入的个数定义为 Batch_size。当 Batch_size=1 时，表示每个 Mini-batch 中只有一个输入，相当于随机梯度下降法，所以 Mini-batch 的大小会直接影响模型的训练时间和结果。

梯度下降法、随机梯度下降法和批量梯度下降法都是采用梯度下降优化损失函数，而它们共同面临的一个问题就是难以选择合适的学习率，太小的学习率会导致收敛缓慢，太大的学习率则会导致损失函数出现波动，难以收敛。

综合以上分析，根据批量梯度下降法的思路，将数据划分成若干个 Mini-batch，为了解决学习率选择的问题，采用 Adam（Adaptive Moment Estimation）算法优化损失每个 Mini-batch 的损失函数。该算法和梯度下降法不同，梯度下降的学习率是保持不变的，而 Adam 算法通过计算一阶矩估计和二阶矩估计，为不同的数据设计独立的自适应学习率。具体的计算公式如下：

$$m_t = \beta_1 * m_{t-1} + (1-\beta_1) * g_t$$
$$v_t = \beta_2 * v_{t-1} + (1-\beta_2) * g_{t_2}$$
$$\hat{m}_t = \frac{m_t}{1-\beta_1^t}$$
$$\hat{v}_t = \frac{v_t}{1-\beta_2^t}$$
$$\theta_{t+1} = \theta_t - \frac{\alpha}{\sqrt{\hat{v}_t}+\varepsilon} * \hat{m}_t$$

其中，m_t 是梯度的一阶矩估计，可以看作对期望 $E[g_t]$ 的近似；v_t 是梯度的二阶矩估计，可以看作对期望 $E[g_{t_2}]$ 的近似；$\hat{m}_t$、$\hat{v}_t$ 分别是对 m_t 和 v_t 的校正；α 是模型的学习率。在 TensorFlow 中，β_1、β_2 和 ε 的默认值分别为 0.9、0.999 和 10^{-8}。该算法的优点在于学习率是动态变化的，能解决稀疏梯度和噪声问题。

本节研究的预测模型针对的是汽车配件的销售量，这是基于时间序列的回归预测问题，所以选取误差率作为 Adam 算法优化的损失函数，则损失函数的计算公式为：

$$\text{Loss}(y, y') = \frac{\sum_{i=1}^{n} \frac{|y_i - y_i'|}{y_i}}{n}$$

其中，y_i 表示第 i 个样本数据的真实值，y_i' 为第 i 个样本数据的预测值，n 为每个 Mini-batch 中的样本数据量，即 Batch_size。

5.2.4 基于 LSTM 销售预测模型的激活函数

LSTM 中激活函数的作用是将模型的输入通过激活函数做一个非线性的变换，增强模型处理非线性问题的能力。最初，研究人员在构建 LSTM 神经网络模型时，通常采用 sigmoid 激活函数。2013 年，Graves 等人用 tanh 激活函数代替 sigmoid 激活函数，进而改变了 LSTM 的输入门结构。2015 年，Le 等人将 ReLU 函数作为激活函数应用在循环神经网络上，并进行了实验验证；同年 Greff 分析了与 LSTM 具有不同门结构的神经网络，证明了激活函数能保证 LSTM 的长期记忆（C_t）中所存储的信息的稳定性。这三种常用的激活函数概述如下。

1. sigmoid 激活函数

如图 5-11 所示，sigmoid 激活函数的值域在 0 到 1 之间，且单调连续，但是由于其存在软饱和性，所以容易产生梯度消失等问题。sigmoid 激活函数定义为：

$$\text{sigmoid}(x) = \frac{1}{1 + e^{-x}}$$

2. tanh 激活函数

如图 5-12 所示，tanh 激活函数的值域在 -1 到 1 之间，与 sigmoid 激活函数相比，它的收敛速度更快，但是它同样存在梯度消失的问题。tanh 激活函数定义为：

$$\tanh(x) = \frac{1 - e^{-2x}}{1 + e^{-2x}}$$

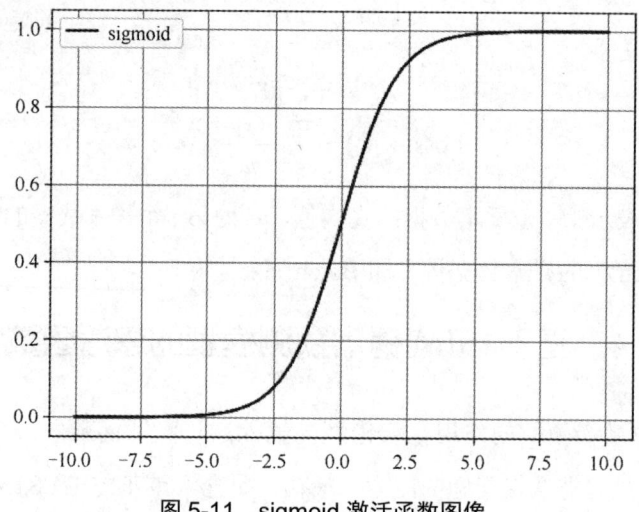

图 5-11　sigmoid 激活函数图像

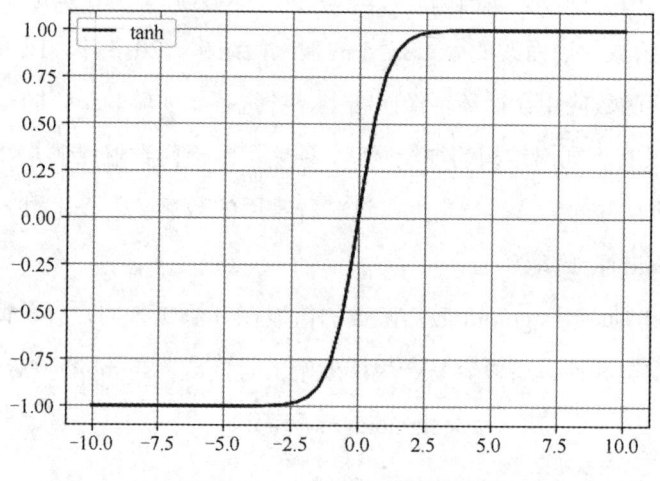

图 5-12　tanh 激活函数图像

3. ReLU 激活函数

ReLU 激活函数的全称是 Rectified Linear Units，是近几年才出现的激活函数。如图 5-13 所示，当 x 小于 0 时，ReLU 激活存在硬饱和问题；当 x 大于 0 时，则不存在饱和问题。所以 ReLU 激活函数在一定程度上可以缓解梯度消失的问题。ReLU 激活函数定义为：

$$\text{ReLU} = \begin{cases} 0 & (x \leqslant 0) \\ x & (x > 0) \end{cases}$$

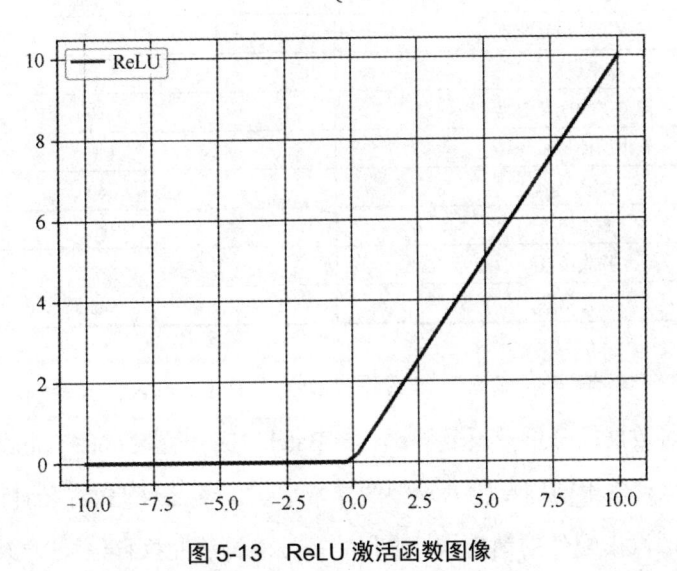

图 5-13　ReLU 激活函数图像

为了选取合适的激活函数，对不同激活函数在刹车片数据集和 5 个 UCI 公共数据集进行实验。

5.2.5　基于 LSTM 汽车配件销售预测模型的实验结果及分析

在 PyCharm 的软件中，采用深度学习框架 TensorFlow 搭建 LSTM 回归预测模型，并选用刹车片销售数据集和 UCI 公共数据集作为实验数据对模型进行训练和测试。

根据基于 Filter 和 Wrapper 模式的双阶段特征抽取算法对汽车配件销售数据进行特征抽取，结合基于 LSTM 预测模型与实验环境，设定基于 LSTM 预测模型的参数，见表 5-1。

表 5-1　基于 LSTM 预测模型参数（刹车片）

参数列表	参数值
输入层神经元个数	6
隐藏层层数	1
隐藏层神经元个数	10
输出层神经元个数	1
Batch_size	60
激活函数	ReLU
损失函数	误差率
优化函数	Adam

LSTM 模型的输入层输入三维数据结构为：(Batch_size,Timesteps,Input_size)。其中，经过对数据的分析及反复测试，将 Batch_size 设置为 60；Timesteps 指时间步，即每次得到输出前需要输入模型的样本数；Input_size 是数据的特征属性和其对应的当前的汽车配件的销售量，根据特征抽取算法的执行结果，该参数值为 6。以刹车片数据为例，当时间步设置为 2 时，该数据集的数据结构为（60,2,6），如图 5-14 所示为输入的三组数据，每组数据中第一个中括号是 $t-2$ 时刻的数据；第二个中括号是 $t-1$ 时刻的数据，其包含 5 个特征值和 1 个目标值。

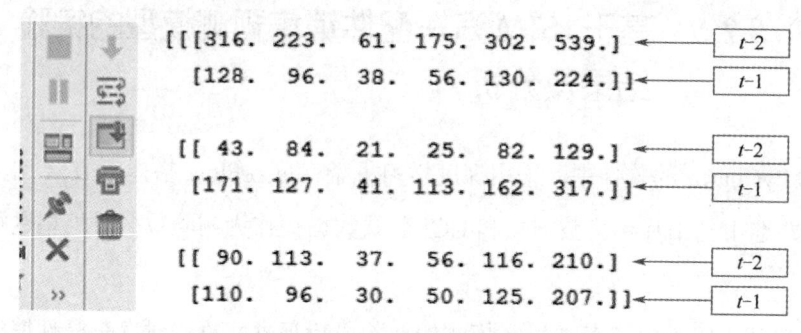

```
[[[316. 223.  61. 175. 302. 539.]   ← t-2
  [128.  96.  38.  56. 130. 224.]]  ← t-1

 [[ 43.  84.  21.  25.  82. 129.]   ← t-2
  [171. 127.  41. 113. 162. 317.]]  ← t-1

 [[ 90. 113.  37.  56. 116. 210.]   ← t-2
  [110.  96.  30.  50. 125. 207.]]  ← t-1
```

图 5-14　刹车片训练数据集输入数据

汽车配件销售数据中，样本数是固定的，数据的特征个数取决于特征抽取算法；时间步是可变的，时间步的取值不仅影响模型的复杂度，还影响模型的输入。时间步取值越大，模型的结构越复杂，输入数据的维度越大，模型的计算复杂度越高。预测结果也会随着时间步的变化而变化，在实验中取时间步长为 1 至 6，作用于汽车配件销售样本数据和 UCI 公共数据集中，以评估不同的时间步在 LSTM 预测模型中的预测效果。

5.3 基于 LSTM-SVR 预测模型的配件损坏量预测技术研究

LSTM 网络在对非线性时间序列进行预测时能取得良好效果，由于 LinearSVR 模型对线性问题能进行很好的预测，因此将 LSTM 网络与线性 SVR 模型进行结合，使模型能同时处理序列中的线性部分与非线性部分，并将两个较弱的学习器进行结合，可得到预测精度更高的模型。

5.3.1 LSTM-SVR 预测模型框架

LSTM-SVR 混合模型总体分为两个数据流向。第一个流向为：样本输入 Input，经过 LSTM 网络得到 LSTM 层的输出，并将 LSTM 层的结果作为 Dense 层输入，计算预测值与真实值的损失 L_a；第二个数据流向为：样本输入 Input，经过 LSTM 网络得到 LSTM 层的输出，由于 LSTM 网络对原始数据进行了特征提取，即经过 LSTM 网络得到的数据拥有比原始状态更丰富的数据特征。因此，将 LSTM 层的输出作为 SVR 模型的输入，经过支持向量回归模型计算损失 L_b，根据损失 L_a 与损失 L_b 得到模型的总损失 L。根据总损失 L 训练 LSTM 模型和 SVR 模型，通过调整模型参数，得到最优模型。通过以上两个数据流向可以训练模型，得到最优模型参数。在应用模型进行预测时，依然遵循以上介绍的数据流向：流程一，经过 Input、LSTM 网络、Dense 全连接层得到预测值 $\hat{y}_a$；流程二，经过 Input、LSTM 网络、SVR 模型得到预测值 $\hat{y}_b$，最后将两个预测值加权平均得到 LSTM-SVR 模型的最终预测结果 $\hat{y}$。基于 LSTM-SVR 预测模型的算法整体如图 5-15 所示。

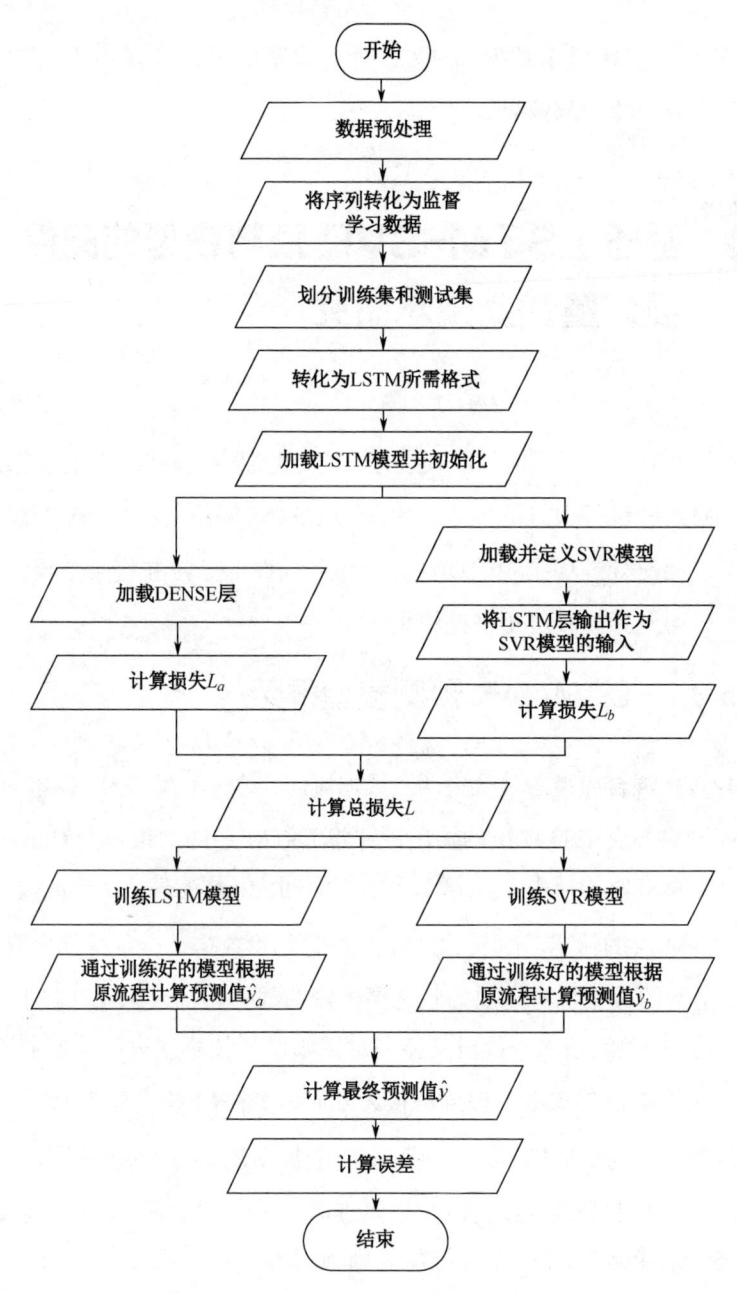

图 5-15 基于 LSTM-SVR 预测模型的算法

5.3.2 实验结果及分析

汽车配件销售数据和 UCI 公共数据的测试数据集在 LSTM 预测模型中不同时间步的实验误差结果见表 5-2 和表 5-3。

表 5-2　汽车配件销售数据在不同时间步下的实验误差

汽车配件	$t=1$	$t=2$	$t=3$	$t=4$	$t=5$	$t=6$
刹车片	3.646%	2.786%	3.945%	4.106%	4.903%	5.423%

表 5-3　UCI 公共数据集在不同时间步下的实验误差

UCI 数据集	$t=1$	$t=2$	$t=3$	$t=4$	$t=5$	$t=6$
成都 PM2.5	0.196%	0.288%	0.111%	0.180%	0.142%	0.098%
北京 PM2.5	0.102%	0.199%	0.097%	0.103%	0.112%	0.104%
广州 PM2.5	0.064%	0.073%	0.060%	0.095%	0.085%	0.121%
沈阳 PM2.5	0.279%	0.228%	0.113%	0.180%	0.154%	0.098%
上海 PM2.5	0.152%	0.693%	0.110%	0.229%	0.245%	0.095%

为了便于观察分析，将表 5-2 和表 5-3 中各数据集的误差率通过折线图进行展示。图 5-16 为 2 种汽车配件销售数据集的误差率与时间步关系折线图；图 5-17 为 UCI 公共数据集中的 5 个城市的 PM2.5 的数据集的误差率随时间步长增加的变化曲线图。

根据图 5-17 的误差率可以看出，LSTM 模型在公共数据集上实现回归预测的误差率较低。经过多个数据集的验证，说明该模型能较好地处理时间序列的预测问题。

将设置好的各个参数输入到 LSTM 预测模型中，并进行训练与测试。如图 5-18 所示为设置好参数的 LSTM 模型训练汽车配件销售数据的误差变化曲线图。从图中的变化曲线可以看出，模型训练一开始误差较大，但随着训练次数的增加，预测模型不断地从数据集中学习训练，误差逐渐降低并趋于稳定，说明该预测模型通过训练，有效地预测了汽车零配件的销量。

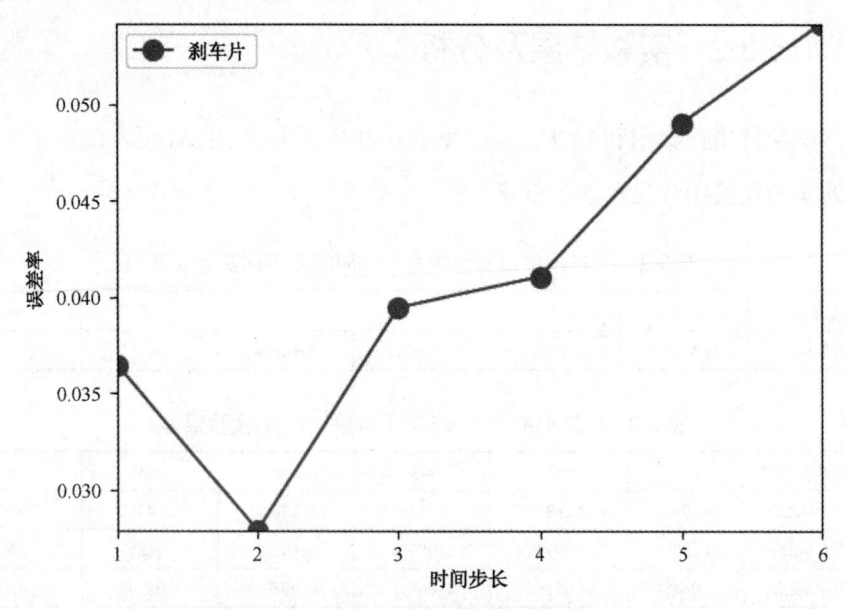

图 5-16　刹车片销售数据集误差率与时间步关系折线图

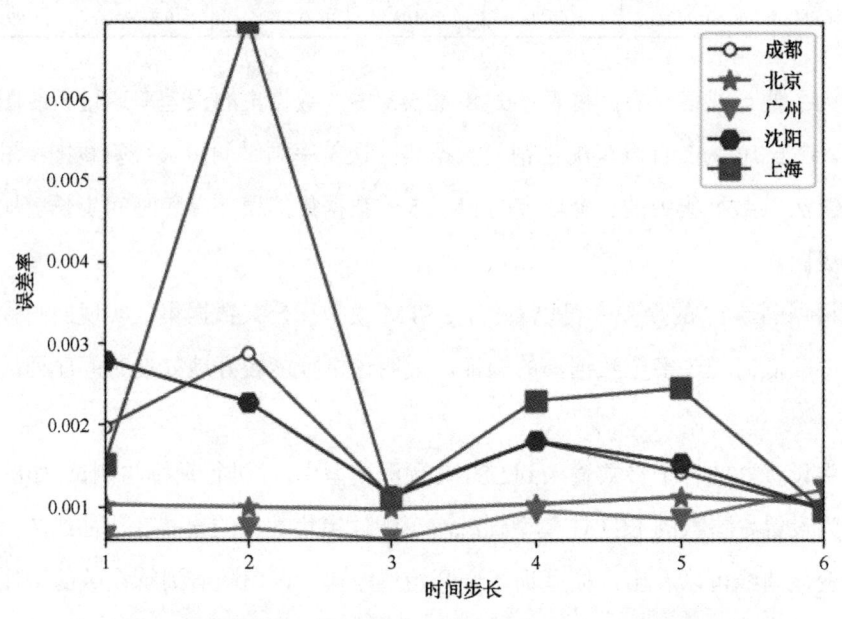

图 5-17　5 个城市 PM2.5 的数据集误差率随时间步长增加的变化曲线图

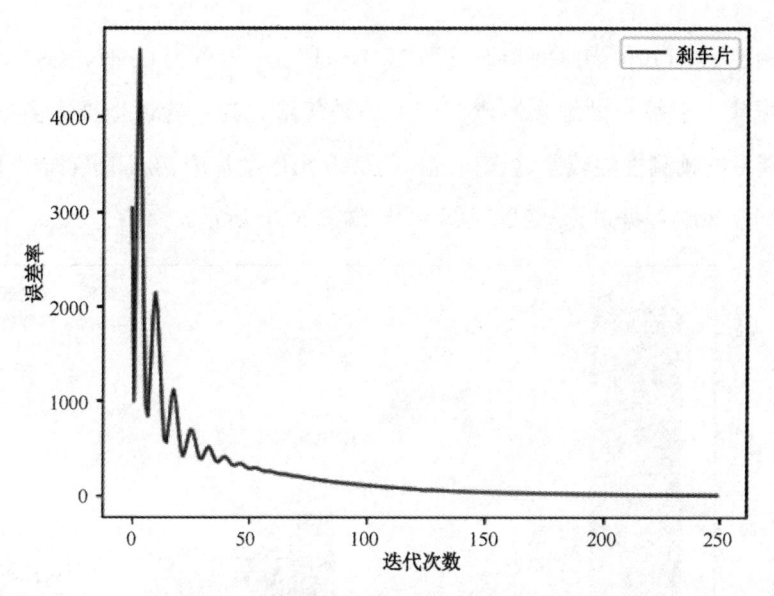

图 5-18 汽车配件销售数据的误差变化曲线图

如图 5-19 所示为 LSTM 模型在测试集上的预测值与真实值的对比情况,深色柱形为 LSTM 模型的预测值,相邻的浅色柱形为预测值所对应的真实值。

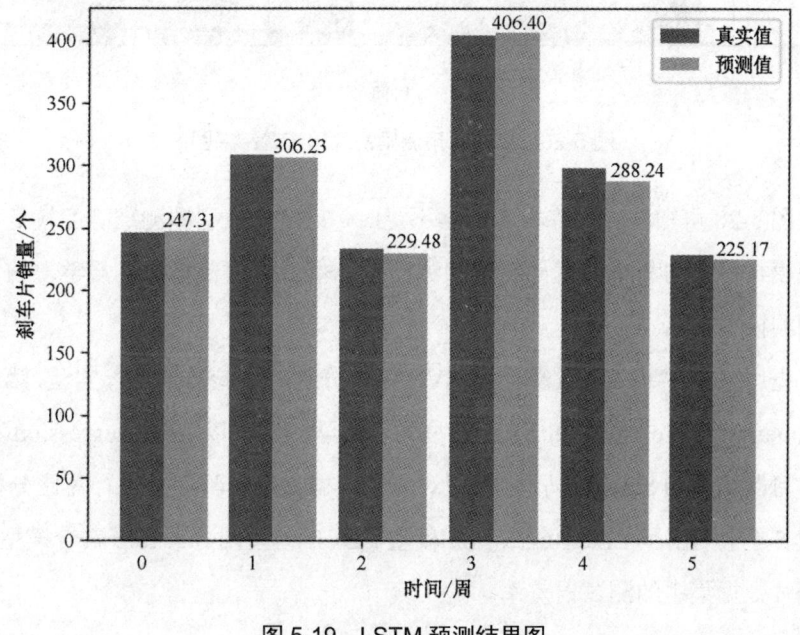

图 5-19 LSTM 预测结果图

由图 5-19 可知，当时间步设置为 2，Batch_size 设置为 60 时，LSTM 模型在测试数据集上能够有效地预测汽车配件的销售量。为了验证当样本数据不足时 LSTM 模型的预测性能较差这一情况，将 200 组雨刮片中 70%的数据用于训练该模型，剩余 30%数据进行测试，实验结果如图 5-20 所示。

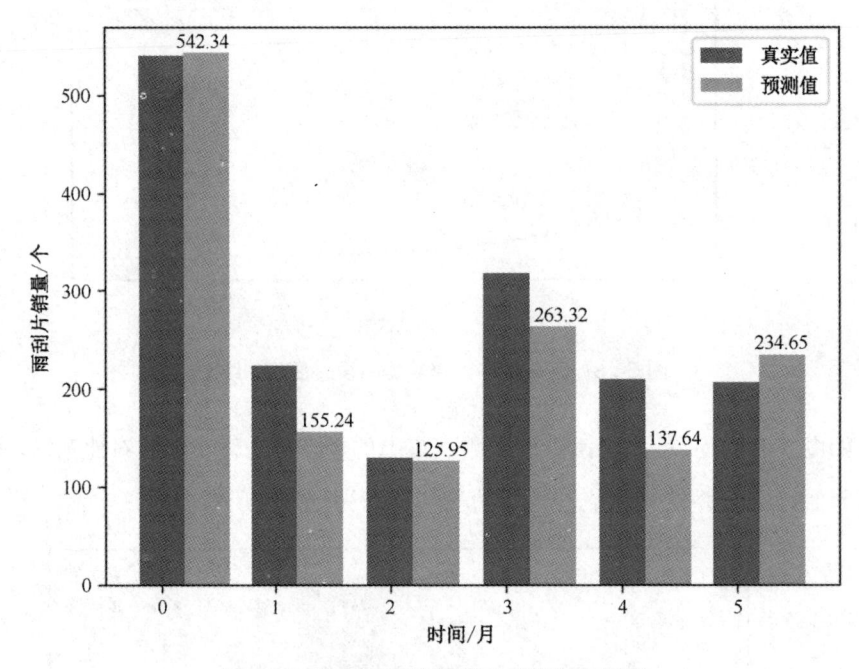

图 5-20　LSTM 预测雨刮片销售量结果图

由图 5-20 可知，当训练样本数据不足时，LSTM 模型预测准确度较低，为解决小规模数据集的汽车零配件销量预测问题，本节将构建基于机器学习的多模型融合预测模型。

首先用 LinerRegression 模型和 SVR 模型分别对实验数据进行实验，然后再使用以 LinerRegression 模型和 SVR 模型为初级学习器、以 LinerRegression 模型为高级学习器构建的 Stacking 预测模型对实验数据进行实验，并进行对比分析。

表 5-4 中列出了 LinerRegression 模型、SVR 模型及 Stacking 融合模型在 200 组雨刮片数据集中的测试误差率。

第 5 章　分布式科技资源的关联分析技术

表 5-4　不同模型的实验误差率

预测模型	实验误差率
LinerRegression 模型	20.56%
SVR 模型	23.10%
Stacking 融合模型	6.89%

LinerRegression 模型和 SVR 模型属于线性模型，而 SVR 模型可以通过核函数将低维的非线性问题映射到高维空间，处理一定的非线性问题。由表 5-4 可知，LinerRegression 模型的误差率低于 SVR 模型，说明该数据集的线性关系较为突出，但是由于其误差率较高，说明也存在一定的非线性关系。因此，Stacking 融合模型中高级学习器利用初级学习器中的 SVR 模型处理非线性关系，以初级学习器的输出作为输入，对预测目标进行进一步的拟合，有效地降低了预测误差。

如图 5-21 至图 5-23 所示分别为 LinerRegression 模型、SVR 模型和基于 LinerRegression 与 SVR 的 Stacking 模型的实验结果图。其中，图 5-21 和图 5-22 中浅色曲线表示预测值，深色曲线表示真实值；图 5-23 中，深色柱形表示预测值，浅色柱形表示真实值。

由图 5-21 和图 5-22 可知，单独采用 LinerRegression 模型和 SVR 模型对汽车配件销售数据进行预测时，虽然能够较为准确地把握住配件销量的变化趋势，但是在数值上还存在一定的误差。

如图 5-23 所示，深色柱形为基于 LinerRegression 模型和 SVR 的 Stacking 预测模型的预测值，相邻的浅色柱形为预测值所对应的真实值。与前两个模型相比，Stacking 预测模型能更准确地预测汽车配件的销量。同时，与 LSTM 模型在该数据集上的预测结果进行比较，Stacking 模型预测结果更为准确。说明在小规模样本数据中，该模型可以对汽车配件销量进行有效预测。

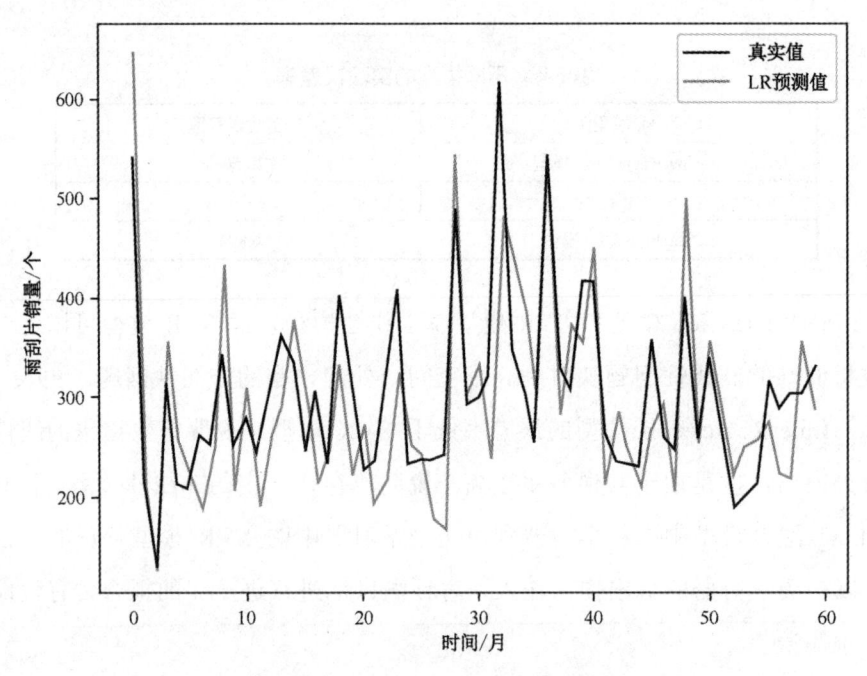

图 5-21 LinerRegression 预测结果

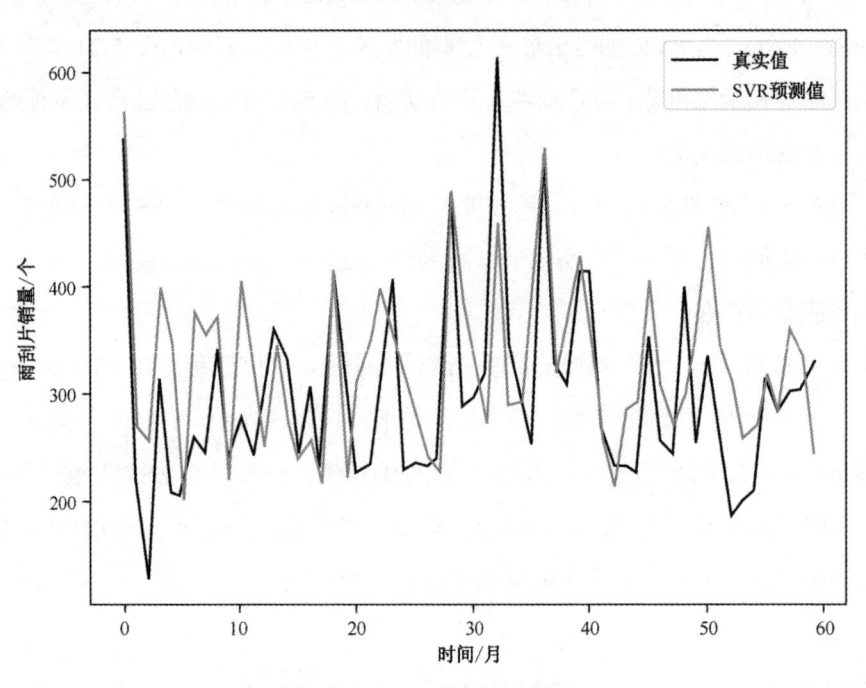

图 5-22 SVR 模型预测结果

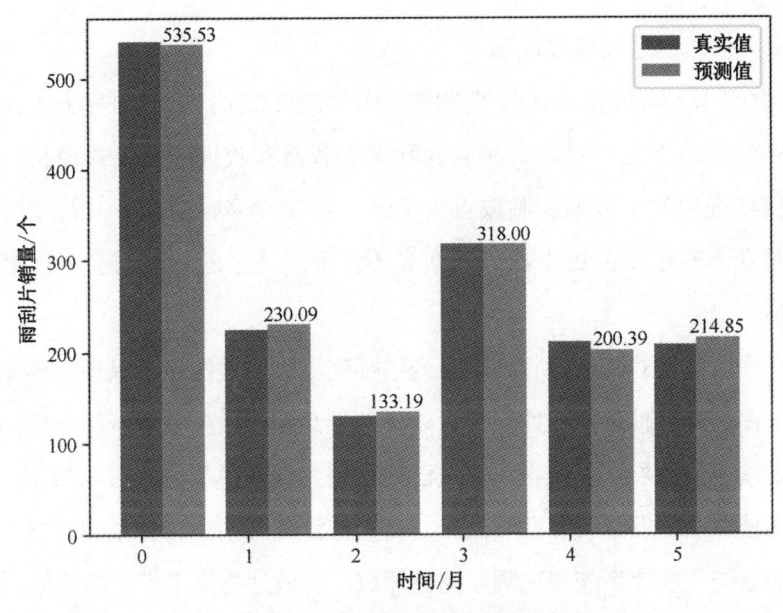

第 5 章 分布式科技资源的关联分析技术

图 5-23　Stacking 模型预测结果

5.4 基于 Filter 和 Wrapper 模式的双阶段特征抽取方法研究

　　控制零配件的合理库存量是解决汽车零配件及时供给率低下与库存积压严重问题的关键。而库存量合理与否与配件需求量具有密切相关性，即配件的库存量与市场的需求量之间的差异应满足在设定的范围内。但由于市场订单相比生产具有滞后性及市场环境具有瞬息多变性，配件需求预测的准确性成为解决以上问题的关键因素。由于过去企业针对汽车配件需求的预测存在预测模型单一、未对影响汽车配件需求量的特征进行特征抽取等问题，导致预测的准确性较低。

　　特征抽取就是从全部特征空间中抽取出部分特征，其目的是从众多特征中获得相应模型和算法最好性能的特征子集。一般来说，数据和特征决定了预测模型的上限，而参数的优化和模型的改进是为了逼近这个上限。因此，特征抽取成为国内外众多学者的主要研究课题。

20 世纪末，特征抽取逐渐受到国内外学者的关注，当时研究人员面对的数据特征空间维度不足一百维。随着互联网的普及和数据的爆发式增长，越来越多的数据特征空间维度增加到成百上千维。而在大多数情况下，对模型有用的特征只是众多特征中的极小部分，众多不相关、冗余的特征则会严重影响预测模型的性能。

特征抽取算法对特征进行抽取是为了提高模型的性能，所以预测模型的性能常被用来评估特征抽取算法的优劣。以往的预测模型主要是以统计分析为主，随着计算机技术的发展，机器学习算法已被应用到预测模型中。迄今为止，研究人员将特征抽取与机器学习算法相结合，将其广泛地应用于销售预测、自然语言处理、安保系统、医疗系统和视频监控等领域，有效地提高了模型的性能。

5.4.1 数据清洗

根据第 2 章的总体方案设计框架，本节主要完成对平台汽车配件销售原始数据的转换与处理工作。

5.4.1.1 数据的读取与转换

本节从平台数据中心 SQL Server2016 数据库中导出 .csv 格式的数据文件，使用 Python 机器学习库中的 Pandas 工具实现对数据读取工作。为了支持后续的特征抽取算法和预测模型对数据的运算，使用 Numpy 工具包对数据进行转换，将 Pandas 读取的数据转为矩阵或向量。

其中，读取操作采用 Pandas 工具包中的 read 函数，以存储在 C 盘目录下的 Auto_part 文件为例，其实现的部分关键代码如下：

```
dataset = pandas.read_csv("C:/Auto_part.csv")
```

后续无论是对数据进行特征抽取还是预测，需要对数据进行相关的运算，而 Pandas 中的 read 函数读入的数据是字符串格式。因此，可以采用 Numpy 中的 values 函数将字符串数据转换成浮点型数据，并将每行特征数据转换成特征向量，由各个特征向量组成矩阵。如图 5-24 所示为数据转换前后对比（限于篇幅，在此仅列出部分数据）。

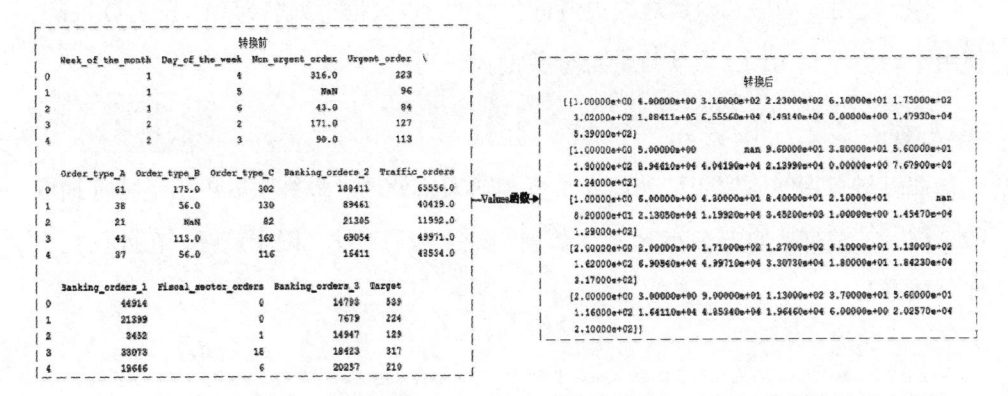

图 5-24　数据转换前后对比

5.4.1.2　异常值和缺失值处理

根据现有主流的数据清洗方法，确定了本书数据处理原则，主要有以下几种。

（1）对异常值的处理原则：将凡是与平均值之间的差距大于该特征值标准差三倍的数据视为异常数据，并统一用符号 NaN 取代该异常数据作为缺失值，然后与缺失数据一起处理。

（2）对数据缺失值的处理原则：使用众数和平均值进行处理，对特征值为连续型的特征属性，使用该列数据的平均值取代缺失值；对特征值为离散型的特征属性，使用该列数据的众数取代缺失值。对存在缺失值超过 50%的样本数据，直接删除该条样本数据。

数据处理具体方法如下。

（1）计算每列特征值的标准差和平均值，当数据与平均值之间的差距大于该特征值标准差三倍时，将该数据定义为异常数据，并使用 NaN 代替该数据；

（2）统计每一行数据，即每一条样本数据的缺失值分布，其实现的部分关键代码为：

```
loss_sum = data_arr.isnull().sum( axis = 1 );
```

（3）删除缺失数据超过 50%的样本数据，其实现的部分关键代码为：

    data_arr = data_arr.dropna (thresh = (self.columns - 1) / 2);

（4）使用平均值和众数对缺失值进行填充，以数据中列名为"Urgent_Order"，使用平均值填充为例，其实现的部分关键代码为：

    data_arr ["price"] . fillna (data_arr ["Urgent_Order"] . mean ();

通过对数据的读取与转换、异常值和缺失值处理，最终获取可用于特征抽取的全部特征数据。如图 5-25 所示为数据集处理前后对比（限于篇幅，在此仅列出部分数据）。

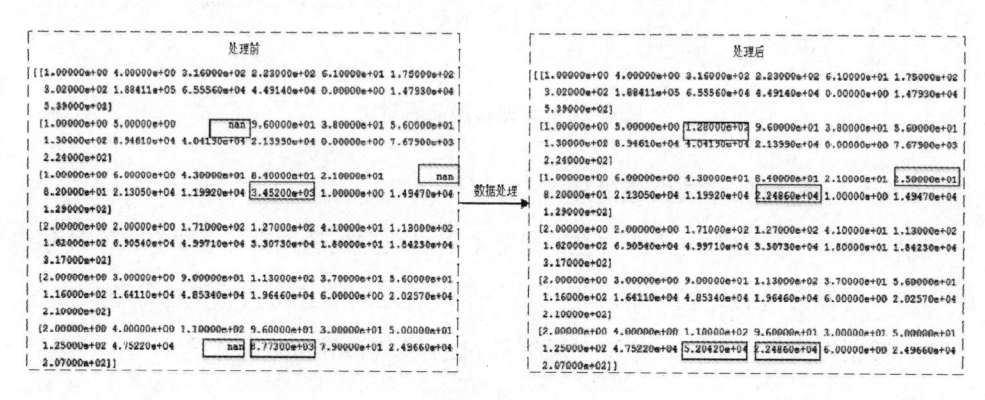

图 5-25　数据集处理前后对比

5.4.2　特征抽取方法研究

5.4.2.1　基于 Filter 模式的特征抽取方法研究

因 Filter 模式特征抽取算法与预测模型相互独立，所以在处理在线数据时具有一定的优势。该模式的特征抽取方法的基本过程是首先定义特征的评价标准，然后对各个特征进行评价，再剔除不满足要求的特征，从而完成特征抽取。根据本书的数据特点，本节重点对基于 Filter 模式的特征抽取方法中的方差法、Pearson 相关系数法和互信息法展开研究。

1. 方差法

方差法能衡量特征的发散性,通过计算每个特征的均值和方差来设定一个基础阈值,若某一特征的特征值的方差小于此基础阈值,则可认为该特征是不发散的,即代表该特征不能表示不同样本之间的差异性,应丢弃此特征;否则应保留此特征。如图 5-26 所示为方差法的特征抽取过程。

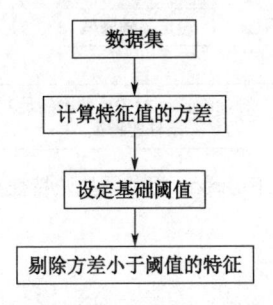

图 5-26 方差法特征抽取过程

方差法特征抽取过程大致分为计算方差、设定阈值和剔除特征三个步骤。方差法计算成本低,特征抽取效率高,但存在以下两个问题。

(1) 阈值的设定是一个先验条件,当设置的值过低时,则保留了过多低效的特征;设置的值过高时,则丢弃了过多有用的特征。

(2) 仅考虑连续型特征的发散性,没有考虑不同特征之间的冗余程度和离散型特征的作用。

2. Pearson 相关系数法

Pearson 相关系数法是评估特征之间的相关性的一种常用方法,可以衡量特征变量与目标变量的相关性,以及不同特征之间的相关性。如图 5-27 所示为 Pearson 相关系数法特征抽取过程。与方差法类似,该方法同样需要进行阈值设定,不同之处在于方差法衡量的是特征的发散性,而 Pearson 相关系数法通过计算 Pearson 相关系数衡量不同特征之间,以及特征变量与目标变量之间的相关性。但在衡量相关性时,Pearson 相关系数法主要考量的是线性相关性,无法有效地评估非线性相关性。

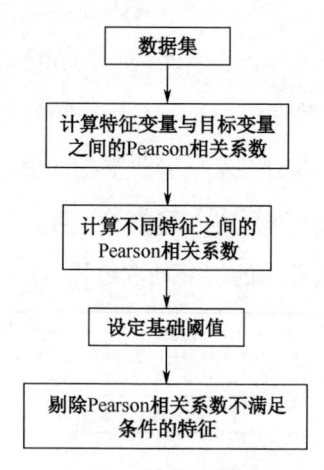

图 5-27　Pearson 相关系数法特征抽取过程

3. 互信息法

与 Pearson 相关系数法相比，互信息法考虑了两个变量之间的非线性相关性。它通过计算两个变量的互信息来衡量两个变量之间的关联程度，即在给定一个随机变量条件下，确定另一个随机变量不确定性的削弱程度。互信息的取值最小为零，意味着给定的随机变量对于确定另一个随机变量没有关系；最大取值为随机变量的熵，意味着给定的随机变量能完全消除另一个随机变量的不确定性。互信息的计算公式为：

$$I(X,Y) = \sum_{x \in X} \sum_{y \in Y} p(x,y) \lg \frac{p(x,y)}{p(x)p(y)}$$

其中，X，Y 分别为 x，y 的可能取值集合，$p(x)$ 为 X 取值为 x 的概率，$p(y)$ 为 Y 取值为 y 的概率，$p(x,y)$ 是 X 取 x，Y 取 y 的联合概率。

互信息法的特征抽取过程与 Pearson 相关系数法相似，区别在于互信息法利用信息熵的方式衡量不同特征之间及特征变量与目标变量之间的相关性，克服了 Pearson 计算相关性的缺陷。但与方差法、Pearson 相关系数法相比，互信息法计算复杂度较高。

综上，基于 Filter 模式的特征抽取方法具有以下几个特点。

(1) 特征抽取过程简单，计算复杂度低，特征抽取效率高。

(2) 该模式的特征抽取算法与预测模型相互独立，具有较强的普适性，但因抽取的特征子集没有在预测模型中进行测试，导致抽取的特征子集在部分预测模型中表现欠佳。

(3) 内部依赖性特征可能被当作不发散特征或冗余特征剔除。该模式仅考虑单一特征的影响，由于单一特征对预测模型性能提升有限，多特征组合能极大地提高预测模型的性能，因此，内部依赖性特征被剔除也将影响预测模型的结果。

(4) 无法有效衡量离散型特征的作用。方差法、Pearson 相关系数法等方法的计算主要是针对连续型特征，无法对离散型特征做出有效的判断。

5.4.2.2　基于 Wrapper 模式的特征抽取方法研究

与 Filter 模式的特征抽取算法不同，基于 Wrapper 模式的特征抽取算法与预测模型并非相互独立。该模式的特征抽取算法每完成一次特征子集的搜索，都需要用于预测模型的训练，并以预测模型的预测结果作为特征子集的评价标准。

该模式下的特征抽取过程包括以下五个步骤。

步骤 1：数据集导入。

步骤 2：定义特征子集的搜索策略和搜索特征子集的终止条件。

步骤 3：搜索特征子集。

步骤 4：使用预测模型评估搜索的特征子集，并与其他特征子集进行对比，保留最优的特征子集。

步骤 5：判断是否满足终止条件，满足则终止搜索特征子集，输出在预测模型中性能表现最优的特征子集；否则执行步骤 3，继续搜索特征子集。

因此，基于 Wrapper 模式的特征抽取算法必须定义以下三个内容，即如何搜索候选特征子集，如何根据预测模型的预测性能终止特征子集的搜索过程，以及定义使用的预测模型。

（1）最优候选特征子集的获取。如何从给定的特征空间搜索出最优的特征子集，最直接的方式是遍历所有特征子集，但考虑计算复杂度等因素的影响，该方法并不可行。由此，众多启发式搜索方法被广泛地应用于特征子集的搜索，如随机搜索、顺序前向搜索、顺序后向搜索等启发式搜索方法。其中，顺序前向搜索方法和顺序后向搜索方法虽然能有效地降低特征子集搜索的计算复杂度，但都不能保证搜索的结果最优；虽然随机搜索在一定程度上可以避免该问题，但随机搜索的计算复杂度主要取决于搜索特征子集的终止条件，终止条件越严苛，随机搜索的计算复杂度越高。

（2）搜索终止条件的确定。定义搜索特征子集的终止条件一般分为定义条件停止控制参数和定义预测模型的预测目标两种。其中，定义条件停止控制参数的基本思想是定义一个停止参数，假设为 N，当搜索的特征子集优于接下来 N 次搜索的特征子集，则终止搜索特征子集；定义预测模型的预测目标的基本思想是以分类模型的查准率、查全率、$F1$ 系数等或者回归模型的误差百分比、均方差等为预测目标的。当搜索出的特征子集在预测模型中满足预测模型的预定目标，则停止搜索特征子集。在对预测模型精度要求不高时，以预测目标作为终止条件能降低计算复杂度。

（3）定义使用的预测模型。基于 Wrapper 模式的特征抽取算法不限制预测模型的使用，可用于支持向量机、蚁群算法、神经网络等预测模型。

相比 Filter 模式，基于 Wrapper 模式的特征抽取算法还具有以下两个特点。

（1）由于每次搜索的特征子集都需要与预测模型训练进行结合，并根据预测模型的预测结果评估特征子集的优劣，因此计算复杂度较高。

（2）受计算成本等因素影响而无法枚举所有特征子集，启发式搜索算法搜索的特征子集并不能保证结果最优，但因其每抽取一次特征子集均使用了预测模型对特征子集进行评估，所以大多数情况下，启发式搜索的特征子集都优于 Filter 模式抽取的特征子集。

5.4.3 基于 Filter 和 Wrapper 模式的双阶段特征抽取方法

基于 Filter 模式的特征抽取算法效率高，但只考虑单一连续型特征的影响；而基于 Wrapper 模式的特征抽取算法虽考虑了组合特征的影响，但计算复杂度高。根据本书所引用销售业务数据特点，在同时考虑连续特征的发散性和相关性、离散特征和组合特征几个方面的影响，为了提高特征抽取的效率，结合两种模式特征抽取方法的优缺点，提出基于 Filter 和 Wrapper 模式的双阶段特征抽取方法。本节重点对该方法的总体思路、方法设计及实现进行阐述。

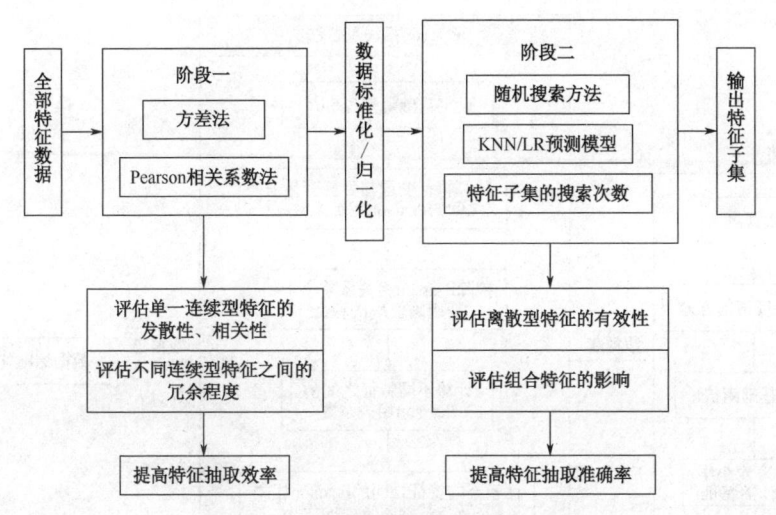

5.4.3.1 双阶段特征抽取方法总体思路

如图 5-28 所示为基于 Filter 和 Wrapper 模式的双阶段特征抽取方法的总体思路。

图 5-28 双阶段特征抽取方法总体思路

第一阶段：基于 Filter 模式特征抽取算法用于提高特征抽取效率。该阶段的特征抽取方法采用方差法和 Pearson 相关系数法相结合的方式，用于评估单一连续型特征的发散性、相关性及不同连续型特征之间的冗余程度，进而完成对特征的初步抽取，减少特征个数，提高特征抽取效率。特征与预测目标之间的非线性相关性在第二阶段处理。

第二阶段：基于 Wrapper 模式的特征抽取方法用于提高特征抽取准确率。该阶段通过定义三个内容获取特征子集，这三个内容分别为：特征子集搜索方法采用随机搜索方法；预测模型采用 K-近邻算法和线性回归模型分别作为分类模型和回归模型；特征子集的搜索次数为特征子集搜索的终止条件。过程中能够评估离散特征的有效性及组合特征的影响，并且能衡量特征与预测目标之间的非线性相关性。

5.4.3.2 双阶段特征抽取方法设计

1. 第一阶段特征抽取方法设计

根据双阶段特征抽取方法的总体思路，对第一阶段特征抽取方法进行设计，其抽取原理如图 5-29 所示。

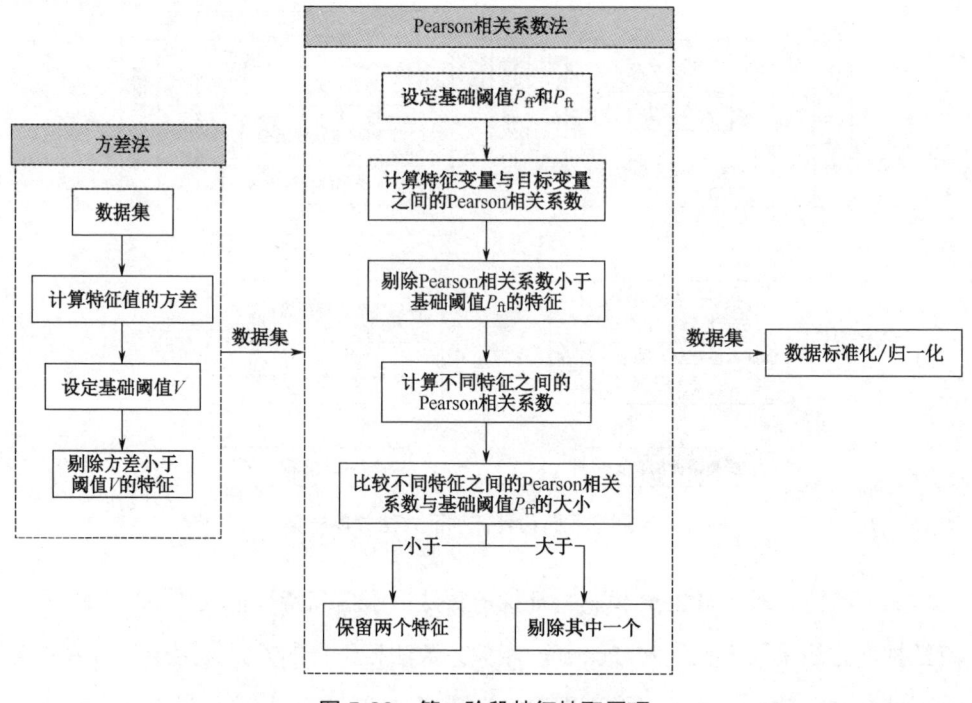

图 5-29 第一阶段特征抽取原理

第 5 章 分布式科技资源的关联分析技术

如图 5-29 所示,该阶段的特征抽取采用方差法和 Pearson 相关系数法相结合的方法进行特征抽取,具体抽取原理及过程如下。

(1)方差法剔除不发散特征:计算各个特征数据的方差,设定基础阈值 V,剔除方差小于基础阈值 V 的特征。方差计算公式如下。

$$u_x = \frac{\sum_{i=1}^{n} X_i}{n}$$

$$S^2 = \frac{\sum_{i=1}^{n}(X_i - u_x)^2}{n}$$

其中,u_x 表示特征的平均值,n 表示数据样本个数,S^2 表示特征的方差。

(2)Pearson 相关系数法阈值设定:设定两个基础阈值,一个为衡量特征变量与目标变量之间相关性的阈值 P_{ft},另一个为衡量不同特征之间相关性的阈值 P_{ff}。

(3)剔除不相关特征:计算特征变量与目标变量之间的 Pearson 相关系数,剔除 Pearson 相关系数小于基础阈值 V_{ft} 的特征。Pearson 相关系数计算公式如下。

$$\text{cov}(X,Y) = \frac{\sum_{i=1}^{n}(X_i - u_x)(Y_i - u_y)}{n-1}$$

$$P_{X,Y} = \frac{\text{cov}(X,Y)}{\theta_X \theta_Y}$$

其中,$\text{cov}(X,Y)$ 表示特征变量 X 与目标变量 Y 的协方差;u_x 和 u_y 分别为特征变量 X 和目标变量 Y 的均值,P_X 和 P_Y 表示特征变量 X 与目标变量 Y 的 Pearson 相关系数;θ_X 和 θ_Y 分别表示特征变量 X 与目标变量 Y 的标准差。

(4)剔除冗余特征:计算不同特征之间的 Pearson 相关系数,如果该系数大于基础阈值 P_{ff},则认为两个特征的冗余程度过高,应剔除其中一个特征,否则应保留两个特征。

(5)减少不同特征的数据量级差异:通过方差法和 Pearson 相关系数法抽取出初步的数据集,为了减少不同特征的数据量级差异,对该数据集进行标准化或归一化处理,为第二阶段特征抽取奠定基础。

2. 第二阶段特征抽取方法设计

该阶段对第一阶段特征抽取后的剩余特征进行进一步的筛选和剔除，其抽取原理如图 5-30 所示。该阶段重点围绕基于随机搜索方法的特征子集搜索，以 K-近邻算法和线性回归模型分别作为分类模型和回归模型训练特征子集，以及采用算法过拟合等进行设计，其原理及过程如下。

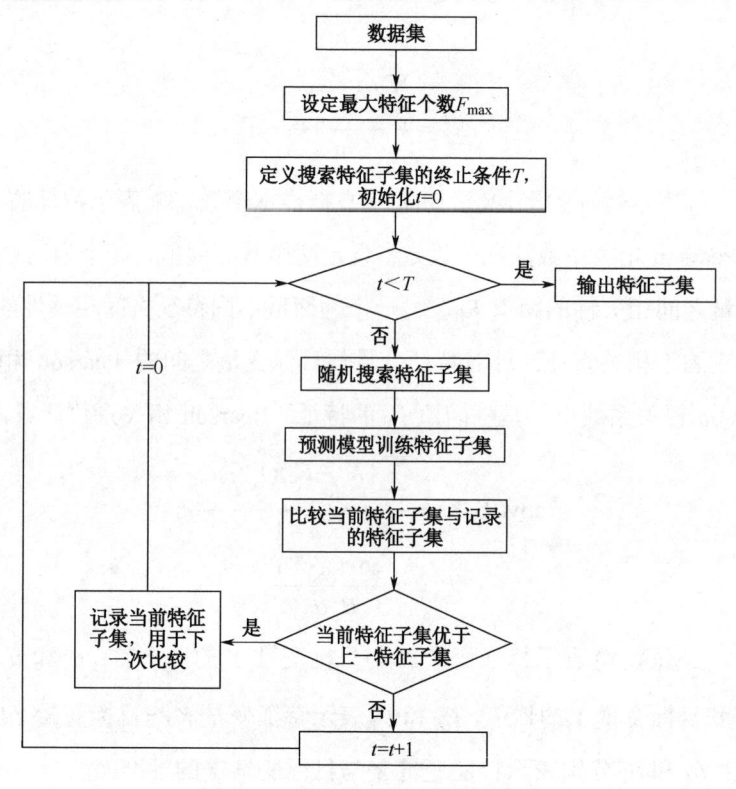

图 5-30 第二阶段特征抽取原理

（1）避免出现过拟合的设计：为了避免算法过拟合情况，设定搜索的特征子集的最大特征个数 F_{max}。根据对相关现有文献研究的分析总结，当特征空间的特征个数大于 100 时，最大特征个数设置为 30；当特征空间的特征个数不足 100 时，最大特征个数设置为总特征个数的 $\frac{1}{2}$ 到 $\frac{1}{3}$ 之间的数。

（2）控制计算成本的设计：定义搜索特征子集的终止条件为时间 T，当搜索

第 5 章 分布式科技资源的关联分析技术

时间 t 等于 T 时,则停止搜索特征子集,训练多次获取最优的特征子集。

(3)特征子集搜索方法设计:由于遍历所有特征子集的计算复杂度极高并不现实,根据对现有方法的研究分析,可采用启发式搜索方法中的随机搜索方法作为特征子集的搜索方法。

(4)支持特征子集评估的预测模型设计:由于基于 Wrapper 模式的特征抽取方法对支持特征子集评估的预测模型并无特殊要求,本阶段预测模型采用 K-近邻算法和线性回归模型分别作为分类模型和回归模型支持特征子集评估。

为了设置合适的特征子集搜索的条件停止参数,这个问题可以通过与第一阶段特征抽取方法相结合的方式来解决,随后会对这部分内容进行阐述。

3. 双阶段融合

在分别对第一、第二阶段抽取方法进行设计的基础上,对两阶段融合方法的设计原理进行详细阐述,双阶段融合的特征抽取原理如图 5-31 所示。

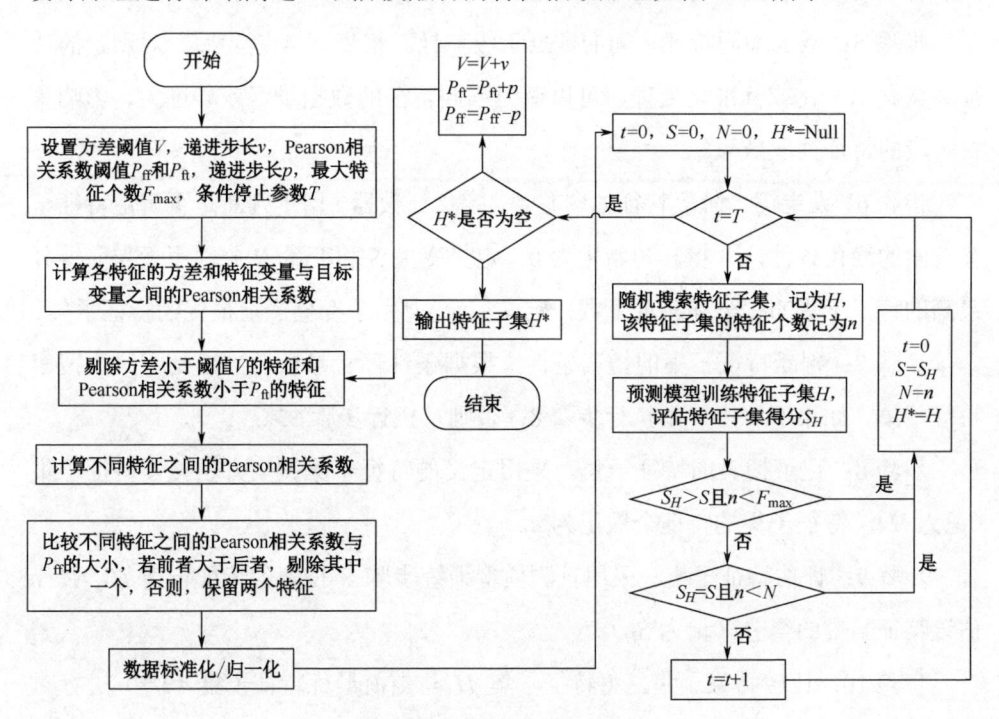

图 5-31 双阶段特征抽取原理

其具体步骤如下。

步骤1：设置第一阶段特征抽取参数。设置方差阈值 V、方差阈值递进步长 v、Pearson 相关系数阈值 P_{ff} 和 P_{ft}、Pearson 相关系数递进步长 p、最大特征个数 F_{max}、条件停止参数 T。

步骤2：剔除不发散特征。计算各个特征值的方差，并与方差阈值进行对比，将方差小于方差阈值 V 的特征作为不发散特征剔除。

步骤3：剔除不相关特征。计算各个特征变量与目标变量之间的 Pearson 相关系数 p_{ft}，并与阈值 P_{ft} 对比，将 p_{ft} 小于阈值 P_{ft} 的特征当作不相关特征剔除。

步骤4：剔除冗余特征。计算两两特征之间的 Pearson 相关系数 p_{ff}，并与阈值 P_{ff} 进行比较。若两个特征之间的 Pearson 相关系数大于 P_{ff}，则根据步骤3计算的特征与预测目标之间的 Pearson 相关系数 p_{ft}，将两个特征中 p_{ft} 较小的特征视为冗余特征剔除；若两个特征之间的 Pearson 相关系数小于 P_{ff}，则不进行剔除。

步骤5：减少不同特征之间的数据量级差异。将步骤4剔除后，对剩余的特征数据做归一化或标准化处理，可以避免不同特征的数据量级差异过大，影响第二阶段的特征抽取效果。

步骤6：设定第二阶段特征抽取参数。定义计数器 t 用于判断是否满足特征子集搜索的终止条件，并将其初始化为0；定义变量 S 和变量 N 分别用于当前得分最高的特征子集的得分和特征个数；定义集合 H^* 用于存储当前最优的特征子集。

步骤7：判断特征子集的搜索条件。根据条件停止参数，判断是否终止搜索特征子集。如果不终止，则执行步骤8；否则，执行步骤13。

步骤8：记录搜索的特征子集。采用定义的特征子集搜索方法搜索特征子集（记为 H），特征子集的特征个数记为 n。

步骤9：评估特征子集。采用预测模型训练步骤8搜索的特征子集 H，并评估该特征子集的得分（记为 S_H）。

步骤10：比较特征子集。将特征子集 H 与当前最优特征子集（H^*）进行对比，如果特征子集 H 的得分（S_H）高于特征子集 H^* 的得分（S），且特征子集 H

的特征个数（n）小于最大特征个数（F_{max}），则认为特征子集 H 优于特征子集 H^*，执行步骤 12；否则，执行步骤 11。

步骤 11：比较特征子集。将特征子集 H 和特征子集 H^* 进行对比，如果特征子集 H 的得分（S_H）等于特征子集 H^* 的得分（S），且特征子集 H 的特征个数（n）小于特征子集 H^* 的特征个数（N），则认为特征子集 H 优于特征子集 H^*，执行步骤 12；否则，计数器递增（$t = t + 1$），执行步骤 7。

步骤 12：更新参数。计数器 t 重置为 0，特征子集 H 取代当前最优特征子集 H^*，并将特征子集 H 的得分（S_H）和特征个数（n）赋值给特征子集 H^* 的得分（S）和特征个数（N）。

步骤 13：判断特征抽取算法的特征抽取结果。判断特征子集 H^* 是否是空集，如果不为空集，则输出特征子集 H^*；如果为空集，则调整阈值（$V = V + v$，$P_{ft} = P_{ft} + p$，$P_{ff} = P_{ff} - p$），执行步骤 2。

以上为本节设计的基于 Filter 和 Wrapper 模式的特征抽取方法的原理，在步骤 13 中需要判断输出的特征子集 H^* 是否为空集，出现空集的原因有两个：一是特征空间中特征过多，存在众多不相关特征和冗余特征；二是条件停止参数设置不合理。本节设计的特征抽取方法通过改变第一阶段的阈值，减少特征空间的特征个数，解决输出特征子集为空集的问题。

综上，基于 Filter 和 Wrapper 模式的双阶段特征抽取方法具有以下特点。

（1）第二阶段采用包裹式特征抽取方法有效地解决了方差法和 Pearson 相关系数法只考虑单一连续型特征的问题。

（2）由于第二阶段对第一阶段抽取后的特征做进一步处理，所以执行第一阶段特征抽取时，阈值设定比较保守，可以降低在第一阶段特征抽取过程中将内部依赖性特征当作冗余特征剔除的可能性，提高预测模型的性能。

（3）第一阶段采用方差法和 Pearson 相关系数法对特征进行初步抽取、剔除，减少特征空间的特征个数，进而减少了特征子集的个数，提高第二阶段特征抽取的效率。由于采用包裹式特征抽取方法容易出现过拟合的情况，所以设计第二阶段特征抽取方法时，可以设定特征子集的最大特征个数，以减少出现过拟合的情况。

5.4.4 双阶段特征抽取方法实现

根据对基于 Filter 和 Wrapper 模式的双阶段特征抽取方法的原理分析，本节将对该特征抽取方法的实现过程进行阐述。

5.4.4.1 第一阶段特征抽取方法实现

第一阶段特征抽取算法包括方差法和 Pearson 相关系数法，第一阶段阈值的设置是先验条件，设置不合理则会出现丢弃过多有用特征或者保留过多不相关冗余特征的情况。为了避免第一阶段将有用的特征剔除，影响第二阶段的特征抽取效果，第一阶段设定的方差阈值 V 和特征变量与目标变量之间相关性阈值 P_{ft} 不宜过大，而不同特征之间的相关性阈值 P_{ff} 不宜太小。经过对本文数据的分析及反复测试，将阈值 V 设置为 10，递进步长为 1；阈值 P_{ft} 设置为 0.1，递进步长为 0.01；阈值 P_{ff} 设置为 0.9，递进步长为 0.01。

方差特征抽取算法主要用于剔除不发散的特征，方差特征抽取算法执行过程如下。

输入：原始数据（已完成数据清洗）

输出：剔除不发散特征后的数据

Step1：遍历计算每一个特征数据的方差值。

Step2：定义一个空数组，遍历存储每个特征数据的方差值，遍历完成后将数组转化为 Numpy 的矩阵形式，该矩阵的方差值与原始的特征数据一一对应。

Step3：定义方差阈值，然后遍历 Step2 中的方差值矩阵，当方差值小于设定阈值时，剔除该方差值所对应的特征数据。遍历完成后，返回剔除掉不发散特征后的特征数据。

Pearson 相关系数法主要用于剔除冗余特征和不相关特征，该特征抽取算法的

执行过程如下。

输入：经过方差特征抽取后的特征数据

输出：剔除冗余特征和不相关特征后的数据

Step1：定义计算 Pearson 相关系数的计算公式。

Step2：遍历计算输入的特征数据与预测目标值之间的相关性，定义一个数组存储各个特征与预测目标值之间的 Pearson 相关系数，遍历完成后，将该数组转化为 Numpy 的矩阵形式，该矩阵的相关系数与输入的特征数据一一对应。

Step3：定义相关性阈值，遍历存储 Pearson 相关系数的矩阵，当相关系数小于设定阈值时，剔除该系数所对应的特征数据。遍历完成后，返回剔除不相关特征后的数据集。

Step4：循环遍历 Step3 返回的数据集，计算两两特征数据之间的 Pearson 相关系数，当该系数大于设定的相关性阈值时，剔除其中一个特征数据，返回新的特征数据集。循环遍历完成后，返回剔除冗余特征后的数据集，即进行第一阶段特征抽取后返回的数据集。

5.4.4.2 第二阶段特征抽取方法实现

第二阶段特征抽取方法采用包裹式特征抽取算法，根据第二阶段特征抽取方法的原理与本书所引用数据的特点做如下定义。

（1）定义最大特征子集个数：由于本书所引用数据集中包含 13 个特征属性，若将特征个数设置为总特征个数的 $\frac{1}{3}$，则可能因为特征个数的限制而丢弃某些有效的特征，所以设置的最大特征个数为总特征个数的 $\frac{1}{2}$，即 7 个。

（2）定义特征子集搜索的终止条件：考虑数据特点和计算成本，设置的条件停止参数为 100，即当搜索的特征子集连续优于接下来搜索的 100 个特征子集，则停止搜索。

（3）定义预测模型评估特征子集：由于数据集既有回归预测问题，也有分类预测问题，定义 K-近邻（KNN）算法和线性回归算法（LR）作为分类预测模型和回归预测模型，用于评估特征子集的优劣。

第二阶段特征抽取算法执行过程如下。

输入：第一阶段特征抽取完成后的数据集

输出：空集或特征抽取完成后的特征数据集

Step1：将输入的数据集进行一次转置。

Step2：定义两个空矩阵，一个存储随机搜索算法搜索的特征子集，另一个存储预测模型中预测效果最好的特征子集。

Step3：定义随机搜索算法搜索特征子集。

Step4：将搜索的特征数据划分成训练集和测试集，定义预测模型。

Step5：用训练集训练预测模型，并用测试集评估当前特征子集的优劣，当该特征子集性能表现最好且特征子集个数满足要求时，将其存储于 Step2 定义的矩阵中。

Step6：判断存储最优特征子集的矩阵是否为空集，如果为空集，则调整第一阶段特征抽取的参数再次进行特征抽取；如果为非空集，输出矩阵中存储的最优特征子集。

▶ 5.4.5　实验结果与分析

为了验证基于 Filter 和 Wrapper 模式的双阶段特征抽取算法的性能，将其与 mRMR 和 ReliefF 两种经典的特征抽取算法进行比较，并在 UCI 公共数据集上进行实验对比分析。

5.4.5.1　实验数据集及实验设置

采用 8 个来自 UCI 机器学习库中特征个数均和样本个数不同的公共测试集，全面地验证双阶段特征抽取算法的有效性。这些数据集常被用来比较机器学习算法或特征抽取算法的性能。表 5-5 列出了 8 个测试数据集的数据集名称、类别

第 5 章　分布式科技资源的关联分析技术

个数、样本个数和特征个数，与样本数据相关的详细描述可参考 UCI 机器学习库网站。

表 5-5　实验测试数据集

序号	数据集名称	样本个数	特征个数	类别属性个数
1	Glass	214	9	7
2	Lymphography	148	18	4
3	Spectf	267	44	2
4	Muli-feature zer	2 000	47	10
5	Musk(Version 2)	6 598	166	2
6	Muli-feature fac	2 000	216	10
7	Muli-feature pixel	2 000	240	10
8	Arrhythmia	452	279	16

这些测试数据集来自不同领域，包括计算机科学、生物医学和生命科学等领域，其包含了不同数量的特征个数、样本个数和类别属性个数，其中，样本个数在 148 和 6 598 之间，特征维度从 9 维到 279 维之间不等。这些数据包含不同类别属性个数，包括了二分类问题和多分类问题。由于这些测试数据集具有多元性，所以它们能在一定程度上验证特征抽取算法在处理不同数据集时的性能。

针对分类问题的数据集，分类准确度通常被作为特征子集性能的评价标准，为了更好地比较不同特征抽取算法的性能，采用分类学习算法对各个特征抽取算法所抽取的特征进行分类训练，获得其分类性能。同时为了避免因单个分类器在某种特征抽取算法上有所偏好而导致影响性能比较，采用 3 种不同类型的分类学习算法分别比较特征抽取算法的性能，即最近邻算法、朴素贝叶斯算法和支持向量机算法，这样可以更全面地验证特征抽取算法的性能。在实验中，实验平台采用 Python 的机器学习库 Scikit-learn，各分类算法的参数均为 Scikit-learn 的默认值。

为了得到比较可靠的分类性能，实验采用 5 次 5 折交叉验证的方式。5 折交叉验证就是将数据集分成 5 份，轮流将其中 4 份作为训练集，另 1 份作为测试集。

每次实验获得相应的分类准确率，将 5 次实验的结果的平均值作为评价特征抽取算法性能的评价标准。

5.4.5.2 实验方法及评估标准

根据现有的研究文献可知，特征抽取算法抽取的特征子集在分类模型中的分类准确率可以用来评估特征抽取算法的性能。为了更加系统地比较特征抽取算法的性能，本文定义 Ave、AvF 和 AEV 作为特征抽取算法的评估标准，Ave 表示特征抽取算法在各个数据集中抽取出的特征子集在分类模型中的分类准确率的平均值；AvF 表示特征抽取算法在各个数据集中抽取出的特征个数的平均值；AEV 表示特征抽取算法的平均效率，其计算公式为：

$$AEV = \frac{Ave}{AvF}$$

实验中，选用 mRMR 和 ReliefF 两种经典的基于 Filter 模式的特征抽取算法与本算法进行比较。mRMR 算法的核心思想是衡量特征变量与预测目标的最大相关性和不同特征之间的最小冗余程度，这与本节设计的特征抽取算法的思想是一致的。而 ReliefF 是多分类问题中特征抽取算法的代表，所以本节选择与这两种算法进行对比。鉴于本节在设计特征抽取算法时限制了特征子集的最高维度，所以在实验中对其他特征抽取算法也做了相同的限制。针对特征子集维度的限制主要是参照业界对不同特征中有效特征个数的讨论。

5.4.5.3 实验结果与分析

表 5-6、表 5-7 和表 5-8 分别是上述 8 个公共数据集采用最近邻算法、朴素贝叶斯和支持向量机这三种分类学习算法在使用不同特征抽取算法前后的分类结果。其中，特征抽取前所在列的数据表示在没有使用特征抽取算法前，仅最近邻算法、朴素贝叶斯算法和支持向量机算法这三种分类学习算法的分类准确率；表中粗体字表示该特征抽取算法抽取的特征子集在对应数据集中的分类准确率是最高的。以表 5-6 中的 Glass 数据集为例，该数据集在经过双阶段特征抽取后，其特征子集在最近邻分类器中的分类准确率为 78.49%，而其他两种特征算法特征抽取后，其准确率均仅为 69.92%。

表 5-6 特征抽取算法在最近邻算法分类器中的分类性能比较

数据集名称	特征抽取前	双阶段特征抽取	mRMR	ReliefF
Glass	79.90%	**78.49%**	69.92%	69.92%
Lymphography	83.78%	80.10%	**81.95%**	78.00%
Spectf	82.89%	**85.91%**	**85.91%**	85.51%
Muli-feature zer	71.20%	**67.98%**	64.95%	67.30%
Musk(Version 2)	90.89%	94.50%	95.76%	**96.01%**
Muli-feature fac	95.60%	**93.22%**	92.15%	86.50%
Muli-feature pixel	96.15%	**87.63%**	83.60%	77.40%
Arrhythmia	68.80%	71.80%	**71.88%**	71.20

表 5-7 特征抽取算法在朴素贝叶斯算法分类器中的分类性能比较

数据集名称	特征抽取前	双阶段特征抽取	mRMR	ReliefF
Glass	74.29%	**73.62%**	71.88%	71.64%
Lymphography	83.78%	**84.25%**	80.64%	78.47%
Spectf	79.55%	**85.91%**	85.91%	81.77%
Muli-feature zer	74.30%	**69.48%**	66.90%	68.10%
Musk(Version 2)	91.47%	91.86%	**92.51%**	89.00%
Muli-feature fac	93.65%	**93.80%**	91.10%	83.85%
Muli-feature pixel	93.30%	**85.35%**	79.55%	72.95%
Arrhythmia	75.00%	**76.48%**	69.79%	56.90%

表 5-8 特征抽取算法在支持向量机算法分类器中的分类性能比较

数据集名称	特征抽取前	双阶段特征抽取	mRMR	ReliefF
Glass	66.82%	67.81%	**69.27%**	**69.27%**
Lymphography	79.05%	**79.28%**	75.69%	79.25%
Spectf	79.55%	**87.02%**	86.61%	85.50%
Muli-feature zer	81.40%	**80.55%**	75.95%	77.35%
Musk(Version 2)	77.16%	**95.34%**	95.21%	94.92%
Muli-feature fac	97.65%	**97.68%**	95.75%	94.95%
Muli-feature pixel	94.80%	**89.80%**	88.30%	81.95%
Arrhythmia	59.51%	**75.71%**	75.00%	73.68%

为了更加直观地比较不同特征抽取算法的性能，表 5-9 对不同特征抽取算法进行了 Win/Draw/Loss 比较。Win、Draw 和 Loss 分别表示双阶段特征抽取算法抽

取的特征子集在同一分类模型中的分类准确率高于、等于和低于其他特征抽取算法抽取的特征子集。例如，第三行第三列的"6/1/1"表示在朴素贝叶斯算法中，双阶段特征抽取算法在6个数据集上抽取的特征子集在朴素贝叶斯分类模型中的分类准确率高于mRMR，在1个数据集上两者的分类准确率一样，而mRMR特征抽取算法仅在1个数据集上的分类准确率高于双阶段特征抽取算法。

表5-9 特征抽取算法的Win/Draw/Loss比较

分类模型	特征抽取算法	mRMR	ReliefF
最近邻算法	双阶段特征抽取算法	4/1/3	7/0/1
朴素贝叶斯算法		6/1/1	8/0/0
支持向量机算法		7/0/1	7/0/1

通过对表5-9中的数据分析可知，在50%以上的数据集中，无论采用最近邻算法、朴素贝叶斯算法和支持向量机算法三种分类模型中的哪一个，双阶段特征抽取算法在分类模型中的准确率优于mRMR和ReliefF特征抽取算法。而在个别数据集中，mRMR和ReliefF特征抽取算法的性能优于双阶段特征抽取算法，因为这两种算法属于过滤式特征抽取算法，当数据集中的特征不受组合特征的影响且参数设置合理的情况下，其性能有可能优于双阶段特征抽取算法。为了减少这种偶然因素出现的可能，根据定义的特征抽取算法的评估标准，对不同特征抽取算法在公共数据集上的表现进行相关分析，结果见表5-10。

表5-10 特征抽取算法性能比较

分类模型		最近邻算法			朴素贝叶斯算法			支持向量机算法		
评估标准	特征抽取算法	双阶段特征抽取	mRMR	ReliefF	双阶段特征抽取	mRMR	ReliefF	双阶段特征抽取	mRMR	ReliefF
Ave		82.58%	80.77%	78.98%	83.84%	79.54%	75.34%	84.15%	82.72%	82.11%
AvF		14	15	15	12	13	12	15	16	15
AEV		5.90%	5.38%	5.27%	6.99%	6.12%	6.28%	5.61%	5.17%	5.47%

第 5 章 分布式科技资源的关联分析技术

根据表 5-10 中的平均特征个数（AvF）统计可知，三种特征抽取算法都有效地降低了特征子集的维度，而双阶段特征抽取算法在三种分类模型中的平均分类准确率高于另外两种特征抽取算法，且其抽取的平均特征个数低于其他两种抽取算法的个数，所以在三种分类模型中，双阶段特征抽取算法的平均效率是最高的。如在最近邻算法分类模型中，双阶段特征抽取算法在多个数据集中抽取的特征子集的平均分类准确率为 82.58%，抽取的平均特征个数为 14 个，平均效率为 5.90%，各项指标皆优于另外两种特征抽取算法。

综上，可采用双阶段特征抽取算法对汽车配件样本数据（刹车片）进行特征抽取。该数据集包括 2 433 条数据，包含 13 个特征属性。如图 5-32 所示为双阶段特征抽取算法对样本数据进行特征抽取前后的数据，虚线以上为未进行特征抽取的部分特征数据，虚线以下为进行特征抽取后的部分特征数据。由图 5-32 可知，双阶段特征抽取算法从全部特征数据中抽取出 5 个特征属性。这 5 个特征属性分别为紧急订单数、非紧急订单数和三种不同类型的订单数。

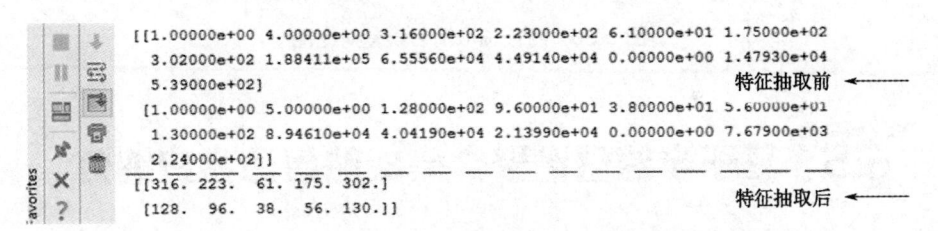

```
[[1.00000e+00  4.00000e+00  3.16000e+02  2.23000e+02  6.10000e+01  1.75000e+02
  3.02000e+02  1.88411e+05  6.55560e+04  4.49140e+04  0.00000e+00  1.47930e+04
  5.39000e+02]                                                      特征抽取前
 [1.00000e+00  5.00000e+00  1.28000e+02  9.60000e+01  3.80000e+01  5.60000e+01
  1.30000e+02  8.94610e+04  4.04190e+04  2.13990e+04  0.00000e+00  7.67900e+03
  2.24000e+02]]
-----------------------------------------------------------------------
[[316.  223.   61.  175.  302.]                                     特征抽取后
 [128.   96.   38.   56.  130.]]
```

图 5-32　特征抽取前后数据集

为了验证特征抽取算法所抽取的特征子集的优劣，可采用 Scikit-learn 机器学习库中的线性回归模型对特征子集进行评估，并且将 70%的数据集作为训练集，将剩余数据作为测试集。

如图 5-33 所示是特征抽取前后误差的对比，分别为未进行特征抽取前模型的训练误差和测试误差，由图 5-33 可知，测试误差远高于训练误差，说明由于特征过多，模型出现了过拟合的情况。在进行两阶段的特征抽取后，训练误差略微降低，测试误差大幅度下降，并逐渐接近于训练误差，说明双阶段特征抽取算法不仅降低了模型的预测误差，还有效地避免了模型出现过拟合的情况。

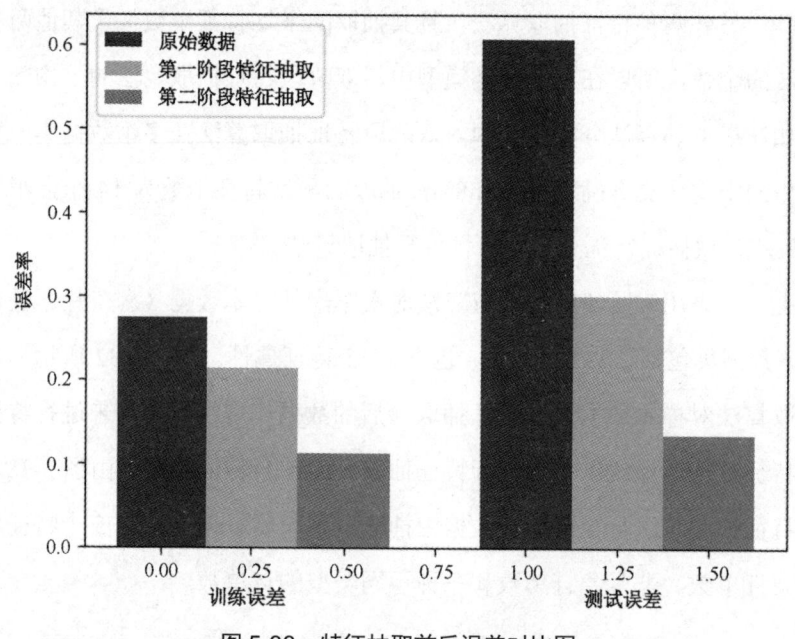

图 5-33 特征抽取前后误差对比图

5.5 基于半监督谱聚类集成的售后客户细分

根据汽车售后服务客户细分的情况，以及保修期内客户对车辆的保养情况，构建了 RFMD 客户细分指标模型。针对聚类集成算法能充分挖掘数据集的内在结构，以及半监督学习思想能利用先验知识指导聚类的优势，将半监督谱聚类集成（SSSCE）算法应用于售后服务客户细分。与谱聚类（SC）算法和谱聚类集成（SCE）算法相比，SSSCE 算法的客户细分结果较优。最后，对用 SSSCE 算法细分得到的客户群进行特征分析，并给出相应的保养指导策略。半监督谱聚类集成（SSSCE）

框架如图 5-34 所示。

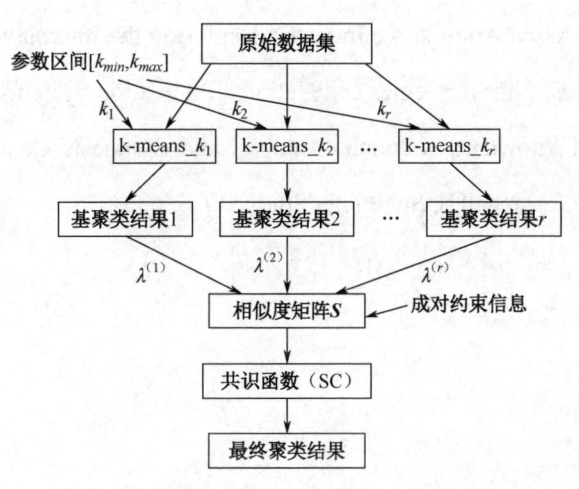

图 5-34 半监督谱聚类集成（SSSCE）框架

参 考 文 献

[1] Xiujie Wang, Jian Liu. A Research on Upgrading and Development Strategy of China Automobile Industry Cluster[J]. Diversity of Managerial Ideology, 2018, 179-187.

[2] Annika Bose Styczynski, Llewelyn Hughes. Public Policy Strategies for Next Generation Vehicle Technologies: An Overview of Leading Markets[J]. Environmental Innovation and Societal Transitions, 2019, 31:262-272.

[3] Xiaojia Wang, Yiming Song, Wei Xia, et al. Promoting the Development of the New Energy Automobile Industry in China: Technology Selection and Evaluation Perspective[J]. Journal of Renewable and Sustainable Energy, 2018, 10(4):045901.

[4] Roman Bartnik, Miriam Wilhelm, Takahiro Fujimoto. Introduction to Innovation in the East Asian Automotive Industry: Exploring the Interplay Between Product Architectures, Firm Strategies and National Innovation Systems, 2018.

[5] Arun et el. Yaowaret, Kanmali. Analysis and Synthesis Concept of Caring in Nursing Professional[J]. Sociology Study, 2013, 633-638.

第6章 分布式科技资源的匹配推理技术

本章主要讨论了分布式科技资源服务实体产业过程中服务的匹配与推送技术。针对分布式科技资源特点,给出了基于科技资源连续语言模型的匹配结果提取方法、融合科技资源词项的扩展和融合词项位置关系的匹配方法,以及基于业务特征的结构化描述与匹配推理方法,并分析了相关方法的优势与不足,给出了详细的实现过程。

6.1 面向词项融合与词项位置关系的 SimHash 改进算法研究

6.1.1 基于 word2vec 模型的文本向量化

word2vec 是 Google 公司于 2013 年发布的一个开源词向量工具包。该项目的算法理论参考了 Bengio 在 2003 年设计的神经网络语言模型。由于此神经网络模型使用了两次非线性变换,网络参数很多,训练缓慢,因此不适合大规模的语料。Mikolov 团队对其做了简化,建立了 word2vec 词向量模型,该模型简单、高效,特别适合从大规模、超大规模的语料中获取高精度的词向量表示。因此，该项目一经发布就引起了业界的广泛重视，并在多种 NLP 任务中取得了良好的效果，成为 NLP 在语义相似度计算中的重大突破。

word2vec 及同类的词向量模型都是基于如下假设建立的：衡量两个词在语义上的相似性，取决于其邻居词分布是否类似。word2vec 把词典中的词表示成一个词向量（或词嵌入，word embedding，即把词嵌入到一个向量空间中），这个向量是低维的、稠密的。通过研究词向量的性质，可以得到词之间的各种性质，如距离、相似性等。

在进行案例文本的相似度匹配时，由于自然语言形式的文本内容无法被计算机算法识别与运算，因此，需要将文本中的自然语言内容数学化。向量化是将抽象内容数学化的主要形式，词向量是自然语言数学化的一种主要形式，而结合深度学习技术的 word2vec 可以将文本中的词语转换成词向量。文本可通过 word2vec 将训练好的词向量模型转换成向量，由此文本相似度的比较运算就可转变成计算机算法可识别的向量运算。

word2vec 是 Continuous Bag of Words（CBOW）与 Skip-gram 两种方法组合而成的。CBOW 的思想是依据前后内容预测当前内容的概率，前提是前后内容对当前内容出现的概率具有相同的影响。Skip-gram 是依据当前内容预估前后内容出现的概率。两者均采用神经网络进行分类，通过 CBOW 或 Skim-gram 方法训练最初得到的随机向量集，以得到所有词向量的最优结果。词向量训练选用的是 word2vec 中的窗口设置为 3 的 CBOW 方法，模型训练原理如图 6-1 所示。

采用 Google 开源的 gensim 库进行 word2vec 词向量的训练，选择案例文本数据与维基百科数据作为原始语料输入，通过相关参数的设置进行 word2vec 词向量的训练，具体实现流程如下。

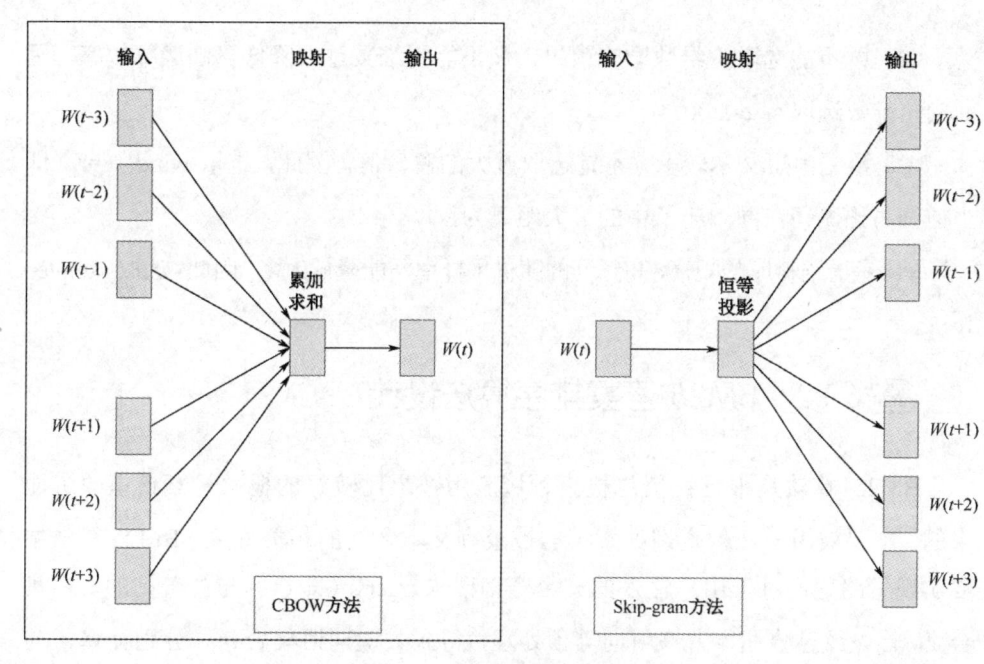

第 6 章 分布式科技资源的匹配推理技术

图 6-1 word2vec 模型训练原理

输入：案例文本数据与维基百科数据

输出：词向量

Step1: 下载相关数据集作为原始训练语料 w2c_training.dat。

Step2: 在 pycharm 平台 import genism 导入相关库，读取 w2c_training.dat 文件。

Step3: 使用结巴分词对 w2c_training.dat 文件进行分词处理。

Step4: 加载停用词词典 stopwords.txt，去除停用词。

Step5: 设置 gensim 主要相关参数：sg=0，size=200，window=3，sample=1e-3，其他参数选择默认设置。

Step6: 进行训练得到词向量数据。

在 Step5 中的参数设置要求如下：

（1）由于涉及后续相似度的计算，选取 CBOW 算法，即 sg=0。

（2）既不能选取小维数影响效果，又不能因维数过大降低算法运算效率，因此向量维数选取 size=200。

（3）数据中短文本较多，不宜选取过大的窗口值，因此，选取 window=3（即当前词与预测词在同一句子中的最大距离为3）。

（4）考虑语料库的规模，高频词的随机采样率不能降低太多，因此，选取 sample=1e-3。

6.1.2　BM25 答案排序算法设计

BM25 算法是根据在信息检索领域应用效果比较好的概率检索模型改进而来的，主要被用来评判查询搜索词与被查询文本之间的相关程度。BM25 算法主要实现思路是：对于用户输入的一个查询请求 query（即 Q）与被查询的文档集合 d，首先经过分词、去停用词等预处理，得到关键词语集合 q_i，分别计算 q_i 与被查询文本 d 之间的相似度分值，q_i 与查询请求 Q 之间的相似度分值，以及每个 q_i 的权重值，最后将三者通过相关运算并加权求和，即得出查询请求 Q 与 d 的总相似度分值。

BM25 算法的一般性公式为：

$$\text{Score}(Q,d) = \sum_{i}^{n} W_i \cdot R(q_i,d)$$

其中，Q 是查询请求 query，q_i 表示查询请求经过预处理得到的词语；d 表示被查询的文本集合；W_i 表示每个词语 q_i 的权重值；$R(q_i,d)$ 为每个词语 q_i 与被查询文本 d 之间的相似度分值。

其中，W_i 表示词语与文本相似程度的权重，它的定义有很多种，包括词频 TF、逆文档频率 IDF 等。根据现有研究文献，逆文档频率在该算法上的效果比较好，因此选用逆文档频率作为 W_i。逆文档频率的计算公式为：

$$\text{IDF}(q_i) = \lg \frac{N - n(q_i) + 0.5}{n(q_i) + 0.5}$$

其中，N 代表被检索查询的文本总数目，$n(q_i)$ 表示存在有查询关键词 q_i 的

第 6 章 分布式科技资源的匹配推理技术

文本数量。

根据 IDF 的定义可知,在总查询文本数目一定的条件下,每个词语 q_i 的权重与包含的词语 q_i 的文本数量成反比。简单来说,包含词语 q_i 的文本数目越多,说明词语 q_i 在文本中越不重要,逆文档频率数值就越低。$R(q_i,d)$ 代表了词语 q_i 与文本 d 的相似程度数值。BM25 算法中相似度得分的计算公式为:

$$R(q_i,d) = \frac{f_i \cdot (k_1+1)}{f_i + K} \cdot \frac{qf_i \cdot (k_2+1)}{qf_i + k_2}$$

$$K = k_1 \cdot (1-b+b \cdot \frac{dl}{\text{avg}dl})$$

其中,k_1,k_2 表示取正值的调优参数,主要用来控制文本中词语频率;b 表示另外一个调优参数,用来调节文本长度,取值范围为[0,1]。现有研究通过大量实验及实际经验表明,当 $k_1=2$,$b=0.75$ 时算法效果较好;f_i 表示 q_i 在文本 d 中出现的次数(即频率),qf_i 表示关键词语 q_i 在查询请求 query 中出现的次数。d 的长度用 dl 表示,$\text{avg}dl$ 表示全部查询文本的平均长度。实际情况中,用户输入的查询请求文本一般比较短,关键词语 q_i 在查询请求 query 中出现的频率为 1,由于绝大部分情况下,$qf_i=1$,因此可以表示为:

$$R(q_i,d) = \frac{f_i \cdot (k_1+1)}{f_i + K}$$

由上面的公式可知,K 主要与 k_1、b 有关,其中 k_1 主要用来控制文本中词语频率,$k_1=0$ 就等价于不考虑词频对权值的影响,k_1 值变大表示词频的选取更接近于原始词频数值;参数 b 用来调节文本长度,$b=1$ 表示按照文本长度 dl 对词语权重整体缩放,$b=0$ 表示不考虑文本长度进行融合处理。b 越大,dl 对相似度数值的影响越大。K 与 dl 呈正相关关系,与相似度数值呈负相关关系,也就是文本内容越多,越有可能包括 q_i。因此,在 f_i 相同的条件下,短文本与 q_i 的相似度是高于长文本与 q_i 的相似度,则得到 BM25 算法相似度计算公式为:

$$\text{Score}(Q,d) = \sum_{i}^{n} \text{IDF}(q_i) \cdot \frac{f_i \cdot (k_1+1)}{f_i + k_1 \cdot (1-b+b \cdot \frac{dl}{\text{avg}dl})}$$

由上式可知,在文本预处理(即本文的语句文本信息解析)、词语权重及词语与文本相似程度判断等多个因素影响下,推导出了不同的相似度计算方法,该算法一方面考虑了长短文本的特点,同时有效利用了文本信息解析得到的权重信息,另一方面高扩展性的特点也较易与 word2vec 算法、SimHash 算法进行结合。设计的 BM25 排序算法实现流程如下。

输入:查询请求文本 q 与 SimHash 算法匹配得到的相关案例集 ds

输出:高相关候选案例 D

Step1:以 SimHash 算法匹配得到的相关案例集作为待匹配数据。

Step2:在 pycharm 平台导入相关库,读取查询请求文本 q 与相关案例集 ds。

Step3:使用结巴分词对输入文本 q 与 ds 进行分词处理。

Step4:加载停用词词典 stopwords.txt 去除停用词,并得到查询关键词语集合 q_i。

Step5:计算 q_i 的逆文档频率值 IDF(q_i)。

Step6:设置相关参数:k_1=2,b=0.75,并计算 q 与相关案例集 ds 的相似度,并进行按照大小排序得到高相关案例文本集 D。

6.1.3 基于融合词项与词项间位置关系的 SimHash 改进算法

SimHash 算法是 Google 为处理海量文本去重而提出的算法。该算法通过向量的降维运算,大大提高了系统的性能。SimHash 算法原理如图 6-2 所示。

由图 6-2 可知,SimHash 优于其他算法之处是因为它可以将一个文档通过哈希运算等一系列操作后,最终转换成一个 64 位的字节(也称其为特征指纹),通过计算两个特征指纹之间的汉明距离是否小于预设的参数值 n(大量文献中 n 的经验值一般取为 7),来判定两个文本之间的相似程度。

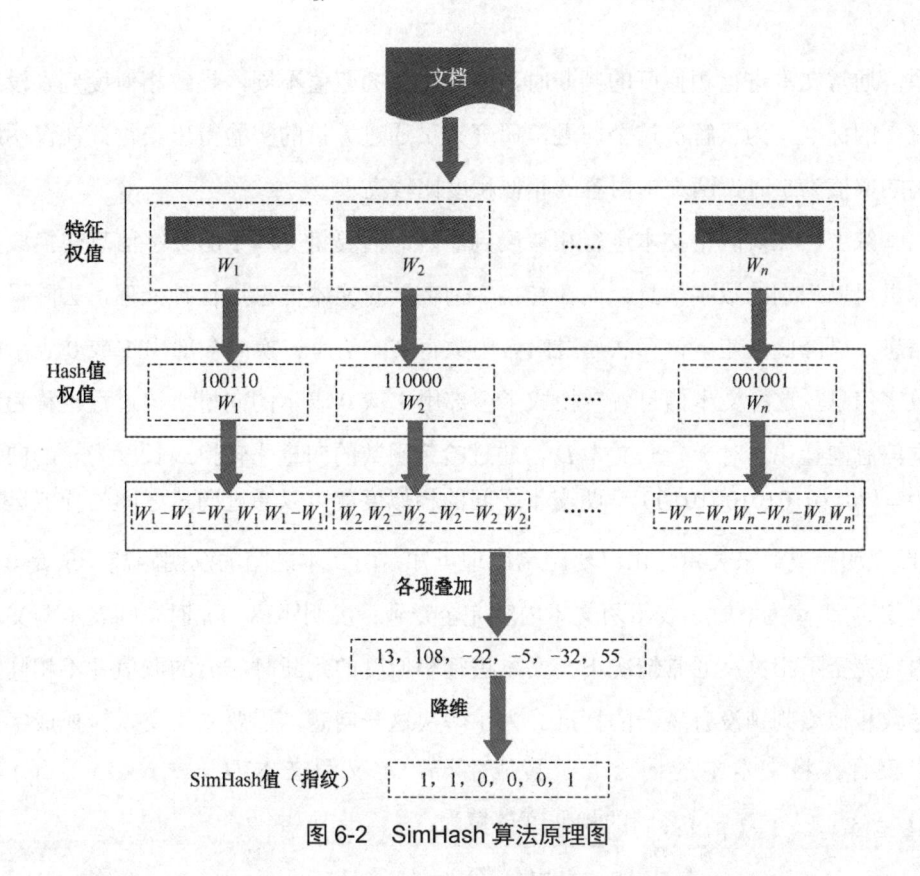

第6章 分布式科技资源的匹配推理技术

图6-2 SimHash算法原理图

SimHash算法相似度的判断实际是基于汉明距离的文本相似度计算方法的，该界法并没有采用传统的向量空间模型，而是借鉴了信息论中经常使用的汉明距离，两个向量化的文本通过汉明距离的计算，能显示出两个文本之间的相似程度。

汉明距离表示两个长度同为 n 的字符串之间的距离，简单来说就是一个字符串转换成另一个字符串需要改变的字符数目，例如，对字符串 $x = (x_1 x_2 \cdots x_i \cdots x_n)$ 和 $y = (y_1 y_2 \cdots y_i \cdots y_n)$ 之间的汉明距离进行计算，其计算公式为：

$$D(x, y) = x \oplus y$$

其中，计算符号 $\oplus$ 表示异或运算，x_i 和 y_i 表示0或1之间的数字。两个长度同为 n 的字符串在同一位置上出现的不同字符的数目即为上式中 $D(x,y)$，它显示出了字符串 x 与 y 之间的相似程度。$D(x,y)$ 数值的高低与相似程度呈负相关的关系，通常文本进行相似度的判断时，汉明距离的取值不同，导致相似度判别没有统一的标准，为了解决这个问题，研究人员通过大量的实验得出结论：在汉明距离的取值为 7 时，两文本内容的相似程度比较高。

综上，在对两个文本进行相似度判断时，需要将文本中的文字信息转换成计算机可以识别的数字信息，而在转换之前需要对文本信息进行预处理，去除噪声信息，以降低误差。该算法通过哈希函数将文本信息转换成全部用 1 或 0 表示的数字信息，这样文本信息就转换成了全部用 1 或 0 表示的向量，该过程也称为文本信息向量化。对于一个文本 D，通过哈希函数的向量化转换成长度为 n 的向量 $D=(10110101010010100)$，两文本之间的相似度就可以通过向量之间的异或运算（即汉明距离）来表示。由汉明距离原理可知，两文本之间的汉明距离一般是 0—n，汉明距离为 0 时，表示两文本内容完全一致；汉明距离为 n 时，则表示两文本内容完全不相关。通常情况下，文本进行相似度的判断时，n 的取值并不相同，导致相似度判别没有统一的标准。为了解决这一问题，需要先将文本转换成字符串集合，将文本中的词语一一转成字符，定义两文本 $D_1=(x_1 x_2 \cdots x_i \cdots x_n)$ 与 $D_2=(y_1 y_2 \cdots y_i \cdots y_n)$ 之间的相似度计算为：

$$\mathrm{Sim}(D_1, D_2) = D_1 \oplus D_2$$

其中，x_i 和 y_i 分别表示 D_1 和 D_2 文本中相应词语经哈希函数转换后对应的字符，取值为 0 或 1；$\oplus$ 表示异或运算符号，这种运算机制很适合计算机大数据量的高效率计算。上式中，$\mathrm{Sim}(D_1, D_2)$ 的取值范围为[0,1]，$\mathrm{Sim}(D_1, D_2)=0$ 时表示两文本无相关性；$\mathrm{Sim}(D_1, D_2)=1$ 时，表示两文本是高度相关的。

SimHash 算法将文档转换成特定指纹的形式，在运算的过程中不再进行特征提取。通过汉明距离的比较判断文档的匹配程度（相似程度），大大降低了海量数据计算比较过程中的时间消耗。但传统的 SimHash 算法在长文本（500 个以上的中文字符）的应用中具有优势，而对类似本文案例数据短文本（少于 500 个中文字符）的匹配场景的应用则很少。

6.1.4 基于融合词项的 SimHash 改进算法

在案例匹配的过程中，同义词对匹配结果的影响较大。例如，以"汽车发动机漏油"为查询语句时，传统的搜索匹配只是返回与关键字"发动机"有关的文档，而包含有"引擎""马达"等这些被忽略的同义词文档其实也是高度相关的结果。传统的匹配方法由于未考虑同义词（同类词）对匹配过程的影响而导致部分高相关案例文档不能匹配出来。因此，通过融合同义词词项的方法，将同义词（同类词）进行融合处理来完成关键词的扩展，从而避免这类问题的出现。

由于对同类词（同义词）等关键词的扩展可以有效提高系统匹配的准确度，可以对文本中出现的同类词（同义词）进行融合处理，以此完成关键词的扩展。通过对比现有方法及数据特点，采用基于语义距离的原理，以董振东先生建立的汉语知识库知网和哈尔滨工业大学的《同义词词林》词典为基础，综合处理同义词（同类词）问题。

同义词词林进行词项之间相似度计算的原理是基于同义词词林构建的树形结构，根据节点之间的路径长度计算语义距离，进而计算词项间的相似度，其实现原理图如图 6-3 所示。

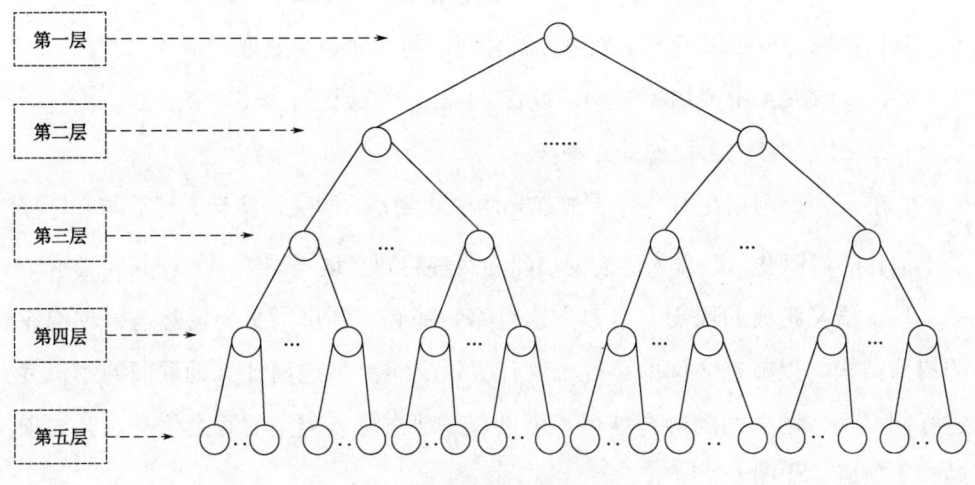

图 6-3 融合词项实现原理图

如图 6-3 所示，词义刻画的详细程度与层数呈正相关关系，从上至下，词义刻画的详细程度逐渐递增，第五层基本已包括大部分词语。为此，可以采用第五层的分类效果对关键词组进行扩展，并将基于同义词词林计算得到的词项相似度记为 t_1。

基于汉语知识库知网的词项相似度计算原理是通过计算词项的语义表达式之间的相似度来表示词项之间的相似度的，将知网计算得到的词项相似度记为 t_2。

词项在知网与词林中的分布情况如图 6-4 所示。

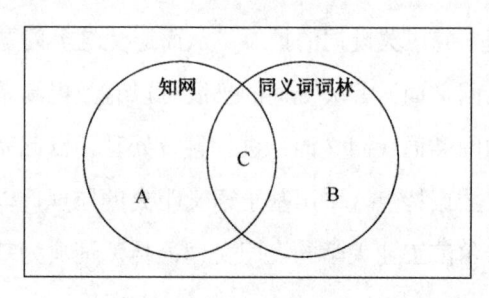

图 6-4　词项分布情况

结合两者的相似度，总结了词项相似度 T 的计算公式为：

$$T = \delta_1 x_1 + \delta_2 x_2$$

其中，δ_1 与 δ_2 分别对应 x_1 与 x_2 对应的权重值，$\delta_1 + \delta_2 = 1$。根据两个词项 t_1 与 t_2 的具体情况，按照以下方法来进行同义词、同类词融合处理。

t_1、t_2 均在 A 中或均在 B 中，取 $\delta_1 = 1$，$\delta_2 = 0$ 或者 $\delta_1 = 0$，$\delta_2 = 1$。

t_1、t_2 均在 C 中，取 $\delta_1 = \delta_2 = 0.5$。

t_1 在 A 中，则 t_2 在 B 中，首先在知网中找到 t_1 的同义词集合，然后与 t_2 计算基于词林的相似度，取最大值的词项即为两者的同义词（同类词）的共同表示。

基于语义距离的原理，以万方语料库为基础，利用同义词词林与词项构建的树形结构，以节点之间的路径长度计算语义距离，进而计算词项间的相似度进行同义词、同类词的融合处理，可以有效地去除该类型的冗余信息，其词项融合实现原理如图 6-5 所示。

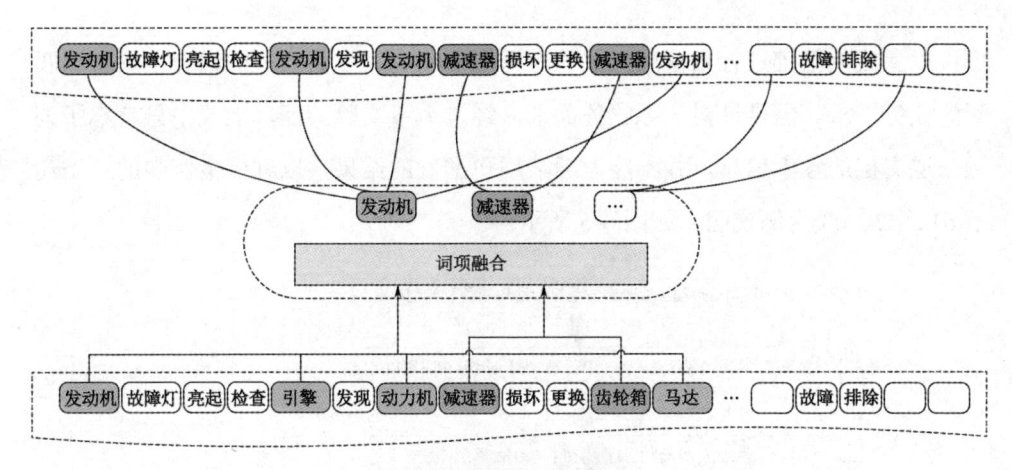

图 6-5 词项融合实现原理

通过词项融合可以有效地将分词后的关键词组中的同义词（或同类词）进行融合处理，从而剔除掉冗余信息，使候选案例集合匹配的准确性得到进一步提升，依据上述原理在程序中定义了该阶段的类方法。

6.1.5 基于词项间位置关系的 SimHash 算法改进

传统的案例相似度匹配方法中大多以 TF-IDF 算法为基础，该算法主要是基于词频和逆文档频率作为相似度计算中的一个权值设定的，其数学公式为：

$$\text{Score}(D) = \sum_{t \text{ in } q} \text{tf}(t \text{ in } D) \times \text{idf}(t)^2 \times \text{boost}(t.\text{field in } D) \\ \times \text{lengthNorm}(t.\text{field in } D) \times \text{coord}(q, D) \\ \times \text{queryNorm}(q)$$

其中，tf(t in D) 表示通过 TF 算法计算得到的词项 t 在文档 D 中的词频信息；idf(t) 是通过 IDF 算法计算得到的词项 t 的逆文档频率信息；boost(t.field in D) 表示 t 在域中的加权系数，在匹配过程中即对其进行设定；lengthNorm(t.field in D) 表示 t 在域中的标准分数（t 的数目），作为其匹配计算中变量之一，文本长度与加权系数是负相关的关系；coord(q,D) 为调和系数，取决于匹配文本中包含查询内容关键词数目，包含关键词数目越多，值越大；queryNorm(q) 表示查询内容关键词的标准值，即关键词权重平方和。

以上式为基础进行相似度匹配的应用效果满足大多数以关键词为主要查询匹配的业务需求。但是针对实际业务需求，经过大量实验验证，上式中只考虑了词频—逆文档的频率信息，并不能返回给用户准确的结果，以维保案例中的三个句子 d1、d2、d3 为例说明，如图 6-6 所示。

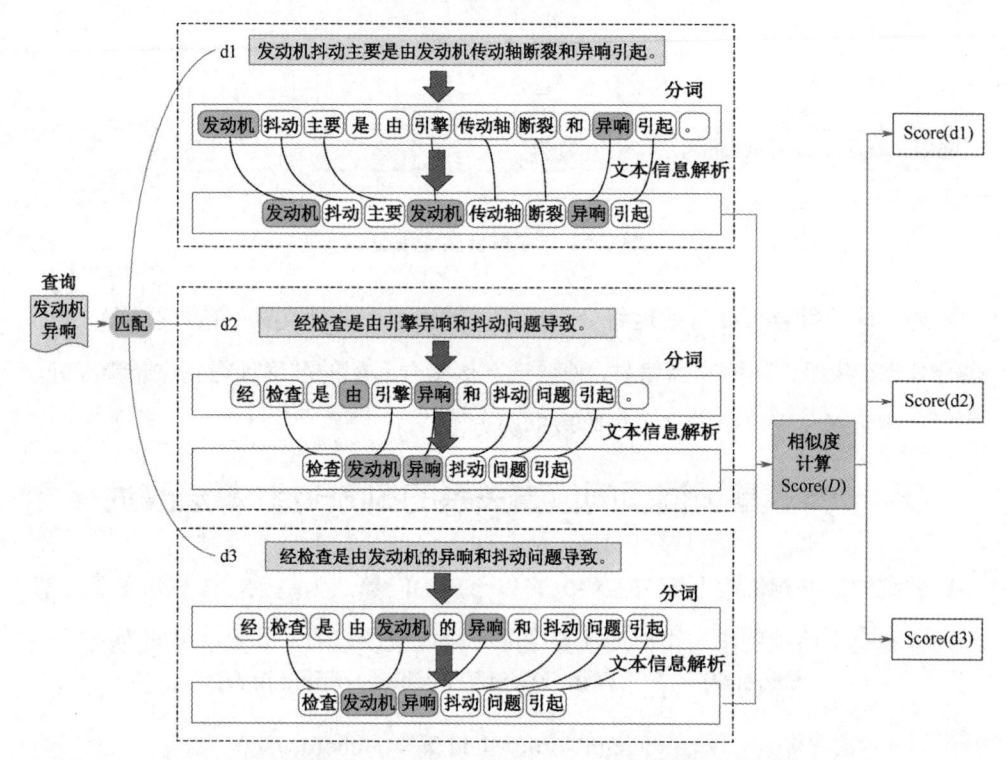

图 6-6 词项位置关系对 SimHash 算法相似度匹配结果的影响原理

其中，d1、d2、d3 案例文本分别如下。

d1：发动机抖动主要是由发动机传动轴断裂和异响引起的。

d2：经检查是由引擎异响和抖动问题导致的。

d3：经检查是由发动机异响和抖动问题导致的。

以查询语句 q "发动机异响" 为例进行查询问题进行案例相似度的匹配实验，相似度计算匹配的流程及结果如图 6-7 所示，通过 TF-IDF 算法得到与查询 "发动机异响" 对应的三个维保案例 d1、d2、d3 的相似度得分排序为：Score (d1)>

第 6 章　分布式科技资源的匹配推理技术

Score(d3)>Score(d2)，即 d1 为匹配得到的最相似的结果，但与实际中最相关的结果 d3 不符。由于该匹配方法主要以词频—逆文档频率算法为基础，因此 Score(d1)的值最大。而由于未考虑词项位置关系，查询关键词均在被匹配语句 d2 与 d3 中出现，且由于 d3 中其他词权重较高，使 Score(d3)>Score(d2)，未匹配到最相关的结果 d2。

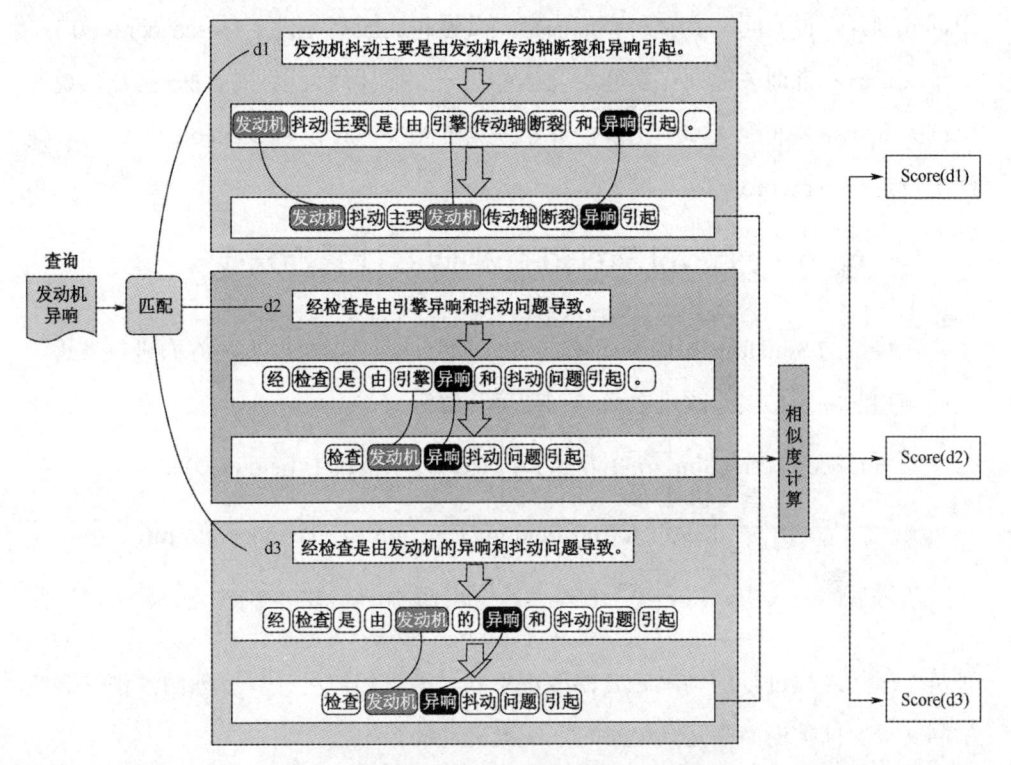

图 6-7　相似度计算匹配的流程及结果

为了解决这个问题，考虑词项间位置关系，这里引入了一个新的定义：词项位置相邻程度 OrderScore。将经过文本分词、去停用词等预处理后得到的词组中的词之间的相邻关系进行标注，并依据数据中的 OrderScore 数值不同将其定义为 4 种类型。

Case1：分词前是直接相邻，OrderScore =1；

Case2：去除停用词之后相邻，OrderScore = 0.7；

Case3：去除无关词后相邻，OrderScore = 0.3；

Case4：其他情况，OrderScore = 0。

根据定义，若查询关键词在被匹配文本中直接相邻，说明匹配文本与查询内容高度相关，设定 OrderScore = 1；如果查询关键词在被匹配文本中只是被一些停用词分割开，说明匹配文本与查询内容相关性也比较高，设定 OrderScore = 0.7；对于 Case3，查询关键词在被匹配文本中被一些非停用词以外的词分割开，说明查询关键词在被匹配文本中出现但并不是高度相关，设定 OrderScore = 0.3；其他情况设定 OrderScore = 0。

6.1.6 改进的 SimHash 相似度计算方法

在传统的 SimHash 相似度计算方法的基础上，可以从以下两方面进行改进。词项的融合扩展，改进之后的相似度计算为：

$$\text{SimScore}(D) = \text{Sim}\left[\sum_{t\ in\ q} \text{tf}(t\ in\ D)\right] \times \text{id}f(t)^2 \times \text{boost}(t.\text{field in } D) \times \text{lengthNorm}(t.\text{field in } D) \times \text{coord}(q, D) \times \text{queryNorm}(q)$$

改进后的公式中，$\text{Sim}\left[\sum_{t\ in\ q} \text{tf}(t\ in\ D)\right]$ 项的增加即是文本经过分词、去停用词等基本操作之后进行的词项融合的改进形式，通过相似度计算原理的改进，避免了同义词（同类词）等冗余信息对匹配准确性的影响。

词项之间的相邻程度 OrderScore 按照公式计算得到。由此，改进之后的相似度计算为：

$$\text{NewScore}(d) = \alpha * \text{SimScore} + \beta * \text{OrderScore}(d)$$

改进后的相似度计算考虑了同义词（同类词）、词项间位置关系因素，既避免了同义词冗余信息对匹配效果的影响，又因为词项间位置关系的引入，提高了查询内容匹配案例信息的准确度。

算法改进实验在 sk-learn 机器学习框架上进行了验证，实验结果验证了融合词项的扩展和融合词项位置关系的加入能有效地解决匹配不精确的问题。

6.2 基于连续语言模型的匹配结果提取方法

6.2.1 基于命名实体识别的案例结果提取方法研究

命名实体识别（Named-entity Recognition，NER）是 NLP 领域研究的主流方向之一，由于人工智能的快速发展，命名实体识别在搜索引擎、机器翻译、机器阅读和智能客服等方面得到了普遍的应用。通过 NER 技术可以从长文本和短文本中识别出相应的地名、人名、机关名称及商品名字等。命名实体识别的主要技术方法有三种：基于规则与词典的方法、基于统计学的方法及两者融合的方法。现有应用比较广泛的、识别效果比较好的算法是基于统计学方法的条件随机场算法，它是一种无向图的概率模型，在序列标注中应用广泛。条件随机场实际上是定义在时序数据上的对数线性模型，主要学习方法是极大似然估计和正则化的极大似然估计。具体的优化实现方法有改进的迭代尺度法 IIS、拟牛顿法等。条件随机场原理如图 6-8 所示。

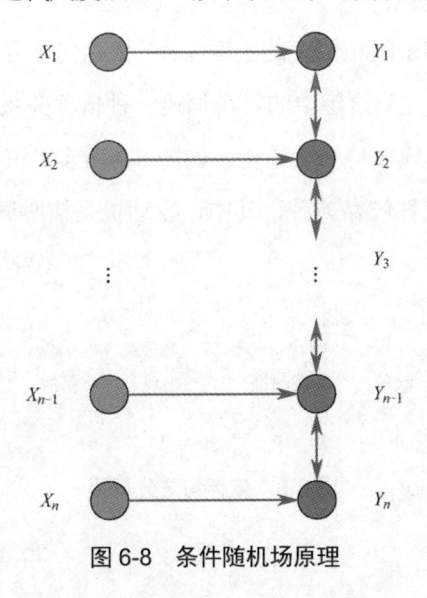

图 6-8　条件随机场原理

在图 6-8 中，左侧表示输入句子的词组序列，右侧是输出的标注序列，从图中可以看出，输出序列的元素 Y_n 并不是相互独立的，每一个输出都与它前后相邻的输出有关，这就有效避免了一些不符合语法规则的句子。例如，在未使用条件随机场算法的命名实体识别实验中，经常会出现名词+名词、动词+动词、形容词+形容词等不符合语法规则的句子。

结合条件随机场算法的命名实体识别可避免不符合语法规则的句子出现，但是该方法复杂度高且需要大量的特征函数，导致训练代价过高。

6.2.2 基于句法分析的案例结果提取方法研究

句法分析分为句法结构分析和依存句法分析两种。句法结构分析是以获取整个句子的句法结构或者完全短语结构为目的的句法分析；而依存句法分析是以获取局部成分为目的的句法分析。目前常用的句法分析是依存句法分析，主要原因是由于依存句法分析树的标注简单且分析准确率高，而句法结构分析的语法集合是特定的，无法灵活使用。此外，尽管通用数据集的标注比较复杂，但是由于其标注的结果可广泛应用于命名实体识别或词性标注等不同任务中，该方法获得越来越多的应用。

依存关系是衡量句子间相似度的关键因素。依存句法分析的关键是找到句子中词语之间的依存关系，分配给句中的每个词语一种依存关系，使其依附于另外一个词，进而使整个句子形成一种树状结构。如图 6-9 所示，汽车与发动机之间的弧线 ATT 表示两者之间的一种依存关系，其中，发动机是核心词，汽车是依存词。

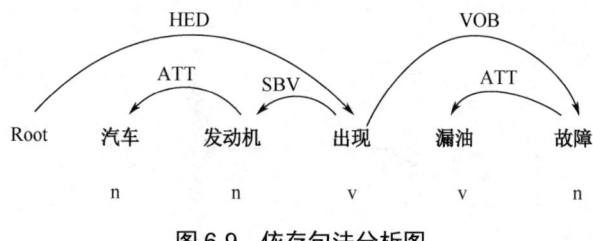

图 6-9 依存句法分析图

依存句法分析可以得到句中各词语之间的依存关系，在匹配过程中，如果对应有相同的依存关系、核心词与依存词，则表示句子之间有很大的相似度，因此，依存关系也是衡量句子之间相似度的主要方式。尽管依存关系可用于衡量句子间的相似度，但由于依存句法分析需要进行大量的标注，导致数据集且依存关系的抽取也更困难。

6.2.3 基于深度学习的案例结果提取方法研究

近年来，深度学习技术的广泛应用带动了各个领域的发展，各类问答系统也因其可以自动学习输入向量特征而得到有效改进。研究人员基于深度学习开展了结果提取的研究，Bord 利用模型的学习能力使向量降维以此来降低运算的复杂度。Tan 在 2016 年度计算语言学会会议上提出了卷积神经网络与长短时记忆网络组合的复杂模型，取得了更好的效果。传统的机器学习需要人工选取特征，然后从中学习输入与输出之间的关系，由于语言内在含义的丰富性，传统机器学习过度依赖人工选取的特征，这就会导致方案匹配过程中丧失语句的深层语义信息。而深度学习技术避免了这一问题，它能够自动学习查询内容与方案结果之间的深层关系特征，因此，深度学习能够支持方案匹配结果提取模块的改进。通过对 CNN、LSTM 等模型的分析，可进行匹配结果提取模块的方法设计。

6.2.4 基于卷积神经网络（CNN）的匹配结果提取方法

基于卷积神经网络的匹配结果提取模型的核心是利用卷积神经网络学习表达句子的向量表示。该模型网络结构使用的损失函数为 Hinge Loss，即合页损失函数，它可以有效提高匹配过程中的正向得分（即正确答案的得分），这是与传统 CNN 的主要区别。如图 6-10 所示为基于卷积神经网络的匹配结果提取模型网络结构图。

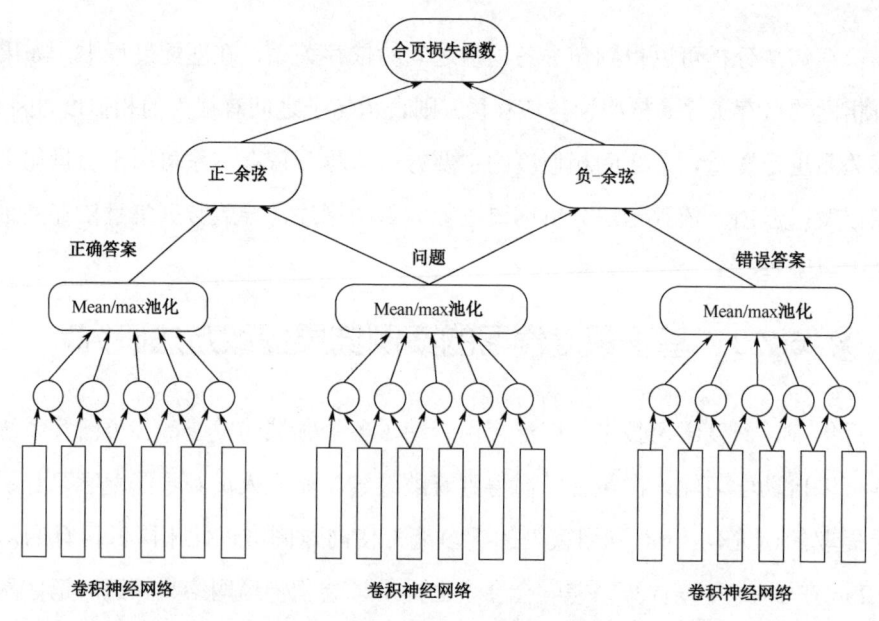

图 6-10 基于卷积神经网络的匹配结果提取模型网络结构

由图 6-10 可知，模型以正确答案、问题和错误答案作为输入，通过卷积层、池化层的卷积运算得到句子对应的向量表示，然后通过隐藏层进行向量的降维，最后用向量之间的余弦距离作为相似度计算的标准。

6.2.5 基于 Attention–bi–LSTM 的匹配结果提取方法

长短时记忆网络（LSTM）是由循环神经网络（RNN）改进而来的，通过隐藏层的改变，可以实现长期记忆及长期依赖的问题，即选择性遗忘部分信息。传统的循环神经网络实现长期记忆的转换方式为：

$$S_t = f(U * X_t + W_1 * S_{t-1} + W_2 * S_{t-2} + \cdots + W_n * S_{t-n})$$

如果 RNN 按照上式实现长期记忆，运算量会呈指数级增长，将会产生巨大的时间消耗，因此，学者们在 RNN 的基础上研发了 LSTM 模型。

LSTM 自身网络结构不能很好地记忆后续节点信息，导致前后信息记忆不对称，梯度消失的问题仍然难以避免，为此，研究者提出使用双向的 LSTM 网络结构使前后信息的记忆基本对称。为此，注意力机制被引入深度学习模型中，注意力机制通过学习输入序列的加权并相应地平均序列以提取相关信息,使问题中重要的信息有较高的权重值,更加符合问题匹配结果提取的逻辑。这种加入注意力机制的双向 LSTM 网络结构如图 6-11 所示。

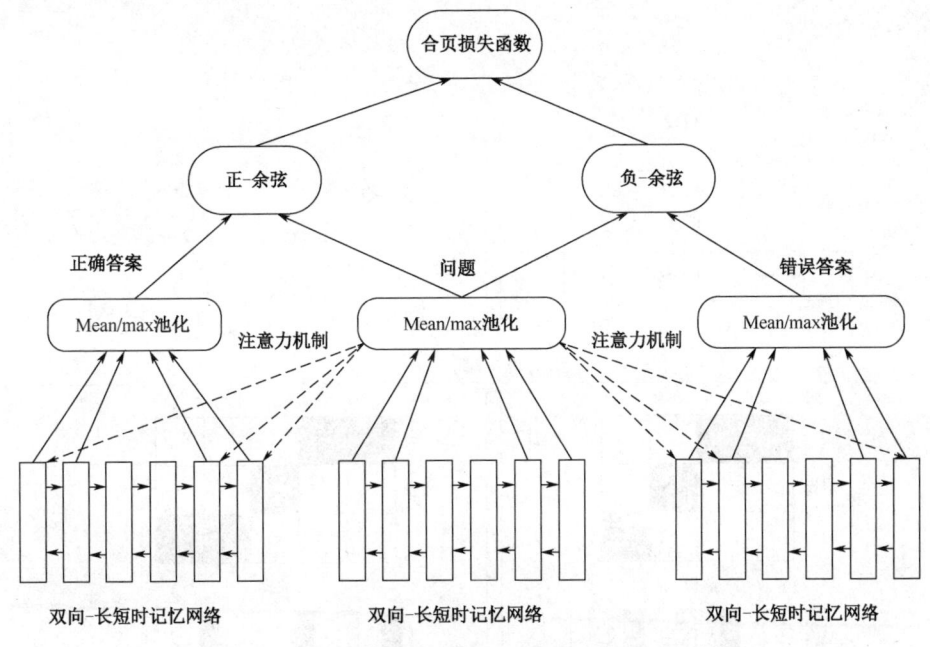

图 6-11 注意力机制与双向 LSTM 结合的网络结构

综上,深度学习方法可以自动地抽取原始数据中的特征,避免了大量人工特征的设计工作,也可较好地解决语义局限问题。CNN、LSTM 这类深度学习模型仍会发生因语义偏移无法表示出词语在上下文的重要性,导致出现要表示的句子失去语义重点的问题。考虑数据中短文本信息较多的特点,结合 LSTM 的优势,采用改进的 LSTM 模型——连续语言模型(Enhanced LSTM for Natural Language Inference,ESIM)进行匹配结果的提取。

6.2.6 基于连续语言模型(ESIM)技术的匹配结果提取模型构建

连续语言模型是一种链式 LSTM 顺序推理模型。连续语言模型如图 6-12 所示,它主要由输入编码、局部推理建模和推理组合三方面组成。图中垂直方向为三个主要组件，水平方向左侧表示连续语言推断模型原理。ESIM 的优势就在于它引入的句子交互的注意力机制（inter-sentence attention），该机制可以使需要比较的两个文本产生交互。

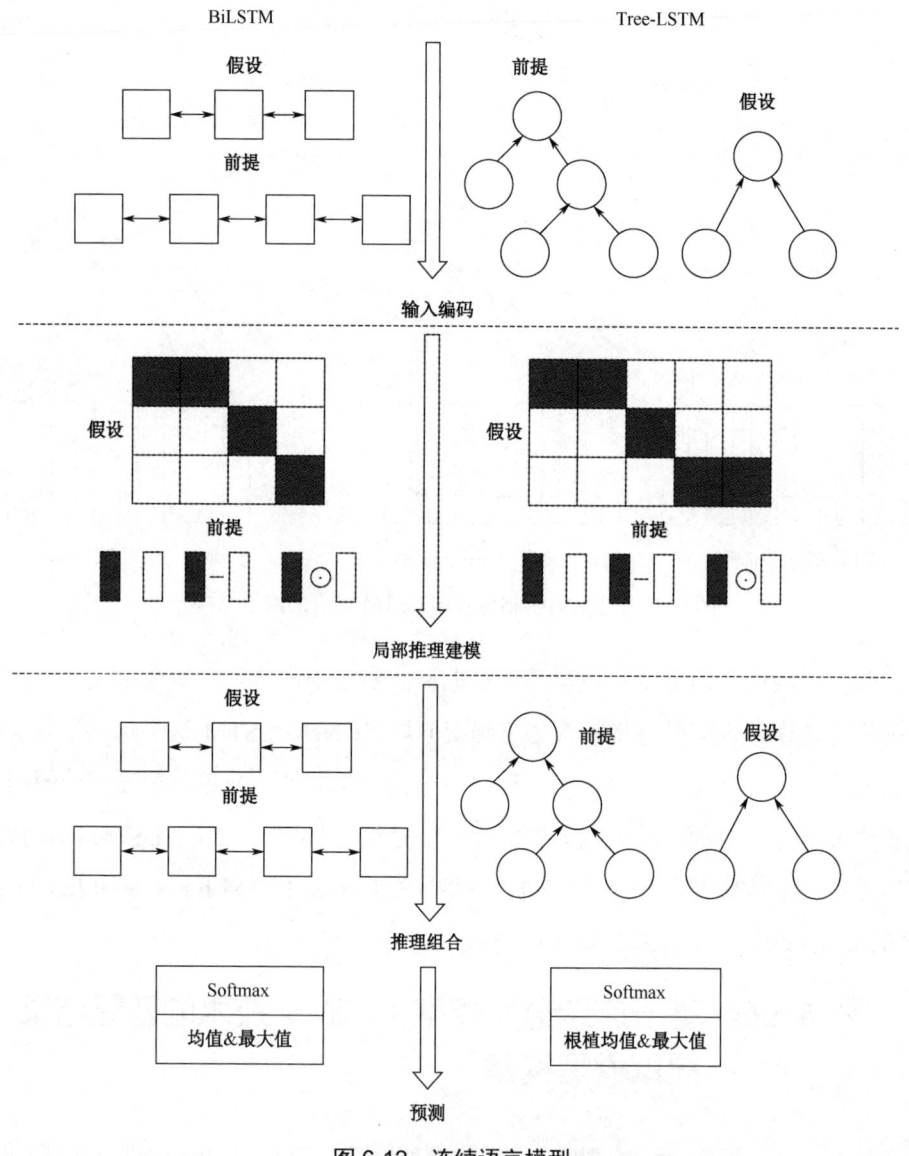

图 6-12 连续语言模型

1. 输入编码层设置

输入编码层即输入两个自然语言文本，分别接入 Embedding 和 BiLSTM，$p=(p_1,p_2,\cdots,p_{l_p})$ 和 $q=(q_1,q_2,\cdots,q_{l_q})$ 分别表示两个自然语言形式的句子，p 是前提，q 是假设。其中，l_p 表示句子 p 的长度，l_q 表示句子 q 的长度。将输入序列 p 在时间 i 由 BiLSTM 生成的隐藏（输出）状态写为 $\overline{p}$，将输入序列 q 在时间 i 由 BiLSTM 生成的隐藏（输出）状态写为 $\overline{q}$，其表达式为：

$$\overline{p}_i = \text{BiLSTM}(p,i), \forall i \in [1,2,\cdots,l_p]$$
$$\overline{q}_j = \text{BiLSTM}(q,j), \forall j \in [1,2,\cdots,l_q]$$

这里使用双向 LSTM（即 BiLSTM）可以学习如何表示一句话中的词语和其上下文的关系，即在进行 Word Embedding 之后，在当前的语境下重新编码，得到新的 Embeding 向量。

2. 局部推理建模

句子 p 与 q 之间的注意力（Attention）权重也是两个句子词语的相似度，通常采用点积的形式进行计算，由此可得到一个二维的相似度矩阵，计算公式定义为：

$$m_{ij} = \overline{p}_i^{\mathrm{T}} \overline{q}_j$$

然后用上面公式计算得到的相似度矩阵，结合 p 与 q 两句话，生成彼此相似性加权后的句子，维度保持不变。句子 p 与 q 之间的交互表示可通过下式进行计算：

$$\tilde{p}_i = \sum_{j=1}^{l_q} \frac{\exp(m_{ij})}{\sum_{k=1}^{l_q} \exp(m_{ik})} \overline{q}_j, \forall i \in [1,2,\cdots,l_p]$$

$$\tilde{q}_j = \sum_{i=1}^{l_p} \frac{\exp(m_{ij})}{\sum_{k=1}^{l_q} \exp(m_{kj})} \overline{p}_i, \forall j \in [1,2,\cdots,l_q]$$

其中，$\tilde{p}_i$ 是 $\{\overline{q}_l\}_{j=1}^{l_q}$ 的加权求和结果。

最后通过计算二元组 $<\overline{p},\tilde{p}>$ 与 $<\overline{q},\tilde{q}>$ 的差和元素乘积来进行局部推理信息的增强，体现了一种差异性。

3. 推理组成

对 t_p、t_q 提取局部推理信息，可采用 BiLSTM，但是由于 BiLSTM 提取的信息进行求和运算时对序列长度很敏感，因此采用了最大池化与平均池化的方法，最后将池化结果连接成特定长度的向量。计算公式定义为：

$$u_{p,\text{avg}} = \sum_{i=1}^{l_p} \frac{u_{p,i}}{l_p}$$

$$u_{p,\max} = \max_{i=1}^{l_p} u_{p,i}$$

$$u_{q,\text{avg}} = \sum_{j=1}^{l_q} \frac{u_{q,j}}{l_q}$$

$$u_{q,\max} = \max_{j=1}^{l_q} u_{q,j}$$

$$u = [u_{p,\text{avg}}; u_{p,\max}; u_{q,\text{avg}}; u_{q,\max}]$$

上述公式分布对句子 p 与 q 分别进行指定长度为 l_p、l_q 的平均池化操作，对句子 p 与 q 分别进行指定长度为 l_p、l_q 的最大池化操作。最后将 u 放入一个全连接层分类器中即可完成结果提取。

最后在 pycharm 平台上进行三模块的结合后的实现效果验证，取得了如图 6-13 所示效果，用户输入故障查询请求，首先经过信息解析模块的处理，去除冗余信息，提取相应特征，得到关键匹配信息，最终由数据库匹配得到一个准确的、唯一的故障案例解决方案，如图 6-14 所示。

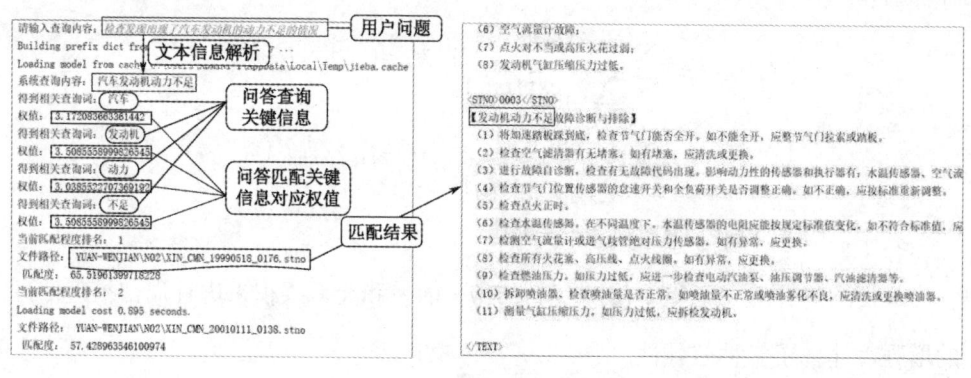

图 6-13　匹配结果实现效果

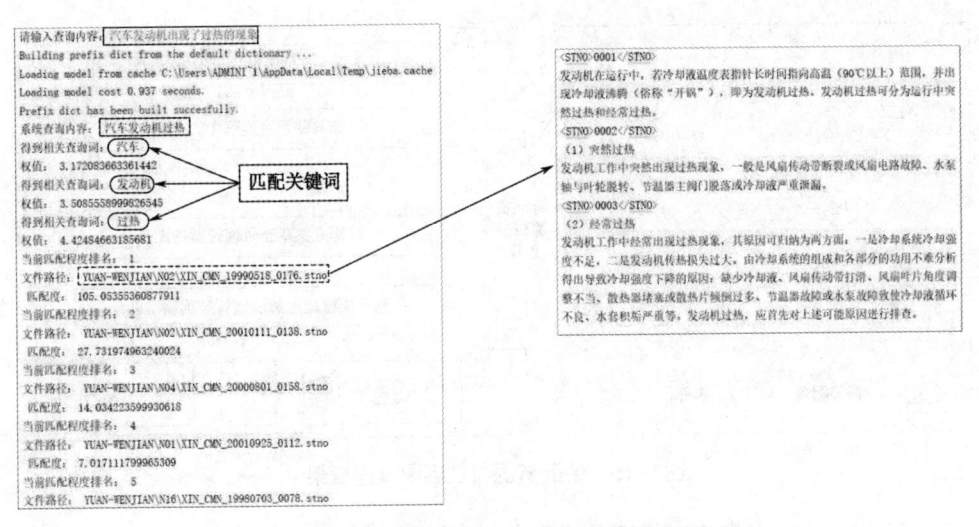

第 6 章 分布式科技资源的匹配推理技术

图 6-14 匹配结果实现举例解决方案

6.3 可装配特征的结构化描述与匹配推理

针对复杂产品装配设计过程中零部件间匹配关系描述不清晰、装配设计过程中零件配对精度不高等问题，提出了可装配特征的结构化描述与匹配推理研究方法。在分析影响零件获取、匹配、调整及装配的工艺关联、匹配型面特征，以及装配设计意图的基础上，给出了包括工程语义、装配约束、装配端口、装配空间关系的装配关键结的定义和结构化描述。通过复杂产品装配从定性输入到定量求解，再到定性输出的映射变换实现了零部件间的精准匹配，给出了推理匹配过程。装配资源特征匹配推理框架如图 6-15 所示。

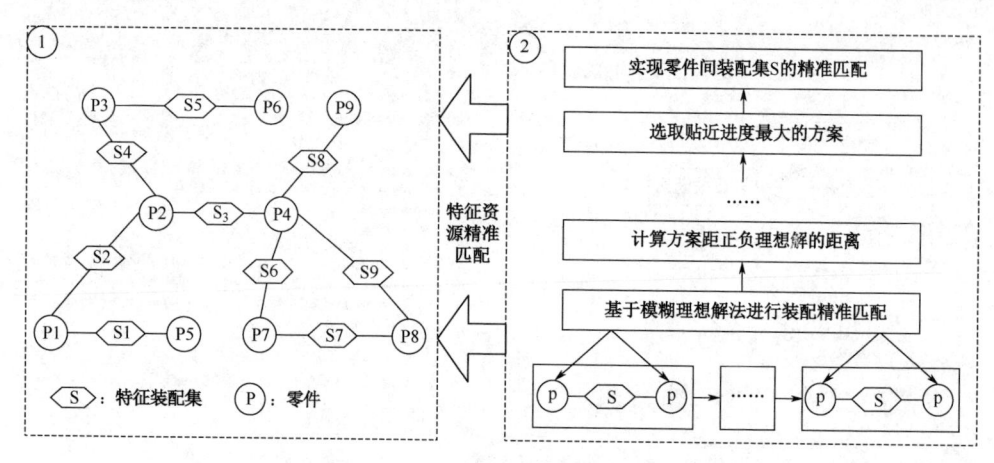

图 6-15　装配资源特征匹配推理框架

6.3.1　特征装配集基本定义

定义 1：装配集工程语义

将描述装配体间的装配语义关系、装配特征间的约束关系及装配工程要求的关系，由联结语义、传动语义、配合语义和自定义语义构成的四元组：

$$Ass\_ES=(sj,V(sj))\cup(ts,U(ts))\cup(cs,W(cs))\cup(ds,K(ds))$$

该式被称为装配集工程语义。其中，sj、ts、cs 和 ds 分别表示联结语义特征、传动语义特征、配合语义特征和自定义语义特征，$V(sj)$、$U(ts)$、$W(cs)$ 和 $K(ds)$ 分别表示各语义特征的量域，并且各量域包括其语义特征的 ID、类型（Type）、所属装配体 ID（OwnAssID）、装配对象（AssComp）和约束链表（ConsCL），且其取值类型有字符型、数值型、文本型和状态型。$(sj,V(sj))$、$(ts,U(ts))$、$(cs,W(cs))$ 和 $(ds,K(ds))$ 分别为联结语义特征元、传动语义特征元、配合语义特征元和自定义语义特征元。

定义 2：装配集单元件

将协作完成预定产品设计功能的单层回转结构体零件、层间垫层零件及紧固件统称为装配集单元件，可表示为：

第 6 章 分布式科技资源的匹配推理技术

$$Ass\_SE = \left\{ \begin{bmatrix} \text{attribute\_AssConnect} & \text{ID} & F(\text{ID}) \\ & \text{Type} & F(\text{Type}) \\ & \text{EngCons} & F(\text{EngCons}) \\ & \text{EngPara} & F(\text{EngPara}) \end{bmatrix} \right\}$$

其中，ID、Type、EngCons 和 EngPara 分别表示装配集单元件的 ID、类型、工程约束和工程参数，$F(\text{ID})$、$F(\text{Type})$、$F(\text{EngCons})$ 和 $F(\text{EngPara})$ 分别表示装配集单元件各属性的取值。

定义 3：装配集约束

装配集约束是单层回转结构体零件、层间垫层零件及紧固件之间形成的几何约束与工程约束的抽象描述。可定义为 Ass_GC=（Cg,Tm,Ce,Dc,Cc,Ec），其中，Cg 为几何约束的类型，Tm=AT∪CM 为几何约束具体描述，包括构成装配约束的装配面类型与连接方式，AT=（平面—平面、柱面—柱面、平面—柱面、球面—球面），CM=（对齐、贴合、偏置、平行、垂直、共轴、相切）；Ce 为工程约束的类型；Dc=Ct∪Dm∪Ar 为工程约束具体描述，包括装配过程中的接触状态 Ct=（间隙配合、过盈配合、过渡配合），运动自由度 Dm=（平移约束运动自由度、旋转约束运动自由度）和装配阻力 Ar=（偏移阻力、间隙进行阻力、过盈进行阻力、过渡进行阻力）；Cc 为装配体之间的几何约束关系集；Ec 为装配体之间的工程约束关系集。

定义 4：装配集端口

装配集端口对装配平面与其上的多个几何特征的抽象描述，包含单一装配面与混合装配面端口。可定义为 Ass_AP=（Pp,Gt,Gd,Ai），其中，Pp 为主平面，即两个零件装配时的主要接触面；Gt=（Pf,Aa,Fi,Rc,Dc）为装配主平面上的几何特征描述，包括型面特征 Pf、装配属性 Aa、特征列表 Fi、保留特征 Rc 和废除特征 Dc；Gd=（Dt,Dh,Nm）为装配平面上几何特征的分布，包括分布的类型 Dt=（直线、圆弧、椭圆、矩形、三角形、N 次曲线、不规则曲线），分布层次 Dh=（R,C,Rs,Cs）为端口中特征分布的层次，取值为数值型，并可以用参数行 R、列 C、行间距 Rs 和列间距 Cs 来描述，Nm 为端口的特征个数；Ai=（In,It,Ia）为装配平面上几何特征的装配接口,包括接口名称 In、接口类型 It 和接口属性 Ia,且其取值类型有字符型、数值型、文本型和状态型。

定义 5:装配集空间关系

装配集空间关系是对单层回转结构体零件、层间垫层零件及紧固件之间形成的几何约束在空间的布局关系的抽象描述。可定义为 Ass_ASR=(AR,IR,IAR,IKR,ISHR,OR)。

(1)邻接关系(AR)。对于装配集 M 和装配集 N,如果满足 M 与 N 仅某一表面接触且不存在包容或被包容关系,则可以定义为装配集 M 与装配集 N 属于邻接关系。

(2)插入关系(IR)。对于装配集 M 和装配集 N,如果满足 N 包围 M 且在 N 的内部则可以定义为装配集 M 插入到装配集 N。

(3)插入邻接关系(IAR)。对于装配集 M 和装配集 N,如果 M 与 N 同时满足插入与邻接关系,则可以定义为装配集 M 插入邻接到装配集 N。

(4)插入轴孔关系(IKR)。对于装配集 M 和装配集 N,若 M 与 N 插入邻接,并且所有几何交集为圆柱面或圆锥面,则可以定义为装配集 M 轴孔插入到装配集 N。

(5)插入键槽关系(ISHR)。对于装配集 M 和装配集 N,若 M 与 N 插入邻接且存在至少一个几何交集为平面,则可以定义为装配集 M 键槽插入到装配集 N。

(6)其他关系(OR)。装配集 M 和装配集 N 不属于以上 5 种装配空间关系,则可定义为装配集 M 与装配集 N 属于其他关系。

6.3.2 特征装配集模型

装配集模型是集成记录两个零件(单元件、装配集、子装配体)之间包括工程语义、单元件、装配约束、装配端口及装配空间关系等装配信息的最小描述单元,其概念模型如图 6-16 所示。可表示为:

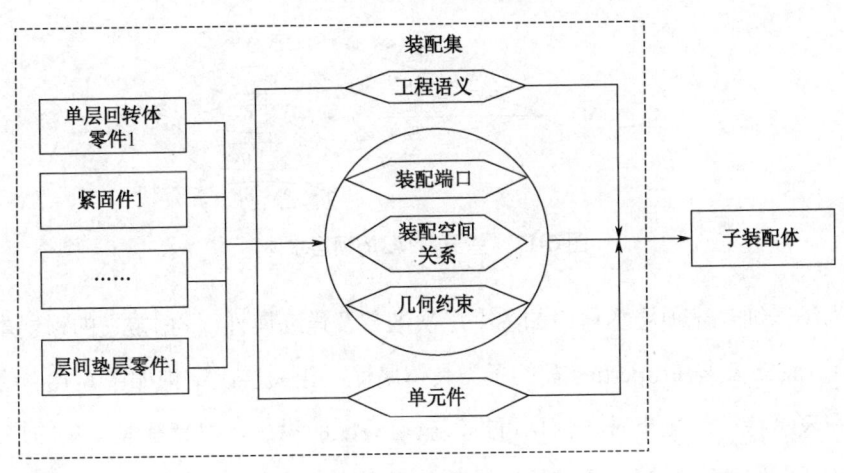

AssM=(AssInfor-Set,AssR-Set,AS-HR,AS-CR)

图 6-16　特征装配集概念模型

其中，AssInfor-Set=(Ass_ES-S∪Ass_Cons-S∪Ass_Port-S∪Ass_ASR-S)为装配集的信息集合，包括装配集工程语义集合 Ass_ES-S、装配集装配约束集合 Ass_Cons-S、装配集端口集合 Ass_Port-S 和装配集空间关系集合 Ass_ASR-S；AssR-Set 为装配集各信息单元间的关系集合，包括聚合、依赖、继承和包含关系；AS-HR 为装配集各信息单元之间的抽象层次关系；AS-CR 为待装配设计意图和规范等因素限制的各信息集合之间的组合约束关系，包括可选、冲突、耦合和组合约束关系。

6.3.3　特征装配集的本体结构设计

特征装配集是装配体的基本组成单元，基于网络本体语言（Web Ontology Language，OWL）定义特征装配集类 AssM，可用于表示装配过程中的特征装配集。为描述特征装配集相关的装配知识，现定义了 5 类本体（Ass_ES、Ass_SE、Ass_ASR、Ass_AP、Ass_Cons），分别抽象表示装配工程语义、装配单元件、装配空间关系、装配端口和装配约束，如图 6-17 所示，图中的每一个椭圆都表示一个 OWL 类，椭圆之间用实线箭头连接，箭头首端表示类的对象属性，实线箭头尾端指向的类表示对应该属性的相关取值范围。

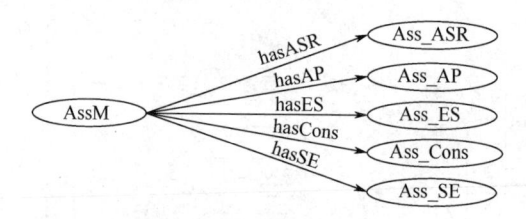

图 6-17 基于 OWL 的顶层本体

为了详细表述顶层本体中的各个层次细节及详细属性，依据定义的顶层本体，定义了 AssM 类与 Properties 类的子类具体属性，相关层次结构如图 6-18 所示。

在表示特征装配集时，依据可拆卸就可装配的思想，对特征装配集的描述就是对不断获取的可拆卸对象的描述过程，直至整个装配体被拆卸成单个零部件。现构建了 AssM 的三个子类 Part、SubAssM、DisAM 分别用于描述零部件、子装配体及可拆卸对象，这三类都包含了特征装配集的所有基本信息。

本体具有多个对象属性，能够详细地描述所包含的子装配体及零件详细装配信息，如图中所示的 Properties 类，其由子类 Ass_ES、Ass_SE、Ass_ASR、Ass_AP、Ass_Cons 构成，而这 5 个子类对象又由对应的多个子类构成。其中，Ass_ASR、Ass_AP 及 Ass_Cons 是特征装配集的关键所在，这三者结合能够形象地描述装配的各个环节；Ass_ES 与 Ass_SE 描述装配零件的状态及名称，属于描述性知识本体。下面将依次构建相应的本体。

1. 装配集工程语义本体（Ass_ES）

装配集工程语义本体组成结构图如图 6-19 所示，其包含联结语义 sj、传动语义 ts、配合语义 cs 和自定义语义 ds。联结语义 sj 的取值范围包括螺纹、销、键、无键和其他连接，传动语义 ts 的取值范围包括齿轮、带、链、螺旋和其他传动，配合语义 cs 的取值范围包括轴孔、面面、轴肩和其他配合。

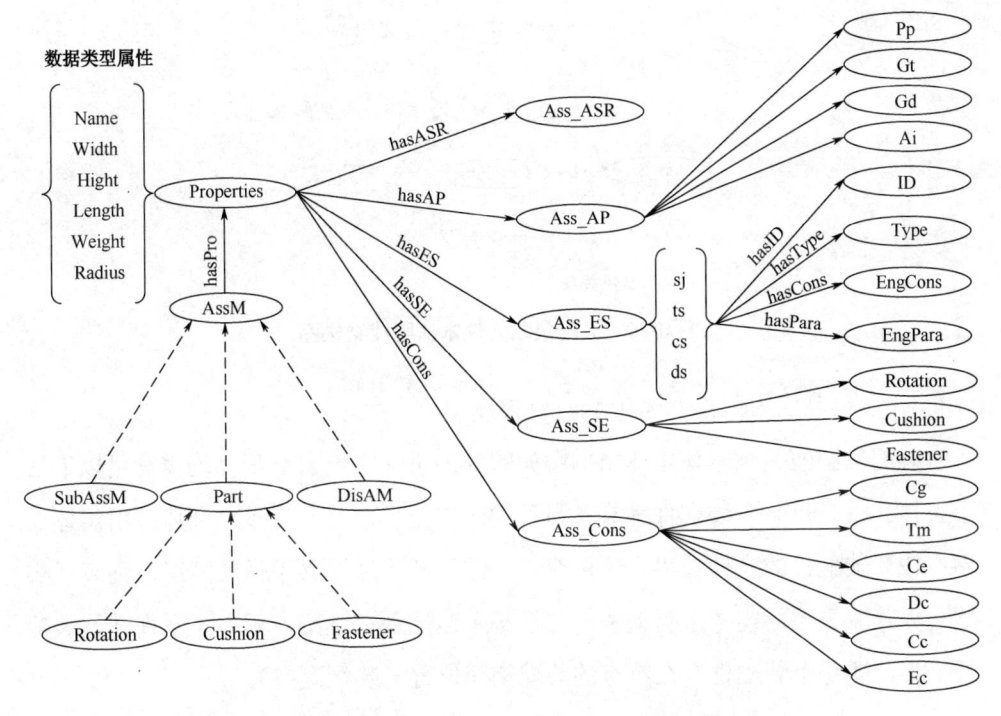

第6章 分布式科技资源的匹配推理技术

图 6-18　AssM 类与 Properties 类的组成相关层次结构

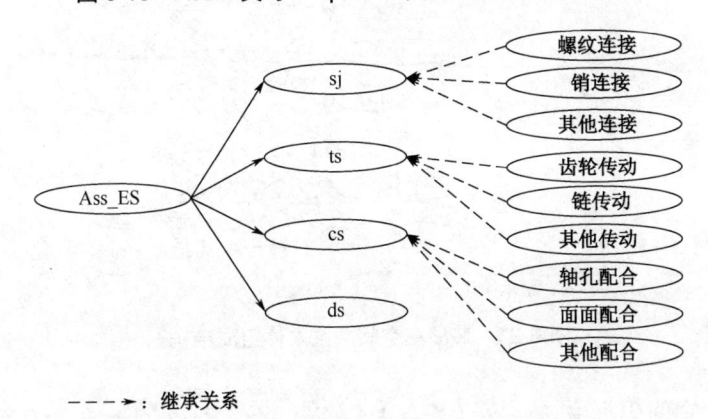

图 6-19　装配集工程语义本体组成结构图

2. 装配集单元件本体（Ass_SE）

装配集单元件本体组成结构图如图 6-20 所示，其包含单元件的 ID、类型 Type、工程约束 EngCons 和工程参数 EngPara。

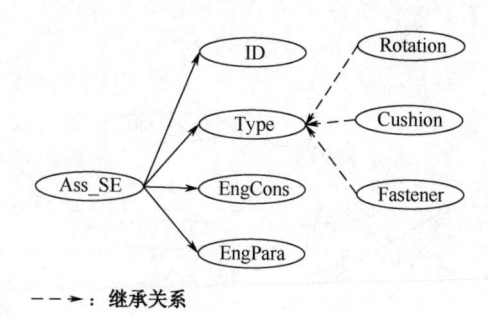

图 6-20　装配集单元件本体组成结构图

3. 装配集空间关系本体（Ass_ASR）

装配集空间关系本体组成结构图如图 6-21 所示，所有装配体均需满足以下三个条件：（1）每一个装配件都具备自己的实体边界，且允许多个个体共用实体边界；（2）装配件的实体边界不可以交叉干涉，若出现交叉干涉的情况，则表示实体边界获取失败，需要重新调整；（3）每个装配件在装配过程中不允许其他装配件干涉，即每个装配件存在特有的装配空间位置（装配姿态）。

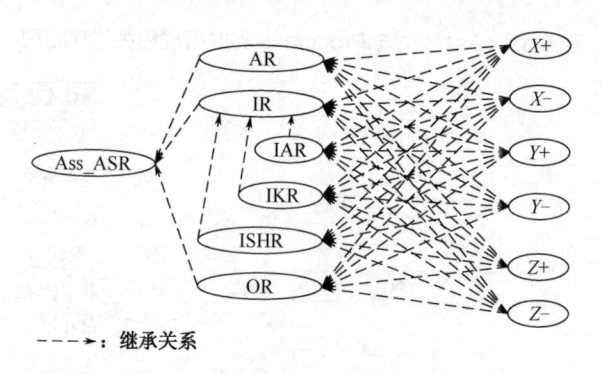

图 6-21　装配集空间关系本体组成结构图

在装配空间坐标系中定义（$X+$、$X-$、$Y+$、$Y-$、$Z+$、$Z-$）六个方向。两个装配体之间的相对关系是方向相反，此处也可称为已装配的装配件方向具备自反性。

构建装配空间关系本体 Ass_ASR 包含 AR、IR、IAR、IKR、ISHR、OR 六个子类，每个子类都包含六个方向子类。

第6章 分布式科技资源的匹配推理技术

4. 装配集端口本体（Ass_AP）

装配集端口本体组成结构图如图 6-22 所示，包含 Pp，Gt，Gd 和 Ai 四个子类。装配端口 Ai 的识别过程为：确定主平面 Pp 的类型→确定主平面上的装配几何特征描述 Gt=(Pf,Aa,Fi,Rc,Dc)及几何特征的分布 Gd=(Dt,Dh,Nm)→确定装配接口 Ai=(In,It,Ia)。若所装配的对象不是单一零件，则不对其进行分解分析，只考虑现有情况下的外部装配特征。

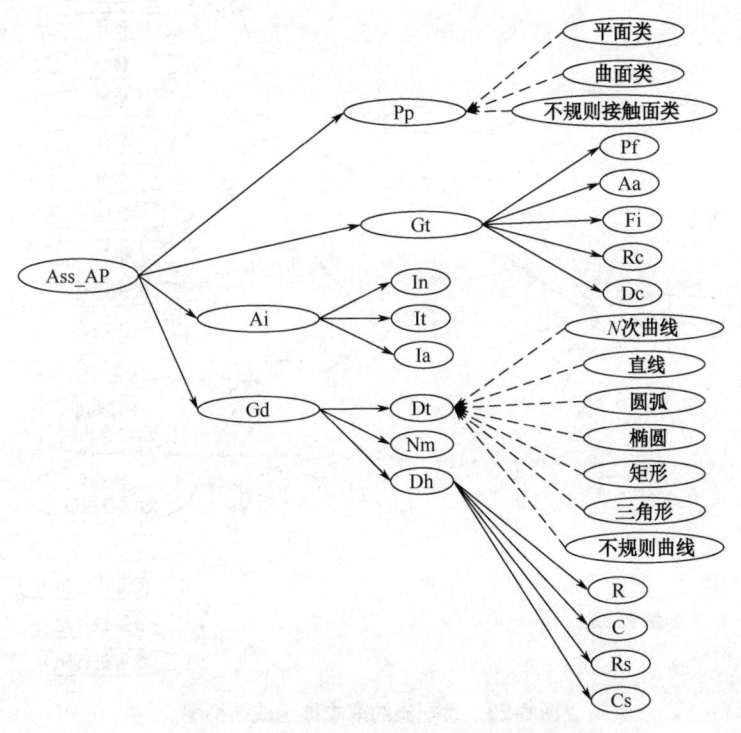

图 6-22　装配集端口本体组成结构图

5. 装配集约束本体（Ass_Cons）

装配集约束本体组成结构图如图 6-23 所示，装配约束本体的关键在于确定装配的几何约束与装配工程约束，其具体表示过程为：（1）首先确定装配几何约束的类型 C_g，再确认包括装配面类型 AT 与连接方式 CM 在内的几何约束具体描述 T_m；（2）首先确定装配工程约束的类型 C_e，再确认包括接触状态 C_t、运动自由度 Dm 及装配阻力 Ar 在内的工程约束具体描述 Dc；(3) 综合几何约束与装配工程约束信息，给出装配体之间的几何约束关系集 Cc 与装配体之间的工程约束关系集 Ec。

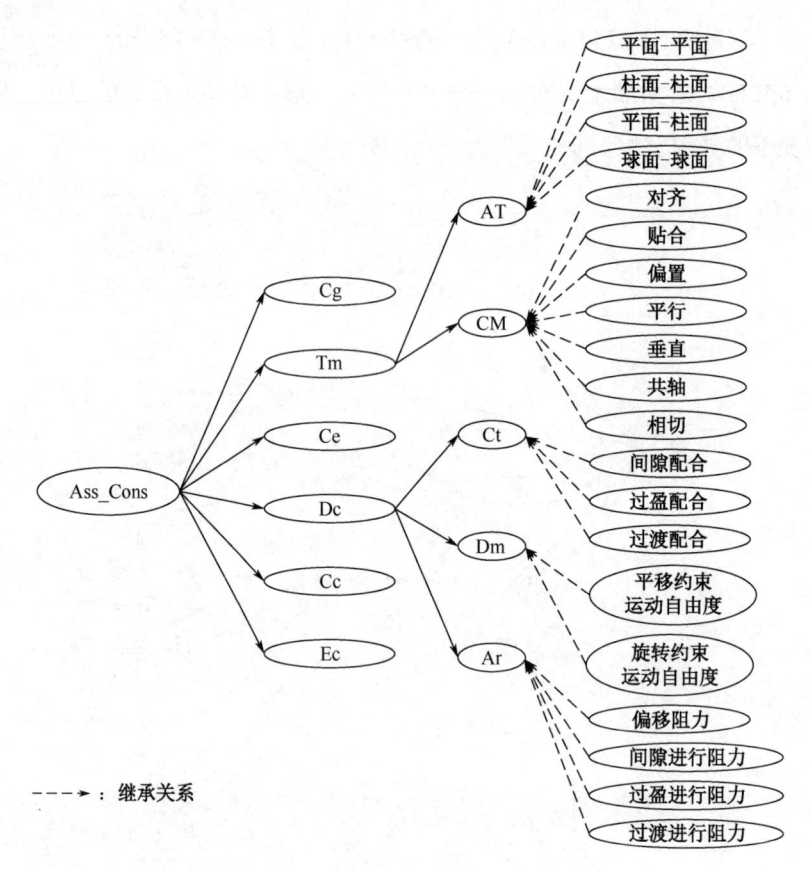

图 6-23　装配集约束本体组成结构图

属性本体所包含装配空间关系本体 Ass_ASR、装配端口本体 Ass_Ap、装配约束本体 Ass_Cons、工程语义本体 Ass_ES 及单元件本体 Ass_SE 这五类本体已构建完成，接下来将依据构建的这五类本体给出相应的本体推理规则，进一步丰富所构建的资源本体。

6.3.4 特征装配集装配规则的本体构建

1. 装配空间关系的本体构建

为了形式化地描述装配空间关系,此处使用分体拓扑学与 OWL 语言结合的方式抽象地表示包括 AR、IR、IAR、IKR、ISHR、OR 在内的装配空间关系。常见的装配体都是由点到线、线到面、面到体构造而成的,为了便于对其进行描述,此处可借鉴分体拓扑学的理论,其核心中的原子关系可表示为下述规则中的 Part_of(M,N),其含义表示为 M 是 N 的一部分,其中 M 可以是点、线、面、体,也可以是 $X+$、$X-$、$Y+$、$Y-$、$Z+$、$Z-$ 等代表的位置信息。将 6.3.1 节定义 3 给出的装配空间关系进行形式化表达,并补充了相应的装配空间关系规则。

规则 1:相交关系。特征装配集 M 与 N 在 x 方向的某处相交重叠,可表示为:

$$\text{Int}(M,N) \equiv \exists x (\text{Part\_of}(x,M) \cap \text{Part\_of}(x,N))$$

规则 2:分离关系。特征装配集 M 与 N 是分离的,也就是说 M 与 N 在 x,y,z 的方向上都不相交,则可表示为:

$$\text{Dis}(M,N) \equiv \neg(\exists(x,y,z)(\text{Part\_of}((x,y,z),M) \cap \text{Part\_of}((x,y,z),N)))$$

规则 3:边界关系。Bor(a,b) 可以被描述为 a 是 b 的真实边界。

规则 4:包含关系。特征装配集 M 在 N 的内部,可表示为:

$$\text{Inc}(M,N) \equiv \text{Part\_of}(M,N) \cap \forall a (\text{Bor}(a,M) \rightarrow \neg O(a,N))$$

规则 5:相邻关系。表示 M 与 N 在 x 的方向某处拥有共同的实体边界。可表示为:

$$\text{Tou}(M,N) \equiv \exists x (\text{Part\_of}(x,M) \cap \text{Part\_of}(x,N) \cap \text{Bor}(x,M) \cap \text{Bor}(x,N))$$

规则 6:邻接关系(AR)。如果特征装配集 M 与 N 仅某一表面接触,且不存在包容或被包容关系。例如,在 Z 轴正方向的某处 M 与 N 存在邻接关系,可表示为:

$$\text{AR}(M,N) \equiv \exists z^+ (\text{Part\_of}(z^+,M) \cap \text{Part\_of}(z^+,N) \cap \text{Bor}(z^+,M) \cap \text{Bor}(z^+,N))$$

规则 7:插入关系(IR)。如果满足特征装配集 N 包围 M,且 M 在 N 的内部,则可以定义为特征装配集 M 插入到特征装配集 N。可表示为:

$$\text{IR}(M,N) \equiv \exists x(\text{Part\_of}(x,M) \bigcap \text{Part\_of}(x,\text{Rir}(N)) \bigcap \neg \text{Bor}(x,\text{Rir}(N)))$$

其中，Rir( )表示将封闭的特征装配集中所有内环去除的操作。IR(M, N)具体含义表示特征装配集 M 插入到 N 的内部后，N 进行了内环去除操作，可获取到的 x 为 M 与 N 共同包含的一部分。

规则 8：插入邻接关系（IAR）。如果特征装配集 M 与 N 同时满足插入邻接关系，则可以定义为特征装配集 M 插入邻接到特征装配集 N。可表示为：

$$\text{IAR}(M,N) \equiv \text{AR}(M,N) \bigcap \text{IR}(M,N)$$

规则 9：插入轴孔关系（IKR）。特征装配集 M 与 N 插入邻接，并且所有几何交集为圆柱面或圆锥面，则可以定义为特征装配集 M 轴孔插入到特征装配集 N。可表示为：

$$\text{IKR}(M,N) \equiv \text{IAR}(M,N) \bigcap \forall x(\text{Bor}(x,M) \bigcap \text{Bor}(x,N) \bigcap \text{Cyl}(x) \bigcup \text{Con}(x))$$

其中 Cyl(x) 表示 x 元素为一圆柱面，Con(x) 表示 x 元素为一圆锥面，上述规则具体含义为在 M 与 N 为插入邻接关系的前提下，圆柱面与圆锥面这两者之一为 M 与 N 接触面的实体边界。

规则 10：插入键槽关系（ISHR）。若特征装配集 M 与 N 插入邻接，并且至少存在一个几何交集为平面，且至少一个几何交集为柱面，则可以定义为特征装配集 M 键槽插入到特征装配集 N。可表示为：

$$\text{ISHR}(M,N) \equiv \text{IAR}(M,N) \bigcap \exists x \big(\text{Bor}(x,M) \bigcap \text{Bor}(x,N) \bigcap \text{Plane}(x)\big) \bigcap$$
$$\exists y \big(\text{Bor}(y,M) \bigcap \text{Bor}(y,N) \bigcap \text{Cyl}(y)\big)$$

其中，Plane(x) 表示 x 元素为一平面，Cyl(y) 表示 y 元素为一圆柱面，上述规则的具体含义为在 M 与 N 为插入邻接关系的前提下，平面 x 与柱面 y 为 M 与 N 接触面的实体边界。

规则 11：其他关系（OR）。特征装配集 M 和特征装配集 N 不属于以上装配空间关系，则可定义为特征装配集 M 与特征装配集 N 属于其他关系。可表示为：

$$\text{OR}(M,N) \equiv \forall (\neg \text{AR}(M,N) \bigcap \neg \text{IR}(M,N) \bigcap \neg \text{IAR}(M,N) \bigcap$$
$$\neg \text{IKR}(M,N) \bigcap \neg \text{ISHR}(M,N))$$

第 6 章 分布式科技资源的匹配推理技术

2. 装配端口的本体构建

装配端口是对装配主平面及其上多个几何特征的抽象描述,同样采用 OWL 描述规则方式对装配端口的规则进行描述,相应的推理规则如下。

规则 1:定义 $FindPp(M,N,\cdots) \to Pp(M,N,\cdots)$ 为获取特征装配集主平面类型的方法,结果输出为 M 与 N 的主平面类型,子类分别为平面类、曲面类和不规则接触面类。

规则 2:针对几何特征描述 Gt 定义获取 Gt 的方法:$GetGt(M) \to Gt(Pf,Aa,Fi,Rc,Dc)$,其中,$M$ 为需要获取相关信息的对象,Pf、Aa、Fi、Rc 和 Dc 为 Gt 的基本属性对应的取值;针对几何特征的分布特征 Gd 定义获取 Gd 的方法为:$GetGd(M) \to Gd(Dt,Dh,Nm)$,其中,$M$ 为需要获取相关信息的对象,Dt、Dh 和 Nm 为 Gt 的基本属性对应的取值。

规则 3:定义装配接口的获取规则为:

$$GetAi(M) \to Ai(In,It,Ia) \equiv \forall M \left(Gt(Pf,Aa,Fi,Rc,Dc) \bigcup Gd(Dt,Dh,Nm) \right)$$

该规则具体解释是对于特征装配集 M,装配接口 Ai(In,It,Ia)的确定需要综合 Gt 与 Gd 的全部信息才能获取。

规则 4:若所装配的对象不是单一零件,则不对其进行分解分析,只考虑现有情况下的外部装配特征。

规则 5:(推理过程)装配端口的获取过程可表示为:

$$GetAss\_AP(M) \to Ass\_AP(Pp,Gt,Gd,Ai) \equiv \forall \left(FindPp(M) \bigcap GetGt(M) \bigcap GetGd(M) \bigcap GetAi(M) \right)$$

上述规则的具体含义是获取特征装配集 M 的装配端口要使用方法 $FindPp(M)$ 获取装配主平面,然后使用方法 $GetGt(M)$ 和 $GetGd(M)$ 获取进一步的信息,再综合 $Pp(M)$、$Gt(M)$、$Gd(M)$ 使用 Get(Ai)获取装配接口 $Ai(M)$ 信息,最后获取特征装配集 M 的装配端口 $Ass\_AP(M)$。

3. 装配约束的本体构建

装配约束主要描述零件及子装配体间的几何约束及工程约束的情况,对装配约束给出相关的装配约束规则。

规则 1：定义 FindCg(M)→Cg(M)为获取特征装配集几何约束类型的方法，结果输出为 M 的几何约束类型。

规则 2：针对几何约束具体描述 Tm，定义获取 Tm 的方法：GetTm(M)→Tm(AT(M)∩CM(M))，针对 AT(M)定义了相应的获取方法：GetAT(M)→AT(M)，其中，AT(M)的取值范围为平面—平面、柱面—柱面、平面—柱面、球面—球面；针对 CM(M)定义了相应的获取方法：GetCM(M)→CM(M)，其中，CM(M)的取值范围为对齐、贴合、偏置、平行、垂直、共轴、相切。

规则 3：定义 FindCe(M)→Ce(M)为获取特征装配集工程约束类型的方法，结果输出为 M 的工程约束类型。

规则 4：针对工程约束具体描述 Dc，定义获取 Dc 的方法：GetDc(M)→Dc(Ct(M)∩Dm(M)∩Ar(M))，针对 Ct(M)定义了相应的获取方法：GetCt(M)→Ct(M)，其中，Ct(M)的取值范围为间隙配合、过盈配合、过渡配合；针对 Dm(M)定义了相应的获取方法：GetDm(M)→Dm(M)，其中，Dm(M)的取值范围为平移约束运动自由度、旋转约束自由度所对应的相关数值；针对 Ar(M)定义了相应的获取方法：GetAr(M)→Ar(M)，其中，Ar(M)的取值范围为偏移阻力、间隙进行阻力、过盈进行阻力、过渡进行阻力所对应的相关数值。

规则 5：定义装配几何约束集 Cc 和装配工程约束集 Ec 的获取规则：

装配几何约束集 Cc：

$$\mathrm{GetCc}(M) \to \mathrm{Cc}(M) \equiv \forall M\left(\mathrm{FindCg}(M)\bigcup\mathrm{GetAT}(M)\bigcup\mathrm{GetCM}(M)\right)$$

装配工程约束集 Ec：

$$\mathrm{GetEc}(M) \to \mathrm{Cc}(M) \equiv \forall M\left(\mathrm{FindCe}(M)\bigcup\mathrm{GetCt}(M)\bigcup\mathrm{GetDm}(M)\bigcup\mathrm{GetAr}(M)\right)$$

规则 6：（推理过程）装配约束的获取过程可表示为：

$$\mathrm{GetAss\_Cons}(M) \to \mathrm{Ass\_Cons}(\mathrm{Cg},\mathrm{Tm},\mathrm{Ce},\mathrm{Dc},\mathrm{Cc},\mathrm{Ec}) \equiv$$
$$\forall\left(\mathrm{FindCg}(M)\bigcap\mathrm{GetTm}(M)\bigcap\mathrm{FindCe}(M)\bigcap\right.$$
$$\left.\mathrm{GetDc}(M)\bigcap\mathrm{GetCc}(M)\bigcap\mathrm{GetEc}(M)\right)$$

上述规则具体含义是获取特征装配集 M 的装配约束。第一步需要使用方法 FindCg(M)获取装配的几何约束类型，然后使用方法 GetTm(M)获取几何约束的具体描述；第二步需要使用方法 FindCe(M)获取装配的工程约束类型，然后使用方法 GetDc(M)获取工程约束的具体描述；第三步要综合前两步的使用方法 GetCc(M) 与 GetEc(M)获取几何、工程约束关系集，最终获取装配约束 Ass_Cons(M)。

6.3.5 基于特征语义过滤的装配知识推送

装配工艺知识的特征被大量采集，导致物元描述与构建的装配工艺知识语义矩阵 S 的维数爆炸，为了计算检索条件与装配工艺知识的匹配度，需要对装配工艺知识语义矩阵进行降维处理以获取所需要的低维数据。此处采用奇异值分解的方法实现对装配工艺知识语义矩阵的降维处理，这样能够缩小问题的复杂程度，且可以分析出特征语义结构。

设 S 为一个由装配工艺知识库映射而成的 n 阶矩阵，秩为 r，则一定存在 m 阶正交矩阵 P 和 n 阶正交矩阵 Q 满足以下条件：

$$P^{\mathrm{T}}SQ = \begin{bmatrix} \Sigma & 0 \\ 0 & 0 \end{bmatrix}$$

其中，P 为左奇异矩阵，P 的列向量即为 S 的左奇异向量，也就是 SST 的特征向量；Q 为右奇异矩阵，P 的列向量即为 S 的右奇异向量，同样也是 SST 的特征向量；$\Sigma = \mathrm{diag}(\lambda_1, \cdots, \lambda_m)$，其中，$\lambda_i$ 为 S_i 的奇异值，λ 值始终大于等于 0，且是按照从小到大的顺序排列的。

进一步的对 Σ 进行约简，保留 Σ 中 k 个最大的 λ，其余的 λ 设置为 0，构成最小二乘矩阵用于代替 S，同样的也只保留 P 的前 k 行和 Q 的前 k 列，经过降维后的 S 可表示为：

$$S_k = P_k \Sigma_k Q_k^{\mathrm{T}}$$

从 S 到 S_k 的降维保留了 S 中大部分相对重要的原始信息，其中 S_k 可理解为 S 的 k 个最大奇异值构成的秩序阵，也是与所需要 S 最为接近的。装配工艺知识特征语义空间图形化表示如图 6-24 所示。

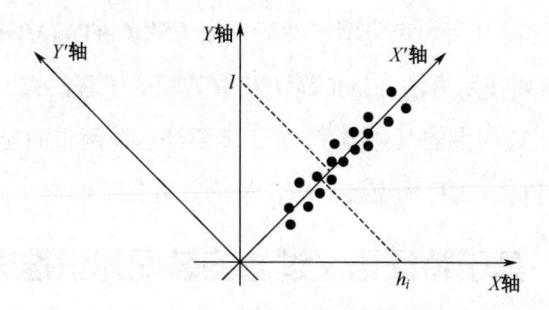

图 6-24 装配工艺知识特征语义空间图形化表示

原始的语义空间 X-Y 经过奇异值分解降维映射变换为新的空间 X'-Y'，图中的每一个黑点都代表一条装配工艺知识，原始空间的任意轴 X、Y 是描述词的抽象表示，经过奇异值分解降维变换后，X' 与 Y' 的方向则分别表示为 P 的第 1 与 2 列向量，而相应的奇异值则表示缩放的比例。如图 6-24 所示，假设存在一个检索条件 l 位于 X 轴，用传统的匹配方式无法匹配推送到位于 Y 轴的装配工艺知识描述 h_i，但是若投影至新的语义特征空间中，就可以在 X' 轴上快速匹配临近的 h_i。

基于特征语义过滤的装配知识推送方法中的检索条件是装配工工艺知识推送时对装配工艺知识库中的工艺知识进行检索匹配的条件，由零部件装配过程中的装配任务产生，装配工工艺知识表示为：

$$Rc = \begin{bmatrix} \bm{Rc_1}(rc_{11}, rc_{12}, \cdots, rc_{1n}) \\ \bm{Rc_2}(rc_{21}, rc_{22}, \cdots, rc_{2n}) \\ \vdots \\ \bm{Rc_m}(rc_{m1}, rc_{m2}, \cdots, rc_{mn}) \end{bmatrix} = \begin{bmatrix} l_1 \\ l_2 \\ \vdots \\ l_m \end{bmatrix}$$

将原始的装配工艺知识经过奇异值降维分解转换到新的语义特征空间并存储在 $\bm{Q_k}$ 中，式中检索条件 $\bm{Rc_m}$ 向量可用 l 表示，并将 l 投影到新的装配工艺知识语义特征空间，目的是为了能够将检索条件与所匹配推送的装配工艺知识更快速地配对。进而可在特征语义空间中计算装配工艺知识需求（检索条件）与知识库中的装配工艺知识的相似度。采用余弦公式进行相似度计算：

第 6 章　分布式科技资源的匹配推理技术

$$\mathrm{Sim}(l^k,h_j) = \frac{\sum_{m=1}^{k}\left(h_{jm}\cdot l_m^k\right)}{\sqrt{\sum_{m=1}^{k}\left(h_{jm}\right)^2 \cdot \sum_{m=1}^{k}\left(l_m^k\right)^2}}$$

其中，l_m^k 表示为在新的与语义空间的装配工艺知识检索条件向量中第 m 个描述词的权重值，h_{jm} 表示为装配工艺知识库中第 j 条装配工艺知识的第 m 个描述词的权重值。

▶ 6.3.6　基于用户知识行为模型的装配知识二次过滤

经过检索条件与装配工艺知识的匹配度计算的结果进行检索匹配，对匹配后结果进行第一次排序筛选过滤，保留符合条件的装配工艺知识，通过基于用户知识行为模型对第一次筛选后的装配工艺知识进行二次过滤，将最后的匹配结果推送给相关人员，实现装配工艺知识的快速优选匹配。

第一步过滤掉 X 轴下方与装配工艺知识情景关联度低的装配工艺知识，然后将 X 轴上方的装配工艺知识根据用户兴趣相关程度进行排序，过滤掉 Y 轴左侧相关程度低的装配工艺知识，保留 Y 轴右侧的装配工艺知识，即为装配工艺知识相对最优解集合。推送流程如图 6-25 所示。

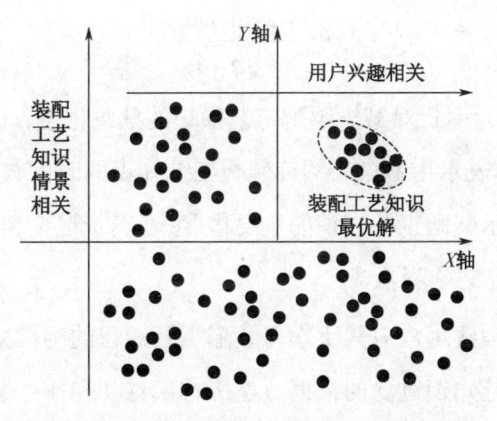

图 6-25　基于用户需求的知识资源推送流程

首次过滤的结果设定推送阈值 R，去除低于阈值的装配工艺知识，结果为过滤结果的并集，以 Sort(Fr) 表示排序过滤结果，即

$$\text{Sort}(Fr) = \bigcup_{i}^{n}\left(\text{Sort}(Fr_i)\right)$$

经过首次过滤后，保留的装配工艺知识满足检索条件的要求，但未考虑用户的个性化的装配工艺知识需求，因此，需要结合用户的个人情况对装配工艺知识进行二次过滤。

用户的行为分为显性行为和隐性行为，显性行为可解释为用户评价或创建知识的行为，而隐性行为可解释为用户阅读或学习知识的行为。显性行为能够通过固定的值构造相应用户的知识行为模型，而隐性行为则不能直接用固定值表示。构造用户隐性知识行为模型是二次过滤的关键，通过用户对装配工艺知识的熟悉度可以构造用户的知识行为模型。此处借鉴德国心理学家艾宾浩斯提出的人类记忆遗忘规律来表示用户对其所学习的装配工艺知识的熟悉程度，可表示为：

$$\omega_{ki} = \begin{cases} \dfrac{1.2\sin(\varphi\beta_{ki})}{\sqrt[3]{x+1}}, & 0 \leqslant x \leqslant \eta \\ \dfrac{\delta}{1+\dfrac{\ln(x-\eta+1)}{10}}, & x > \eta \end{cases}$$

$$\delta = \frac{1.2\sin(\varphi\beta_{ki})}{\sqrt[3]{\eta+1}}$$

其中，ω_{ki} 表示为用户对某一装配工艺知识的熟悉程度；φ 表示记忆曲线的特征参数，$0<\varphi<1$；x 表示用户学习阅读装配工艺知识的时间与当前时间的时间差，用天数表示；β_{ki} 表示装配工艺知识的重要程度；δ 表示记忆遗忘的稳定熟悉参数；η 表示记忆知识的遗忘临界点。

依据上述模型构建用户对其所学习装配工艺知识的隐性知识行为模型，并将其作为二次装配工艺知识过滤的依据，遍历首次过滤和排序装配工艺知识，与装配工艺知识的隐性知识行为模型进行比较，当满足以下任意一个或多个条件时，将该条装配工艺知识从推送结果中剔除。

（1）用户对所推送的装配工艺知识的优劣度评价较差。

（2）所推送的装配工艺知识是由用户本身创建的。

（3）经过正确的计算所获得的知识熟悉度大于所设定的合理阈值。

参 考 文 献

[1] D. Ravichandran, E. Hovy. Lerning Surface Text Patterns for a Question Answering System[C]. Meeting of the Association for Computational Linguistics, Proceedings of the Conference. 2002:41-47.

[2] A. Woehrer, P. Brezany, Min Tjoa A. Novel Mediator Architectures for Grid Information Systems[J]. Future Generation Computer Systems, 2005, 21(l): 107-114.

[3] Yelong Shen, Xiaodong He, Jianfeng Gao, et al. A Latent Semantic Model with Convolutional-Pooling Structure for Information Retrieval[C]. CIKM, 2014.

[4] Po-Sen Huang, Xiaodong He, Jianfeng Gao, et al. Learning Deep Structured Semantic Models for Web Search using Clickthrough Data[C]. CIKM, 2013.

[5] M. Tan, C. N. Santos, B. Xiang, et al. Improved Representation Learning for Question Answer Matching[C]. Meeting of the association for computational linguistics, 2016: 464-473.

[6] Antoine Bordes, Sumit Chopra, Jason Weston. Question Answering with Subgraph Embeddings[C]. CoRR, 2014:abs/1406.3676

[7] 李彬，刘挺，秦兵. 基于语义依存的汉语句子相似度计算[J]. 计算机应用研究，2003，20(12): 15-17.

分布式科技资源的评价优化技术

·第**7**章·

> 本章介绍了分布式科技资源服务效能的评价体系和方法，在分析科技资源服务能力构成及特点的基础上，建立综合评价体系，并给出了基于云推理的量化评价方法，实现了科技资源云能力的最大效能服务过程，对云模式下科技资源服务实体产业的效能综合评估进行了探索。

7.1 大数据环境下多群落双向驱动协作搜索算法

针对分布式科技资源多源异构特点，提出一种能够根据环境变化不断优化种群适应度的多群落双向驱动协作搜索算法。在分析微粒群落特性的基础上，基于无向加权图建立了多群落协作网演化模型，该模型根据群落适应值的优劣对群落类型进行划分，并根据不同群落间的协作权重和群落节点响应度评估群落节点强度，由节点强度最大的群落引导整个协作网进化，改进传统群集智能算法面对大数据环境变化的自适应性能缺陷。构建了一种多群落双向驱动的进化新模式，给出了多群落协作的异步并行搜索算法，实现了不同环境下群落内部与群落之间的并行进化，降低了大数据分析中巨大的计算时空开销。实验结果表明，该方法能够帮助大规模混杂多变数据不断优化种群适应度，能更快地适应环境变化，并在可接受的时间内获得精确解，为科技资源评价服务求解提供了技术支持。

7.1.1 多群落协作网演化模型

基本微粒群算法是以全局最优微粒为核心的单群落寻优模式，不能有效解决混杂多变数据的高效处理问题，如果将这种模式拓展为任务关联的多群落协作寻优模式，就形成了对任务具有高适应性的多群落协作搜索网络（Multi Community Cooperation Network，MCCN）。图 7-1 所示为多群落协作网络，该协作网中，由于任务需求而使不同类型群落之间产生任务协作关系，如外环群落间的协作关系，内环群落间的协作关系，以及内环与外环群落间的协作关系等。

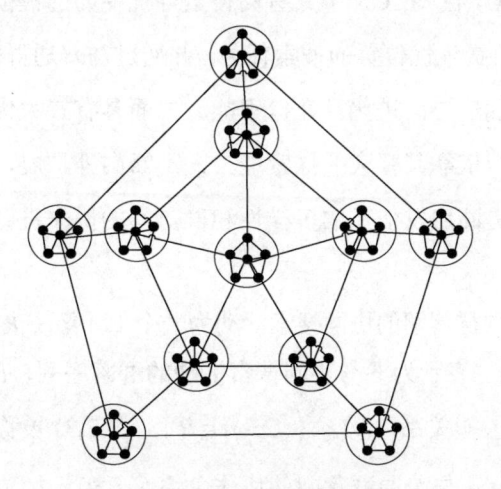

图 7-1　多群落协作网络

从数学的角度，网络可以看作顶点集和边集的组合。为了更好地描述 MCCN 并建立其演化模型，首先给出如下定义。

定义 7-1：MCCN。假设有多个微粒群落，每个群落均是以全局最优微粒为核心的单群落寻优模式，由于多群落相互间存在进化信息交互和关联关系，这些微粒群落之间形成不同层次的搜索任务协作关系，这些新的任务协作关系将多个群落连接成新的网络,该网络被称为 MCCN。

定义 7-2:阈值 FT。判定阈值的方式为:

$$FT = \frac{\sum_{i=1}^{n} F_i}{n}$$

其中,F_i 为群落 i 的全局最优适应值,n 为协作网中群落个数。依据群落类型判定阈值 FT,可将协作网中的微粒群落划分为模范群落和普通群落。其中,若群落适应值 F_i 满足 $F_i \geqslant FT$,则该群落具有较强的局部寻优能力,将其划分至模范群落,记作 MC_i;反之,若 $F_i < FT$,则该群落具有较强的全局探索能力,故将其划分至普通群落,记作 CC_i。

为了与微粒群落特性相符,保证本节建立的 MCCN 能完成对任务具有高适应性的多群落协作搜索,将 MCCN 中具有高搜索寻优能力的模范群落布局在协作网的内层网络,重点负责最优位置的搜索任务,并通过与普通群落之间的信息交互,引导整个群体向最优值方向进化。在探索能力方面具有较大优势的普通群落则集中布局在外层网络,依靠其强大的探索能力,不断向外扩展,并给模范群落提供最新的寻优信息,提高启发信息的多样性和群落间的协作机会,增强群落的全局搜索能力。

定义 7-3:设不同群落间的协同搜索活动为一个二元组 (C,R),其中 $C = \{c_1, c_2, \cdots c_j, \cdots, c_n\}$ $(1 \leqslant j \leqslant n)$,表示为参与协同搜索活动的群落序列,$R: C \times C$ 为搜索过程中群落之间的交互依赖关系。$\forall (r_s : \langle c_i, c_j \rangle) \in R$ $(s = 1, 2, 3)$ 被称为协作关系单元,其中,r_1 表示模范群落与普通群落间的协作关系,r_2 表示模范群落与模范群落间的协作关系,r_3 表示普通群落与普通群落间的协作关系。协作关系集中不同群落间协作关系单元的个数称作该协作关系集的模,记作 $\|R\|$。

一般而言,若 $r_s(c_i, c_j) = 1$,则两个协作群落间存在一条边,且协作关系单元越多,节点间的边权重越大;若不同群落间不存在协作关系,则 $r_s(c_i, c_j) = 0$。

定义 7-4:设 $\omega_{i,j} = \sum_{s=1}^{\|R\|} r_s(c_i, c_j)$ 为 MCCN 中不同群落之间的协作权重,其中,

c_i 与 c_j 之间的协作权重也称为 MCCN 的边权重。

为了完成对群落节点的综合量化评价，引入群落节点最优值 g_{bseti} 的评价指标：距离向量 H_i 和响应度 e_i。

定义 7-5：距离向量。将群落 i 的全局最优值 g_{besti} 分别与该群落内的 m 个微粒的个体最优位置 p_{bestj} 求差并取绝对值，得到该群落全局最优值 g_{besti} 的距离向量 $H_i = (h_1, h_2, \cdots, h_m)$。

定义 7-6：响应度。设定合格距离阈值 D，依据公式：

$$ev_i = \begin{cases} 0, h_i > D \\ 1, h_i \leqslant D \end{cases}$$

对距离向量 H_i 进行遍历运算，可得到该群落微粒对节点最优值 g_{besti} 的响应值，将响应值按序相加得到该群落 g_{besti} 全局最优值的响应度 e_i。

定义 7-7：群落节点强度。在 MCCN 中，定义群落节点的强度为 s_i，则：

$$s_i = \sum_{c_j \in U_j} \omega_{ij} + e_i$$

其中，ω_{ij} 为群落节点 c_i 与 c_j 之间的协作权重，e_i 为群落节点的响应度，U_i 为群落节点 c_i 的邻域，其满足：

$$U_i = \left\{ c_j \left| \bigvee_{s=1}^{\|R\|} r_s(c_i, c_j) \neq 0 \right. \right\}$$

MCCN 可以由其邻接矩阵表示为 $A(G)_{n \times n} = (B)_{n \times n}$，若设 $E_{n \times 1} = [e_1, e_2, \cdots e_n]$ 为 MCCN 的响应度矩阵，则节点强度矩阵为：

$$\begin{aligned} S_{n \times 1} = &[\omega_{11}A(G)_{11} + \omega_{12}A(G)_{12} + \cdots \omega_{1n}A(G)_{1n} \\ &+ e_1, \omega_{21}A(G)_{21} + \omega_{22}A(G)_{22} + \cdots \omega_{2n}A(G)_{2n} + + e_2, \cdots, e_1, \omega_{n1}A(G)_{n1} + \\ &\omega_{n2}A(G)_{n2} + \cdots \omega_{nn}A(G)_{nn} + e_n] \end{aligned}$$

由定义 7-7 知，群落节点强度既考虑了微粒群落节点之间的协作权重，也考虑了群落节点自身内部微粒的寻优情况，是对群落局域信息和自身能力的综合评价，可以有效反应该群落在整个协作网络中的寻优导向能力。

因此，MCCN 可以用无向加权图 $G(C, R, W, S)$ 表示，如图 7-2 所示，其中，$C =$

$\{c_1, c_2, \cdots, c_n\}$ 表示不同类型的协作群落节点集合；$R = \{\{r_1(c_1,c_1), r_1(c_1,c_2), \cdots, r_k(c_i, c_j), \cdots, r_s(c_n, c_n)\}$ 表示各群落之间的协作关系边集合；$W = \{\omega_{11}, \omega_{12}, \cdots, \omega_{ij}, \cdots, \omega_{nn}\}$ ($1 \leqslant i, j \leqslant n$) 是群落节点间协作边权重集合；$S = \{s_1, s_2, \cdots, s_n\}$ 是群落节点强度集合，其中，s_i 为节点强度矩阵第 i 行的值，表示群落节点的自身属性，用来衡量群落节点的搜索能力。由定义 7-7 可知，MCCN 可以用邻接增广矩阵表示为：$\overline{\mathbf{MCCN}(G)} = (B, E)_{n \times (n+1)}$，则 MCCN 的协作网演化模型为：

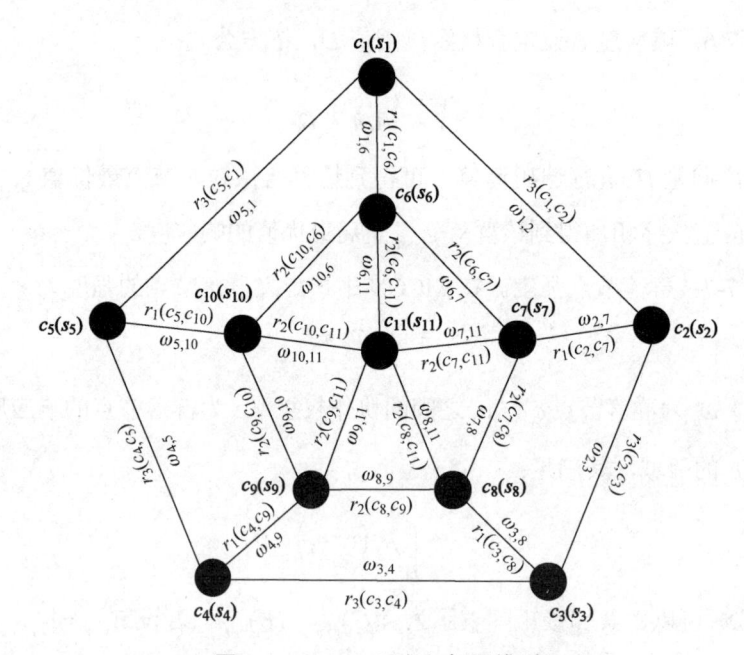

图 7-2 MCCN 无向加权图模型

$$B_{n \times n} = B[i, j]_{n \times n} = \begin{cases} \omega_{ij}, & \bigvee_{s=1}^{\|R\|} r_s(c_i, c_j) = 1, r_s \in R \\ 0, & \bigvee_{s=1}^{\|R\|} r_s(c_i, c_j) = 0 \text{或} i = j, r_s \in R \end{cases}$$

综上考虑，MCCN 作为一种多群落交互网络，具有复杂的动态网络特征和网络行为，主要表现在以下几方面。

（1）动态适应性。由于寻优环境需求的变化，位于网络外层的具有较强探索能力的普通群落不断地将最优的群落实体推送给模范群落，位于网络内层具有高搜索能力的模范群落不断地将引导群落进化的学习因子推送给普通群落，其中包括新的模范学习因子的推送、末位群落实体的淘汰及协作关系的重组等，MCCN通过这种动态交互满足寻优环境的变化，保证群落实体的竞争力。

（2）交互复杂性。MCCN 的某个群落实体既可以与内层网络的成员进行信息交互，又可以与外层网络成员进行信息交互，在内层网络群落实体之间、外层网络的群落实体之间，以及内层与外层网络的群落实体之间均存在交叉协作的关系，呈现出交互复杂性。

（3）群落竞争性。MCCN 中的每个群落都是以群内最优微粒为核心的，关联多个微粒形成一个群落，每个群落节点在寻优过程中，不断与其他群落建立协作关系，且该群落与其他群落实体协作的机会越多，其群落节点的强度越大。

7.1.2　群落内与群落间的双向驱动进化

MCCN 是由普通群落与模范群落之间搜索活动及两者之间的双向协同规则组成的网络，能够依据数据分析过程中环境的变化，采用双向协同规则来控制和协调不同搜索寻优过程的运行。根据多群落搜索过程中各种协作方式和时序的关系，设计如图 7-3 所示的双向驱动协同进化机制。这里的协同进化比群落内迭代进化的执行优先级更高，如果算法迭代过程中某协同进化活动满足执行规则，就优先执行协同搜索活动。多群落双向驱动协同进化协调了不同群落间的多个迭代进化流程，通过协同进化规则保证整个搜索进化过程的完整性，确保协同搜索的实现。

由图 7-3 可知，群落之间的协同交互活动构成了协同搜索活动序列，协同搜索序列描述了外环普通群落、内环模范群落，以及内外环群落之间存在的交互活动和交互执行逻辑，不同群落之间能交互的信息，交互后对协同搜索活动的影响。因此，由群落节点强度的协作关系集给出多群落双向驱动协同进化规则如下：

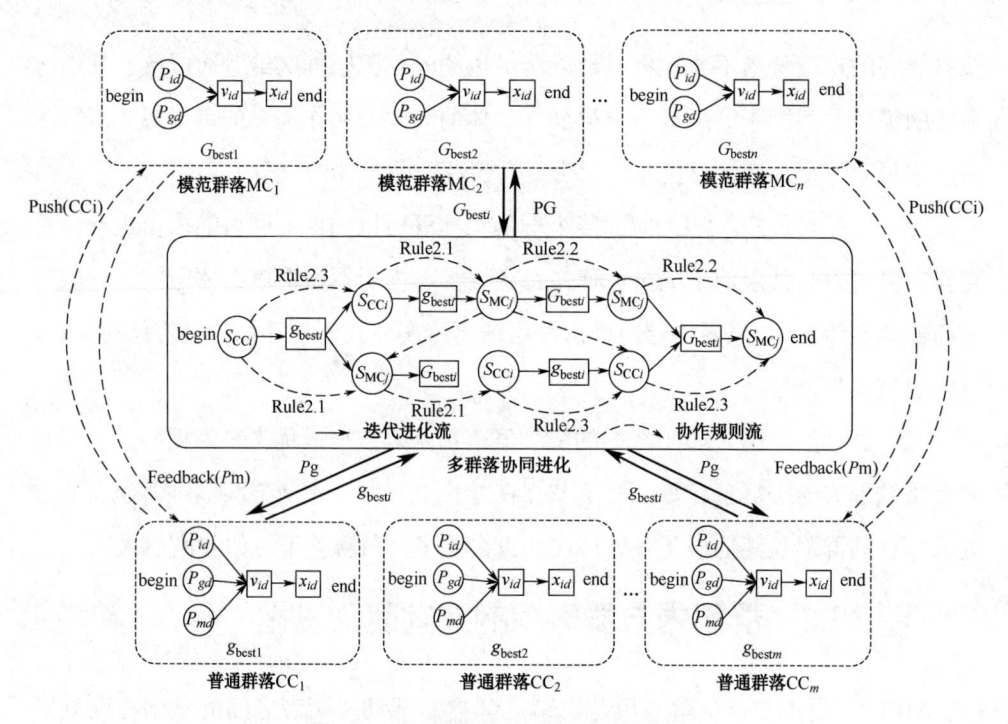

图 7-3　多群落双向驱动协同进化机制

规则 1：群落内进化规则。每个群落节点内部的微粒均依据：基本微粒群迭代公式进行进化，并产生群落内的全局最优值，其中普通群落记作 g_{best}，模范群落记作 G_{best}。基本微粒群迭代公式可表示为：

$$\begin{cases} v_{id}^{t+1} = \omega \cdot v_{id}^{t} + c_1 \cdot \text{rand}_1() \cdot (P_{id}^{t} - x_{id}^{t}) + c_2 \cdot \text{rand}_2() \cdot (P_{gd}^{t} - x_{id}^{t}) \\ x_{id}^{t+1} = x_{id}^{t} + v_{id}^{t+1}, i = 1, 2, \cdots, m; d = 1, 2, \cdots, D \end{cases}$$

规则 2：群落间双向驱动协同进化规则。

规则 2.1：$\forall (r_1 : \langle CC_i, MC_j \rangle) \in R$，$\exists\, g_{besti} = \max\{g_{best1}, g_{best2}, \cdots, g_{bestm}\}$，$G_{bestj} = \min\{G_{best1}, G_{best2}, \cdots, G_{bestn}\}$，且 $g_{besti} \geq G_{bestj}$，则普通群落成员 CC_i 进入模范群落，原模范群落中末位群落 MC_j 被舍弃。同时，将模范学习因子 P_n 引入普通群落内部进化规则，即

$$\begin{cases} v_{id}^{t+1} = \omega \cdot v_{id}^{t} + c_1 \cdot \text{rand}_1() \cdot (P_{id}^{t} - x_{id}^{t}) + c_2 \cdot \text{rand}_2() \cdot (P_{gd}^{t} - x_{id}^{t}) + c_3 (P_{nd}^{t} - x_{id}^{t}) \\ x_{id}^{t+1} = x_{id}^{t} + v_{id}^{t+1}, i = 1, 2, \cdots, m; d = 1, 2, \cdots, D \end{cases}$$

其中，$P_{nd} = \dfrac{\sum_{i=1}^{n} G_{besti}}{n}$，$c_3$ 为随机函数，且满足算法收敛性约束条件 $c_1 \text{rand}_1() + c_2 \text{rand}_2() + c_3 \in [0,4]$。

规则 2.2：$\forall (r_2 : \langle \text{MC}_i, \text{MC}_j \rangle) \in \mathbf{R}$，$\exists$ 群落节点强度 $S_{\text{MC}i}$，对任意 $S_{\text{MC}j}$，均满足 $S_{\text{MC}i} \geqslant S_{\text{MC}j}$，

$\Rightarrow$ 模范群落全局最优值：$PG = G_{besti}$

规则 2.3：$\forall (r_3 : \langle \text{CC}_i, \text{CC}_j \rangle) \in \mathbf{R}$，$\exists$ 群落节点 m 强度 $S_{\text{CC}i}$，对任意 $S_{\text{CC}j}$，均满足 $S_{\text{CC}i} \geqslant S_{\text{CC}j}$，

$\Rightarrow$ 普通群落全局最优值：$Pg = g_{besti}$

综上所述，本节采用协同进化规则来表达不同群落间的进化搜索协调机制，可以使多群落间协同进化与群落内进化相隔离，降低两者间的耦合度，从而实现通过协同进化规则触发一个完整的多群落协同搜索过程。当搜索需求发生变化时，可以通过修改协同规则保障多群落间的协同进化，使算法具有较好的可扩展性和适应性。

7.1.3 多群落协作的异步并行搜索算法

通过使用不同群落间的并行搜索策略进一步提高了搜索效率，降低了算法在大数据分析中巨大的计算时空开销。该策略主要将计算机的高速并行能力与多群落协作并行特性相结合，以提高大规模复杂优化问题的计算效率。在具体实现过程中，基本粒子速度的更新需要依靠群落当前最优位置和全局最优位置进行指导进化，因此需设置群落成员最优及全局最优位置存储区。各进程异步迭代过程中，每次得到全局最优新位置时，就以广播的形式发送给其他进程，其他进程收到该可行解后，立即将其存储到本进程存储区中，将其作为当代全局最优值进行计算。通过此方式可以减少进程的通信，使其在符合微粒群计算生物机理的同时，有效提升算法的优化效率。算法流程图如图 7-4 所示。

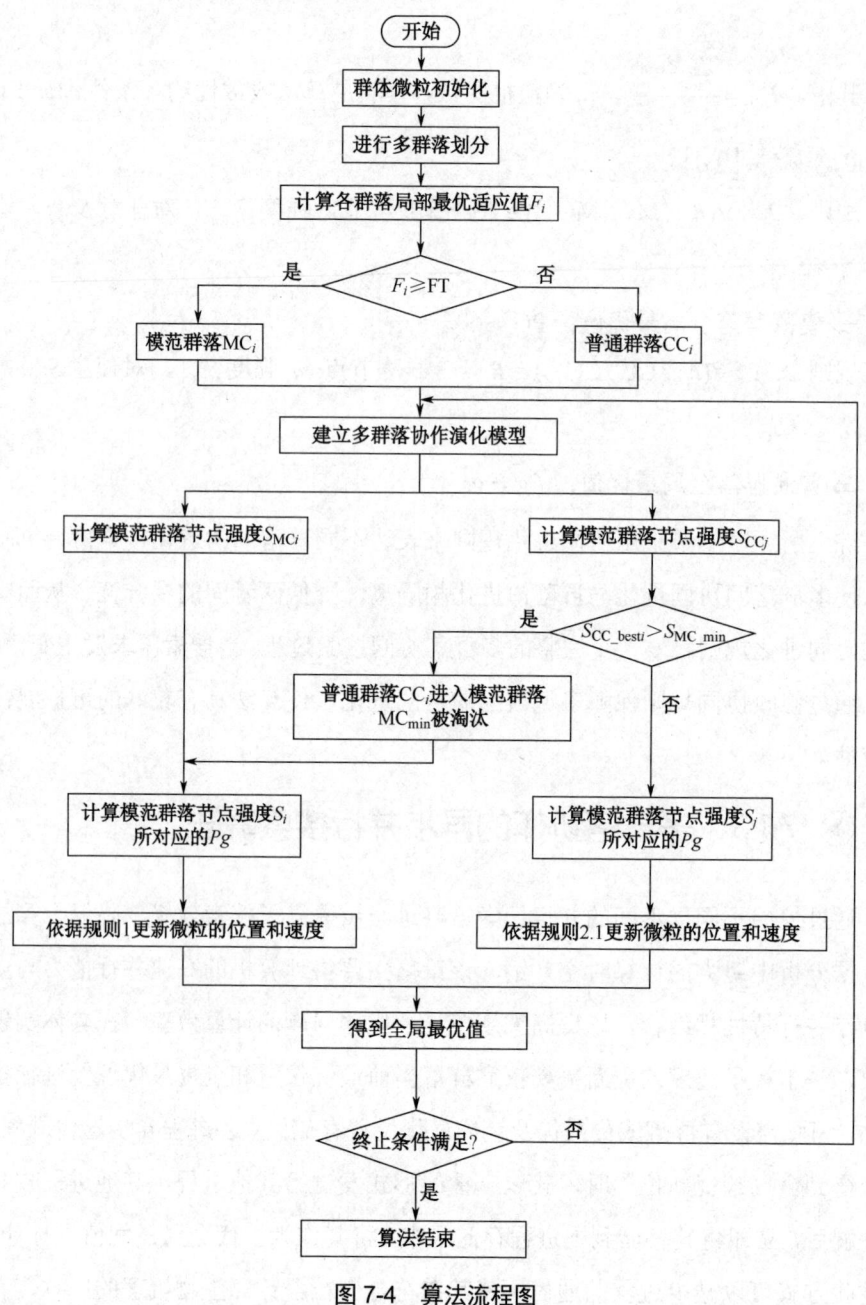

```
                    开始
                     │
              ┌──────┴──────┐
              │ 群体微粒初始化 │
              └──────┬──────┘
                     │
              ┌──────┴──────┐
              │ 进行多群落划分 │
              └──────┬──────┘
                     │
         ┌───────────┴───────────┐
         │ 计算各群落局部最优适应值$F_i$ │
         └───────────┬───────────┘
                     │
              ╱─────┴─────╲
         是 ╱   $F_i \geq FT$  ╲ 否
       ┌──╱               ╲──┐
       │  ╲               ╱  │
       │   ╲─────────────╱   │
       │                     │
  ┌────┴────┐          ┌────┴────┐
  │模范群落$MC_i$│         │普通群落$CC_i$│
  └────┬────┘          └────┬────┘
       │                     │
       └──────────┬──────────┘
                  │
         ┌────────┴────────┐
         │ 建立多群落协作演化模型 │
         └────────┬────────┘
                  │
       ┌──────────┴──────────┐
       │                     │
┌──────┴──────┐       ┌──────┴──────┐
│计算模范群落节点强度│       │计算模范群落节点强度│
│   $S_{MCi}$    │       │   $S_{CCj}$    │
└──────┬──────┘       └──────┬──────┘
       │                     │
       │               ╱─────┴─────╲
       │          是 ╱$S_{CC\_besti}$╲ 否
       │         ┌──╱ $>S_{MC\_min}$ ╲──┐
       │         │  ╲               ╱  │
       │         │   ╲─────────────╱   │
       │         │                     │
       │  ┌──────┴──────┐              │
       │  │普通群落$CC_j$进入模范群落│       │
       │  │   $MC_{min}$被淘汰  │       │
       │  └──────┬──────┘              │
       │         │                     │
┌──────┴─────────┴──┐       ┌──────────┴──────┐
│计算模范群落节点强度$S_i$│       │计算模范群落节点强度$S_j$│
│     所对应的$Pg$     │       │     所对应的$Pg$     │
└──────────┬─────────┘       └──────────┬──────┘
           │                             │
┌──────────┴──────────┐       ┌──────────┴──────────┐
│依据规则1更新微粒的位置和速度│       │依据规则2.1更新微粒的位置和速度│
└──────────┬──────────┘       └──────────┬──────────┘
           │                             │
           └──────────────┬──────────────┘
                          │
                  ┌───────┴───────┐
                  │   得到全局最优值  │
                  └───────┬───────┘
                          │
                    ╱─────┴─────╲
                   ╱  终止条件满足? ╲── 否 ──┐
                   ╲               ╱        │
                    ╲─────┬─────╱           │
                       是 │                  │
                  ┌───────┴───────┐         │
                  │    算法结束     │         │
                  └───────────────┘         │
```

图 7-4　算法流程图

7.2 分布式科技资源服务构件的组合优化方法

针对服务业与实体产业深度融合背景下科技资源服务组合问题,采用基于性能评价—组合优化—资源服务的组合模式为产业用户提供产品研发过程中的科技资源与服务,实现从定性科技服务需求到定量资源服务组合求解再到对应的定性资源服务输出的映射变换。首先,构建了一种基于性能评价—组合优化—资源服务的资源服务组合框架。然后,建立了考虑服务响应时间、组合性、关联性及创新性指标的科技资源多服务任务组合优化评价体系,设计了科技资源服务的混合组合优化模型。最后,通过引入多种群双向驱动协同搜索算法和异步并行策略,提高资源服务过程响应能力,优化资源服务性能,为解决科技资源多服务任务组合优化问题提供了一种新的方法和技术手段。

7.2.1 面向实体产业需求的分布式科技资源服务组合框架

在科技资源云服务模式下,实体产业用户根据自己的服务需求向科技资源服务云平台提交服务任务。平台及时解析服务任务,并根据云平台中科技资源服务能力和实体产业科技服务任务的实时信息,将不同的科技资源服务封装成最小服务单元,为云平台提供科技资源服务的调用和组合。本节构建的面向实体产业需求的分布式科技资源服务组合框架如图 7-5 所示,主要包括科技资源服务需求方、科技资源服务云平台和科技资源。在资源服务组合过程中,实体产业用户输入请求参数后可自动生成科技资源服务组合任务,然后将请求任务信息传递给资源服务组合执行器(Resource Service Composition Executor,RSCE),RSCE 查询是否注册了相应的资源组合服务,若已注册则调用资源服务组合方案,返回给用户;若未注册则对组合任务进行分解,生成资源服务组合执行子任务,将其传递给

分布式科技资源匹配推理与按需服务技术

RSCE 生成资源组合执行序列,提交给科技资源组合引擎调用智能优化算法,据此优选出符合参数要求的最优科技资源组合方案,提供给实体产业用户。

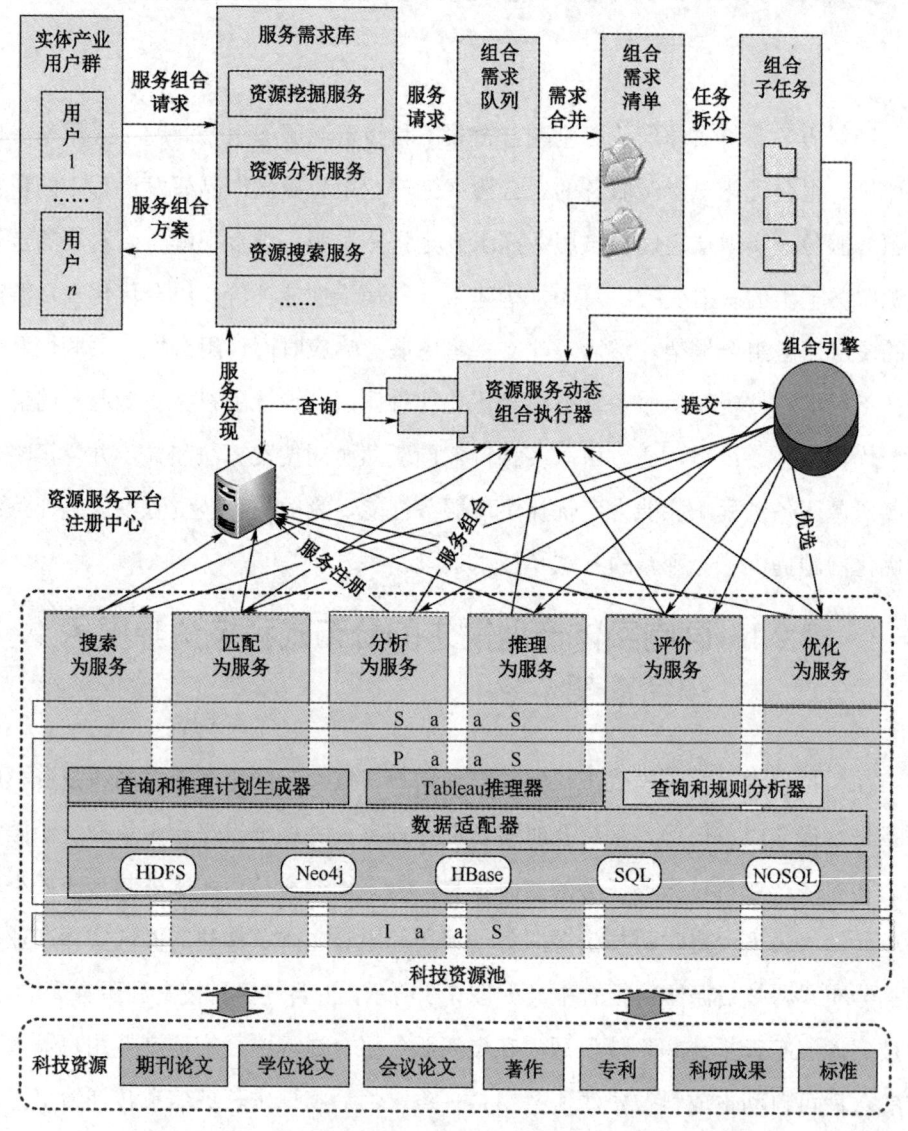

图 7-5 面向实体产业需求的分布式科技资源服务组合框架

在上述分布式科技资源服务框架中,根据用户需求任务粒度的不同,资源服

第 7 章　分布式科技资源的评价优化技术

务可划分为单一任务无组合服务、单一任务组合服务和多任务组合服务 3 种服务模式。其中，单一任务组合服务模式可简化为多个单一任务无组合服务模式，可根据用户需求建立 QOS 约束条件，采用简单目标建模完成。本节主要针对科技资源多任务组合服务的建模和优化求解进行研究。

7.2.2　分布式科技资源服务组合优化评价指标体系

在服务业与实体产业深度融合的背景下，分布式科技资源服务是一种面向需求的科技资源分布式汇聚和按需分享的服务模式，服务需求驱动下的科技服务活动形成了多任务交互执行的协作网，并且在云端的服务云池中被统一管控和运行。因此，分布式科技资源服务主要有以下特征。

（1）服务的及时响应性。根据实体产业用户不同的服务请求，分布式科技资源服务通过服务搜索、分析、匹配和优化等技术建立不同的动态服务组合方案，根据最优管理技术和服务质量评估选取最优的服务组合方案，以此及时响应用户的服务请求。

（2）服务的柔性组合性。分布式科技资源服务是一种面向需求的科技资源分布式汇聚和按需分享的服务模式。由于科技服务系统与实体经济产业之间、科技服务系统内部之间的组成与关系均比较复杂，会调用多个资源服务流程，而且科技服务过程中涉及大规模资源数交叉、融合、跨语言关联和关系的动态演化。因此，服务需求驱动下的科技服务活动具有较强的柔性。

（3）服务的关联动态性。在分布式科技资源服务环境下，实体产业用户根据自己的需求，向科技服务平台提交服务任务，科技服务云平台及时解析服务任务，当多服务任务交互执行时，任务之间存在复杂的关联协作关系。为完成某项任务，会涉及关联组合多个资源服务，需要考虑资源服务的串并联、选择和循环等多模式的混合组合。

（4）服务的创新性。分布式科技资源服务的提供者、消费者和平台运营者均是智能协作主体，如何满足自身利益需求并达到服务利益最大化是各主体协作的目标，科技服务的创新性将对资源服务效能产生较大影响。

综上所述，科技资源服务组合的优选不仅要考虑服务时间等评价指标，还应该考虑创新性（In）、组合性（Cp）及关联性（Ca）等重要影响因素。因此，建立如下科技资源服务组合评价指标体系。

（1）服务时间 T。服务时间指的是从接受任务请求到输出任务完成结果之间所需的时间长度，主要包括服务执行时间（T_{pro}）和服务延迟时间（T_{del}），即：

$$T = T_{pro} + T_{del}$$

其中，T_{pro} 是服务的执行时间，T_{del} 是指从发送服务请求到接受服务请求之间的时间差。

（2）创新性 In。创新性表示所提供服务的原创性及组合上的创新性，创新性越强，服务的价值越大，其表达函数为：

$$In = \frac{1}{\sum_{i=1}^{n} sim(RS_i, RS_j)}$$

$$sim(RS_i, RS_j) = \frac{\omega(a_1 + a_2)}{\sqrt{\sum(RS_i, RS_j)^2} \cdot \max(|a_1 + a_2|)}$$

其中，$\omega > 0$；a_1、a_2 分别表示资源服务 RS_i 和 RS_j 从用户的服务反馈中获取语义规则所生成的语义分类树中的层次；$sim(RS_i, RS_j)$ 表示资源服务 RS_i 和 RS_j 的相似度；$\sqrt{\sum(RS_i, RS_j)^2}$ 表示资源服务 RS_i 和 RS_j 之间的距离。

（3）组合性 Cp。组合性指分布式科技资源服务在执行组合服务任务时被组合的概率，即决定科技服务资源是作为单个功能调用还是作为组合服务中的一个服务资源进行调用。可组合性的值等于该服务资源在组合服务中被执行次数与总的执行次数的比值，其表达函数为：

$$Cp = \frac{F_{Cp}}{f_c}$$

式中，f_c 表示服务资源在组合服务中被执行的次数，F_{Cp} 表示服务资源总的执行次数。

(4)关联性 Ca。关联性是指两个存在数据逻辑关系的科技资源服务之间可组合的关联程度。确保两个科技资源服务可以顺利以组合形式协调配合,使其前一个基本服务的输出和后一个基本服务的输入能够进行匹配,即:

$Ex_i = \{Ex_{i1}, Ex_{i2}, \cdots Ex_{ik}, \cdots, Ex_{im}\}$ 是服务 i 输出属性值的集合,$En_j = \{En_{j1}, En_{j2}, \cdots En_{jl}, \cdots, En_{jm}\}$ 是服务 j 输入属性值的集合,Ex_{ik} 和 En_{jl} 的语义相似度为:

$$\text{sim}(Ex_{ik}, En_{jl}) = \frac{\omega(a_1 + a_2)}{\sqrt{\sum(Ex_{ik}, En_{jl})^2} \cdot \max(|a_1 + a_2|)}$$

其中,$\omega > 0$;a_1、a_2 分别表示服务输出属性 Ex_{ik} 和服务输入属性 En_{jl} 在从属性集合 Ex_i 和 En_j 中获取语义规则所生成的语义分类树中的层次;$\sqrt{\sum(Ex_{ik}, En_{jl})^2}$ 表示服务输出属性 Ex_{ik} 和服务输入属性 En_{jl} 之间的距离。因此,服务 i 与服务 j 之间的关联度可表示为:

$$Ca(RS_i, RS_j) = \begin{cases} 1, & \text{若} Ex_i = En_j \\ m\left\{\sum_{k=1}^{m}\max\left[\text{sim}(Ex_{ik}, En_{jl})\right]^{-1}\right\}^{-1}, & \text{若} Ex_i = En_j \\ u\left\{\sum_{k=1}^{m}\max\left[\text{sim}(Ex_{ik}, En_{jl})\right]^{-\alpha}\right\}^{-1}, & \text{若} Ex_i \cap En_j \neq 0 \\ 0, & \text{若} Ex_i \cap En_j = 0 \end{cases}$$

其中,$\alpha = \begin{cases} 1, \max\{\text{sim}(Ex_{ik}, En_{jl})\} \geq \theta \\ 0, \max\{\text{sim}(Ex_{ik}, En_{jl})\} < \theta \end{cases}$,$\theta \in (0,1)$ 为定义的阈值,u 为 $\alpha = 1$ 的个数。

7.2.3 分布式科技资源服务的混合组合优选数学模型

面对实体产业所需的任意一组科技资源服务 $RSC = \{RS_1, RS_2, \cdots, RS_m\}$,为了使其满足用户要求,并且获得良好的用户反馈,使用上文所提出的评价指标优选体系,以响应时间、创新性、组合性和关联性为关键优化评价因素,建立了对该分布式科技资源服务组合的优选模型,其表达函数为:

$$Q(\text{RSC}) = \{T(\text{RSC}), \text{In}(\text{RSC}), Cp(\text{RSC}), Ca(\text{RSC})\}$$

借鉴 Web 服务组合的思想,将科技资源服务组合划分为串联、并联、选择和循环 4 种组合方式,如图 7-6 所示。但是在实际服务过程中,一个科技资源服务组合可能同时存在多种组合方式,所以在对科技资源服务的优选过程中,对于混合组合结构,可以将其转化为一系列串联结构的组合。

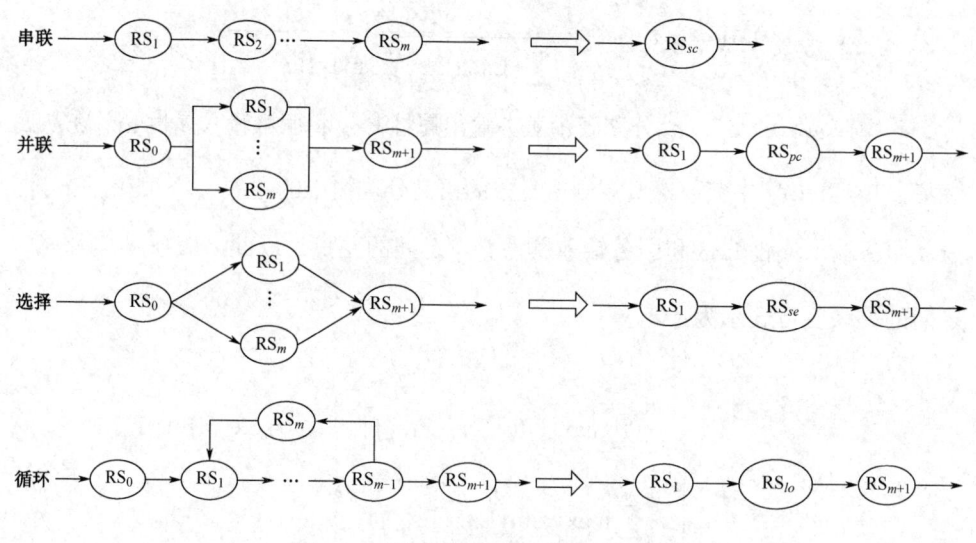

图 7-6 科技资源服务的 4 种组合方式

在科技资源服务组合过程中,对于任意科技资源服务 RS_i^j,其在不同组合模式下的各项评价指标的数学计算模型见表 7-1。

m 表示该服务组合是由 m 个资源服务 RS 进行组合的;i 表示为该资源服务组合 RSC 中的第 i 个服务;j 表示第 i 个服务所处的资源服务候选集 RS_i;r 表示第 i 个服务所处的资源服务候选集 RS_i 中 RS_i^j 被选中的概率,且 $\sum_{j=1}^{n} p^j = 1$;n 表示 RS_i 中候选资源的个数。

表 7-1　各组合模式下的各项评价指标的数学计算模型

	T	In	Cp	Ca
串联	$\sum_{i=1}^{m} T(RS_i^j)$	$\sum_{i=1}^{m} \frac{\ln(RS_i^j)}{m}$	$\prod_{i=1}^{m} Cp(RS_i^j)$	$\sum_{i=0}^{m} \frac{\sum_{t=i+1}^{m+1} Ca(RS_i, RS_t)}{m-i} \Big/ m$
并联	$\max T(RS_i^j)$	$\sum_{i=1}^{m} \frac{\ln(RS_i^j)}{m}$	$\min Cp(RS_i^j)$	$\min_{i=1}^{m} \left\{ \frac{Ca(RS_0, RS_i) + Ca(RS_0, RS_{m+1})}{G(RS_0, RS_i) + G(RS_0, RS_{m+1})} \right\}$
选择	$\sum_{i=1}^{m}(T(RS_i^j) \times p^j)$	$\sum_{i=1}^{m}(\ln(RS_i^j) \times p^j)$	$\sum_{i=1}^{m}(Cp(RS_i^j) \times p^j)$	$\sum_{i=1}^{m} p_i \times \left\{ \frac{Ca(RS_0, RS_i) + Ca(RS_0, RS_{m+1})}{G(RS_0, RS_i) + G(RS_0, RS_{m+1})} + Ca(RS_i, RS_{m+1}) \right\}$
循环	$r \times \sum_{i=1}^{m} T(RS_i^j)$	$\sum_{i=1}^{m} \frac{\ln(RS_i^j)}{m}$	$\min Cp(RS_i^j)$	$\sum_{i=0}^{m} \frac{\sum_{t=i+1}^{m+1} Ca(RS_i, RS_t)}{m-i} \Big/ m$

由此可知，对于任一个科技资源服务请求任务 $T_{ask} = \{t_1, t_1, \cdots, t_k, \cdots, t_M\}$，其所提供的科技资源服务组合的各项评价指标计算公式为：

$$\begin{cases} T(RSC) = \sum_{i=1}^{M} T(RS_i^j) \\ \ln(RSC) = \sum_{i=1}^{M} \ln(RS_i^j) \Big/ M \\ Cp(RSC) = \prod_{i=1}^{M} Cp(RS_i^j) \\ Ca(RSC) = \sum_{i=0}^{M} \left(\sum_{t=i+1}^{M+1} Ca(RS_i, RS_t) \Big/ M - i \right) \Big/ M \end{cases}$$

由以上计算公式所得的科技资源服务组合的各个评价指标的量纲并不相同，因此不能直接参与运算，所以需要对其进行简单归一化处理。对于值越大越好的效益型指标 In、Cp、Ca 有：

$$y_i = \begin{cases} \dfrac{u_i(\ln, Cp, Ca) - \min u_i(\ln, Cp, Ca)}{\max u_i(\ln, Cp, Ca) - \min u_i(\ln, Cp, Ca)}, & \max u_i \neq \min u_i \\ 1, & \max u_i = \min u_i \end{cases}$$

对于值越小越好的成本性指标 T 有：

$$y_i = \begin{cases} \dfrac{\max v_i(\mathrm{T}) - v_i(\mathrm{T})}{\max v_i(\mathrm{T}) - \min u_i(\mathrm{T})}, & \max u_i \neq \min u_i \\ 1, & \max u_i = \min u_i \end{cases}$$

其中，u_i 表示的是服务评价指标 In、Co、Ca；v_i 表示的是服务评价指标 T，y_i 表示的是归一化处理之后的服务指标值。

因此，在由 m 个资源服务所组成的科技资源服务组合中，每个服务有 n 个候选资源，共有 $\prod_{i=1}^{m} n$ 种组合方案。基于所提出的科技资源组合服务评价指标体系，以服务时间、创新性、组合性和关联性为优化目标，可以得到一个最优的服务组合方案。在不同的服务环境中，由于用户对同一个服务评价指标会产生不同的要求，所以可以使用线性加权法将该多目标优化问题转换为单目标优化问题，以权重系数来表达用户在该环境下对于服务评价指标的要求。其服务组合优化的目标函数为：

$$\max Q(\mathrm{RSC}) = \omega_\mathrm{T} \frac{1}{y^\mathrm{T}(\mathrm{RSC})} + \omega_\mathrm{In} y^\mathrm{In}(\mathrm{RSC}) + \omega_\mathrm{Cp} y^\mathrm{Cp}(\mathrm{RSC}) + \omega_\mathrm{Ca} y^\mathrm{Ca}(\mathrm{RSC})$$

$$\mathrm{s.t.} \begin{cases} \omega_\mathrm{T} + \omega_\mathrm{In} + \omega_\mathrm{Cp} + \omega_\mathrm{Ca} = 1; \\ u(\mathrm{RSC}) \geqslant u(T_\mathrm{ask}),\ u = \mathrm{In},\ \mathrm{Cp},\ \mathrm{Ca}; \\ v(\mathrm{RSC}) \leqslant v(T_\mathrm{ask}),\ v = \mathrm{T}. \end{cases}$$

其中，ω_T、ω_In、ω_Cp、ω_Ca 为权重系数，且满足 $\omega \in (0,1)$，T_ask 表示服务请求任务。

7.2.4 基于多群落协作搜索的分布式科技资源服务组合优化算法

微粒群算法是一种通过群体内微粒间的协作和迭代运算找到最优解的启发式算法，大量研究表明，该算法比较适合求解多目标优化问题。但基本微粒群算法是以全局最优微粒为核心的单群落寻优模式，不能有效解决混杂多变数据的高效处理问题，如果将这种模式拓展为任务关联的多群落协作寻优，就形成了对任务具有高适应性的多群落协作搜索算法（Multi Community Cooperation Search Algorithm，

第7章 分布式科技资源的评价优化技术

MCCSA）。本节采用 MCCSA 对分布式科技资源服务组合问题进行求解。在 7.1.2 提出的多群落双向驱动协同进化规则的基础上，考虑分布式科技资源服务组合方案的实际生成问题与一般的多目标函数优化不同，通过重新定义改进算法的操作算子，完成微粒速度和位置的离散迭代，实现微粒搜索空间到服务组合方案的映射。

算法中，定义 n 行 n 列矩阵 $X: n \times n$ 为微粒的位置矢量矩阵，其中 $X_i = <x_{i1}, x_{i2}, \cdots, x_{in}>$ 表示第 i 个微粒的位置，对应某个组合服务，$x_{ij}(j=1,2,\cdots,n)$ 为一个正整数，表示组合任务 T_j 的候选服务的编号；定义 $V: n \times n$ 为速度矢量矩阵，其中，$V_i = <V_{i1}, V_{i2}, \cdots, V_{in}>$，表示第 i 个微粒的速度，$v_{ij}(j=1,2,\cdots,n)$ 表示某组合服务的综合效用，则基于微粒位置和速度的离散迭代，群落内进化规则和群落间双向驱动协同进化规则的函数公式更新为：

$$\begin{cases} v_{id}^{t+1} = \omega \cdot v_{id}^t + c_1 \cdot r_1 \cdot (P_{id}^t \Theta x_{id}^t) + c_2 \cdot r_2 \cdot (P_{gd}^t \Theta x_{id}^t) \\ x_{id}^{t+1} = x_{id}^t \oplus v_{id}^{t+1} \quad i=1,2,\cdots,m; d=1,2,\cdots,D \end{cases}$$

$$\begin{cases} v_{id}^{t+1} = \omega \cdot v_{id}^t + c_1 \cdot r_1 \cdot \left(P_{id}^t \Theta x_{id}^t\right) + c_2 \cdot r_2 \left(P_{gd}^t \Theta x_{id}^t\right) + c_3 (P_{nd}^t \Theta x_{id}^t) \\ x_{id}^{t+1} = x_{id}^t \oplus v_{id}^{t+1}, \quad i=1,2,\cdots,m; d=1,2,\cdots,D \end{cases}$$

其中，算子 Θ 表示两个微粒各自维度上的服务效用差；算子 $\oplus$ 表示任一微粒各个维度上新位置的选择，且 $x_{ki} \oplus v_{ki} = \left\{ j \middle| \min\limits_{j=1,2,\cdots,n} \left| f(Q_{IJ}(\text{RSC})) - (V_{KI} + f(Q_{ix_{k_i}}(\text{RSC}))) \right| \right\}$。

基于群落间双向协同进化规则及离散迭代策略，多服务组合的离散优化算法步骤如下。

步骤 1：初始化种群微粒，设定群落数、群落成员内微粒迭代次数、微粒加速系数及惯性权重系数；

步骤 2：将初始化的种群微粒平均分配到 l 个进程中，构成规模为 $\text{int}(\frac{n}{l})$ 的群落，根据服务组合优化的目标函数计算 l 个群落中微粒的适应值。

步骤 3：将所构建的群落分别放在 l 个进程中进行异步并行进化运算。

步骤 4：计算不同群落适应值 F_i，依据判定阈值将群落划分为模范群落和普通群落两类。

步骤 5：依据离散迭代进化机制，对群落中微粒的位置和速度进行更新，并保存全局最优位置。

步骤 6：若所有微粒种群均满足搜索终止条件，则算法结束，输出最优组合方案，否则转到步骤 5。

MCCSA 算法能根据科技资源服务组合过程中子任务的变化，选择或重组相应的协同进化规则，增强不同群落的优势搜索特性，提高算法的自适应能力和执行效率。随着子任务数的逐渐增加，算法能迅速跳出局部最优点，且以较快的收敛速度，持续、有效地搜索全局最优点。同时，MCCSA 算法对不同的测试环境均表现出较强的适应能力、较快的收敛速度和较高的收敛精度，具有非常稳定的收敛性能，MCCSA 算法还能够根据寻优过程中多种群协作规则自适应调整算法探索和搜索能力，适应多服务任务组合的变化。

7.3 科技资源云服务能力评价

7.3.1 科技资源云构成及特点

科技资源是一个以统一标准和规范为基础，包含不同层次、不同类型，相互联系、密切配合的资源库群，通过分散建库，形成层次化、分布式科技资源体系。分布式资源空间涉及多个专业和技术领域，整个过程错综复杂，在汇集各种科技资源的同时，也汇集了各种知识资源，并构建了跨领域多学科知识库，这些知识、资源和数据种类繁多、形式多样、地域分布、动态异构，使资源空间具有如下特点。

（1）属性构成复杂性。科技资源不仅涉及跨领域多学科的专业知识资源，也包括与科技服务业务过程紧密耦合的业务数据和业务流程资源，如结构数据、仿真数据、测试数据，设计流程、预测流程和服务流程等。其中，专业科技资源属性包括名称、标识、创建者、贡献者、创建时间、资源类型、资源格式、资源大小、资源位置、关联状态、覆盖范围、标签和资源评价等，综合科技资源属性包括名称、标识、创建者、创建时间、资源类型、资源格式、业务段、所属业务、关联强度、耦合状态、交互范围、标签、业务评价，科技服务过程中各种资源属性耦合互联，具有较强的复杂性。

（2）空间体系分布性。目前，我国科技资源分布于全国各地、各行业和各单位，部分经验参数、特殊案例等隐性科技资源分散于不同个体，因此，科技资源所在空间采用分布式汇聚的体系架构，以全局方式管理系统资源，动态分配任务，使分散的物理和逻辑资源通过互联网进行信息交换。

（3）资源描述异构性。科技资源分布在各异构信息系统中，其组织管理方式、存储处理方式各异，虚拟化、服务化封装形式异构，资源服务的模式也各异。因此，分布式科技资源空间采用异构数据库系统实现不同资源库之间的数据信息资源、软硬件资源的耦合和共享。

（4）资源关联动态性。分布式资源环境下，服务主体与实体产业客体之间的服务交互活动是由服务需求驱动的，随着服务任务的形成而形成，随着任务的发展而变化。科技资源的互联和演化贯穿整个服务过程，并且在服务主体与客体协作过程中不断更新、丰富和完善。

7.3.2 科技资源云能力概念与内涵

科技资源云能力是将跨领域科技资源动态集成为实体产业生命周期的各环节、各层面，并提供系统的智能化支持的能力。科技资源云能力包括为设计、分析、采购、销售和维护等过程中的业务活动主动提供相关科技资源，或者以动态服务的形式为产品研制过程中的具体业务功能和过程提供智能化服务。科技资源云能力体现了对实体产业业务活动和产品研制过程的智能化支持程度。

7.3.3　科技资源云能力综合评估体系

为实现科技资源云能力服务效能的最大化，需要明确影响和制约科技资源云能力和效能的因素和条件，进而建立既能反映资源云能力本质属性，又能反映资源云能力整体特征的科技资源云能力综合评估体系。

分布式环境下，科技资源云能力服务效能综合评估是建立科技资源畅通流动服务通道，最大限度保障科技资源与服务能力共享与按需使用的关键。分布式环境下，诸多不确定因素会对科技云能力服务效率和质量产生一定影响，主要因素有以下几种。

（1）科技资源云能力本质属性。科技资源服务具有多样性、不确定性和按需使用的特点，科技资源云能力服务成本、可用性、准确性和可靠性等是其本身属性，是能否实现全方位智能化支持的关键。

（2）协作主体。科技资源云能力服务提供者、消费者和平台运营者均是智能协作主体，它们之间的资源/能力交付的时间、各方服务及其创新性将对科技资源云能力服务效能产生较大影响。

（3）交互过程。科技资源云能力服务具有多态性和动态性特点，由于资源/能力交互复杂多变，产业用户无法确认资源云能力服务是否能可靠可信地实现。另外，资源服务过程需要在相关智能资源的长期积累下实现，智能资源的动态性和长期性是保证交互过程顺利完成的重要影响因素。因此，交互过程的可信性和可持续性也是提高资源云能力服务效能的重要保证和体现。

分布式科技资源涉及大规模资源数据交叉、融合、跨语言关联和关系的动态演化，其动态性和自治性特点突出。针对资源池中结构化、半结构化和非结构化资源数据，进行资源实体、空间关系、语义关系和时间关系的抽取，并考虑综合科技资源不同数据类型之间的拓扑、时序和空间关系，进行语义关系和时空关系融合，然后通过实体链接、知识抽取、知识融合和加工，形成科技资源的知识图谱，完成对资源池中多源科技资源数据的统一描述。

7.3.4 资源云能力服务效能综合评估指标体系

分布式环境下，科技资源云能力服务效能不仅需要考虑成本、可用性、准确性等评价指标，还应考虑及时性、创新性、可信性和可持续性等重要影响因素，因此需要建立资源云能力服务效能综合评估指标体系。其中，资源云能力服务成本 $C(s_i)$ 是针对某个服务任务的 n 次服务交互后，云能力服务消费者支付的资源服务费用 KR_c 和资源能力服务的费用 KC_c 平均值，即：

$$C(s_i) = \frac{KR_{ci} + KC_{ci}}{n}$$

服务时间 $T(s_i)$ 是指某个服务任务中 n 次服务交互的执行时间 T_{ex}、延迟时间 T_{dei} 和处理时间 T_{hani} 的平均值，即：

$$T(s_i) = \frac{T_{exi} + T_{dei} + T_{hani}}{n}$$

可用性 $A(s_i)$ 是指单位时间内资源云能力服务可用的运行时间，即：

$$A(s_i) = \frac{T_u(S_i)}{t}$$

准确性是指推送的资源及能力与产业用户资源需求的相符程度，由产业用户结合服务情况进行综合评价，包括推送的及时性指标等级评价 Ti 和相符性指标等级评价 Cs，即准确性的值 $Ac(s_i)=(Ti_i+Cs_i)$。创新性的值 $I(s_i)$ 主要指对服务需求提供知识资源和能力的原理创新层次评价值 Pr_i 和结构创新层次评价值 Str_i，以及能够提供的评价性和预测性知识评价值 EP_i，即：

$$I(s_i) = \frac{\sum_{j=1}^{N}(Pr_1^1 + Str_1^1 + EP_1^1 + \cdots + Pr_1^j + Str_1^j + EP_1^j + Pr_n^N + Str_n^N + EP_n^N)}{n}$$

其中，n 表示评价次数，N 表示评价指标个数；可信性值 $Conf(s_i)$ 包括服务安全性指标评价等级 Saf_i 和可靠性指标评价等级 Rel_i，即资源及能力在各环节、各层面所提供服务的安全性，以及在规定的任务条件或环境下提供高效能服务的能力，资源云能力可信性评价由用户根据定义的评判标准给出，即：

$$\text{Conf}(s_i) = \frac{\sum_{i}^{n} \text{Saf}_i + \text{Rel}_i}{n}$$

由于各评估指标数据来源不同，主观评估指标值可通过产业用户对服务使用情况进行评价获得，客观评估指标值可通过平台运营过程中对各类数据统计分析或第三方测试工具获得，各评估指标之间相互耦联、模糊难以量化。科技资源云能力服务效能综合评估指标体系见表7-2。

表7-2 科技资源云能力服务效能综合评估指标体系

评估指标	计算公式
服务成本 I1	$\sum_{i=1}^{n} C(s_i) = \sum_{i=1}^{n} \frac{\text{KR}_{ci} + \text{KC}_{ci}}{n}$
服务时间 I2	$\sum_{i=1}^{n} T(s_i) = \sum_{i=1}^{n} \frac{T_{exi} + T_{dei} + T_{hani}}{n}$ 或者 $\max(T(s_i))$ （并行）
可用性 I3	$\prod_{i=1}^{n} A(s_i) = \prod_{i=1}^{n} \frac{T_u(s_i)}{t}$ 或者 $\min(A(s_i))$ （并行）
准确性 I4	$I(s_i) = \frac{\sum_{j=1}^{N} (\text{Pr}_1^1 + \text{Str}_1^1 + \text{EP}_1^1 + \cdots + \text{Pr}_n^j + \text{Str}_n^j + \text{EP}_n^j + \text{Pr}_n^N + \text{Str}_n^N + \text{EP}_n^N)}{n}$
创新性 I5	$Ac(s_i) = \frac{\sum_{i=1}^{n}(Ti_i + Cs_i)}{n}$
可信性 I6	$\text{Conf}(s_i) = \frac{\sum_{i}^{n} \text{Saf}_i + \text{Rel}_i}{n}$

7.3.5 科技资源云能力量化评估方法

云模型是一种定性定量不确定转换模型，它的数字特征记为$C(Ex, En, He)$，期望值 Ex 是模糊概念在论域中的中心值，它隶属于该模糊概念的程度为1，是最能代表此定性概念的值；熵 En 是定性概念模糊度的度量，它的大小反映了在论域中可被模糊概念所接受的数值范围，En 越大，概念越模糊；超熵 He 即熵 En 的熵，反映了云模型的云滴离散程度，He 越大，云滴离散度越大，隶属度的随机性越大，云的厚度也越大。云模型通过3个数字特征将概念的模糊性和随机性融为一体，实现了定性与定量的自然转换。

第7章 分布式科技资源的评价优化技术

云推理由规则前件（X 条件）和规则后件（Y 条件）两部分组成。在给定论域的数域空间中，当已知云的 3 个数字特征(Ex, En, He)后，如果还有特定的输入条件 $x=x_0$，则由此产生的云模型为 X 条件云模型，记为 CG_x；如果给定的输入是隶属度值 $\mu = v_1$，则由此产生的云模型称为 Y 条件云模型，记为 CG_y。

一维 X 条件云模型为：
$$P_i = R_1(\text{En}, \text{He})$$
$$\mu_i = e^{-\frac{1}{2}(\frac{x - E_x}{P_i})^2}$$

一维 Y 条件云模型为：
$$P_i = R_1(\text{En}, \text{He})$$
$$y_i = \text{Ey} \pm \sqrt{-2\ln(u)} \cdot P_i$$

一维云模型的不确定性规则推理过程仅考虑一条推理规则，当特定的输入值 x 多次刺激 CG_x 时，CG_x 随机地产生一组 u_i 值。这些值反映了对应定性规则的激活强度，而这组 u_i 又刺激 CG_y 定量地产生一组随机云滴 $\text{drop}(y_i, u_i)$，多规则推理实际上是由多个一维单规则推理结构组成的。

基于云推理的知识服务量化评估是在构建量化评估体系的基础上，对评估指标进行云化处理，建立知识云能力服务效能评价规则前件云和评价规则后件云，通过前后件云的多元组合，构建知识云能力效能评估云推理发生器，并给出推理算法。

1. 知识云能力评估指标的前件云模型

通过给定评估指标前件云的 n 组数字特征 $(\text{Ex}_{11}, \text{En}_{11}, \text{He}_{11}), \cdots, (\text{Ex}_{n1}, \text{En}_{n1}, \text{He}_{n1}), \cdots, (\text{Ex}_{ij}, \text{En}_{ij}, \text{He}_{ij}), \cdots, (\text{Ex}_{nn}, \text{En}_{nn}, \text{He}_{nn})$ 和特定的 $(x_1, x_2, \cdots, x_n)$ 值，$x_i = u_i$，产生满足服务需求的知识资源云滴 $(u_1, u_2, \cdots, u_n, y_i)$，则被称为 n 维 X 条件评估指标云模型，即：

$$(P_{x_{1i}}, P_{x_{2i}}, \cdots, P_{x_{ni}}) = R_n(\text{En}_{x1i}, \text{En}_{x2i}, \cdots, \text{En}_{xni}, \text{He}_{1i}, \text{He}_{2i}, \cdots, \text{He}_{ni})$$

$$\mu_i = e^{-\frac{1}{2}\left[\frac{(x_1 - \text{Ex}_{1i})^2}{P_{x_{1i}}^2} + \frac{(x_2 - \text{Ex}_{2i})^2}{P_{x_{2i}}^2} + \cdots + \frac{(x_n - \text{Ex}_{ni})^2}{P_{x_{ni}}^2}\right]}$$

依据资源云能力服务效能综合评估指标体系，采用服务成本 I1、服务时间 I2、可用性 I3、准确性 I4、创新性 I5 和可信性 I6 等评估指标来构建服务效能综合评估前件云模型。同时，依据服务过程中相关指标参数给出等级区间，并将最终服务效能评估结果分为优、良好、中等、合格和不合格 5 个等级区间，其中第 i 等级区间为 $\left[I_i^{\min}, I_i^{\max}\right]$。

根据各评估区间的极限值计算各区间的 E_{x_i}，由云模型的 3En 原则计算 En_i，完成对表 7-2 中的双边约束数据空间的云化处理，前件云模型的特征参数计算式为：

$$E_{x_i} = \begin{cases} I_i^{\min} & (i=1) \\ I_i^{\min} + \dfrac{1}{2} I_i^{\max} & (1 < i < 5) \\ I_i^{\max} & (i=5) \end{cases}$$

$$\text{En}_i = \frac{I_i^{\max} - I_i^{\min}}{6}$$

$$H_e = k$$

式中，$I_i^{\min}$、$I_i^{\max}$ 为评估指标的约束边界；k 为常数，反映了知识云能力服务效能评估值的随机性，资源云能力评估指标等级的云模型描述如图 7-7 所示。

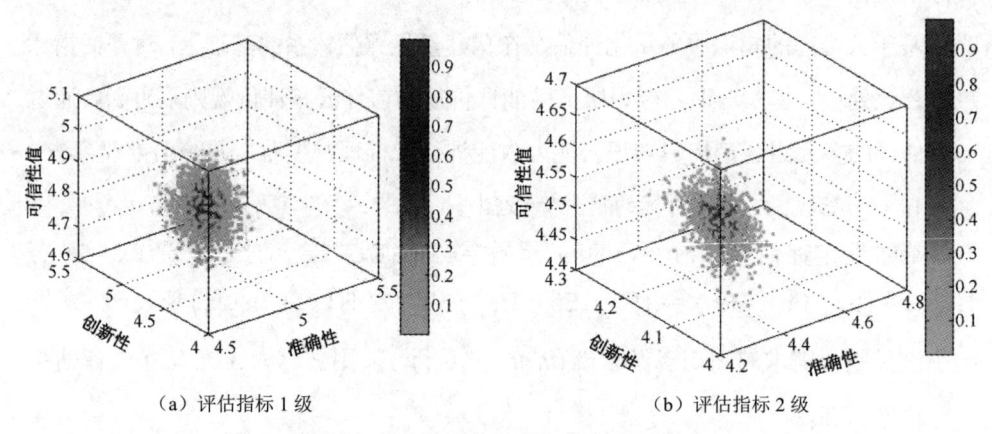

（a）评估指标 1 级　　　　　　（b）评估指标 2 级

图 7-7　资源云能力评估指标等级的云模型描述（一）

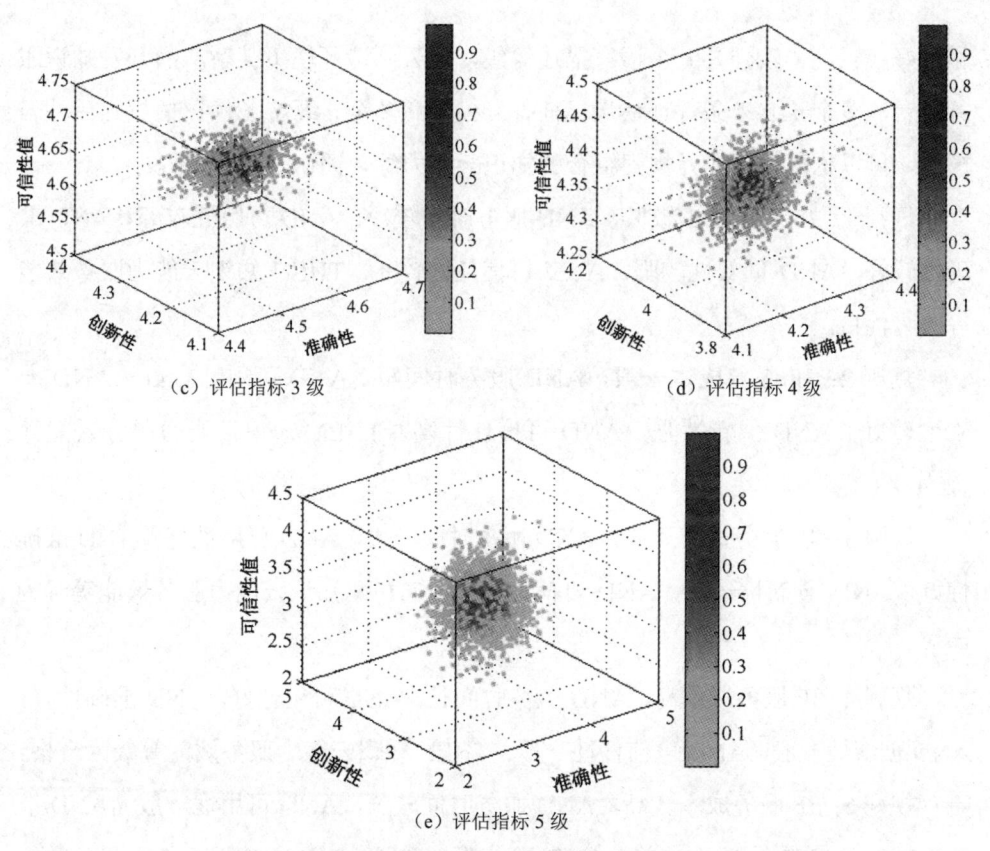

第7章　分布式科技资源的评价优化技术

(c) 评估指标 3 级

(d) 评估指标 4 级

(e) 评估指标 5 级

图 7-7　资源云能力评估指标等级的云模型描述（二）

2. 资源云能力评估规则的后件云模型

云模型中，如果给定已知任务信息是隶属度值 $\mu = v_1$，且评估规则后件的 n 维云模型数字特征为 Ey_{ni}、En_{yni}、He_{yni}，产生满足条件的评估规则云滴组 $(x_{1j}, x_{2j}, x_{ij}, \cdots, x_{nj}, v_1)$，则称为 n 维 Y 条件评估规则云模型。即：

$$(P_{y_{1_i}}, P_{y_{2_i}}, \cdots P_{y_{n_i}}) = R_n(\mathrm{En}_{y1i}, \mathrm{En}_{y2i}, \cdots, \mathrm{En}_{yni}, \mathrm{He}_{y1i}, \mathrm{He}_{y2i}, \cdots, \mathrm{He}_{yni})$$

$$y_i = nE_y \pm \sqrt{-2\ln(\mu)}(P_{y_{1_i}} + P_{y_{2_i}} + \cdots + P_{y_{n_i}})$$

若输入 x_i 刺激不同评估指标部分，产生不同的 $\mu_{M_{ij}}$，再由评估规则处理产生大量服务效能评价云滴，最终经加权平均处理后输出与 x_i 对应的定量输出值 y_i。若将知识云能力的每个评价指标分为较低（较差）、低（短）、一般、好（高、强）

PAGE 231

和较好（较高、较强）5个语言描述等级，用云制造环境下某新产品开发知识服务平台的多个 n 维 X 条件评估指标前件云模型和多个 n 维 Y 条件评估规则后件云模型，可以构成如下多元规则组合的知识云能力综合评估云推理过程。

规则1：IF 服务成本较低，AND 服务时间较短，AND 可用性较好，AND 准确性较好，AND 创新性较强，AND 可信任性较高，THEN 知识云能力服务效能等级为优良。

规则2：IF 服务成本一般，AND 服务时间短，AND 可用性较好，AND 准确性较好，AND 创新性强，AND 可信任性高，THEN 知识云能力服务效能等级为良好。

规则3：IF 服务成本一般，AND 服务时间一般，AND 可用性好，AND 准确性好，AND 创新性一般，AND 可信任性高，THEN 知识云能力服务效能等级为中等。

规则4：IF 服务成本高，AND 服务时间长，AND 可用性好，AND 准确性好，AND 创新性一般，AND 可信任性一般，THEN 知识云能力服务效能等级为合格。

规则5：IF 服务成本较高，AND 服务时间较长，AND 可用性一般，AND 准确性较低，AND 创新性较差，AND 可信任性一般，THEN 知识云能力服务效能等级为不合格。

7.3.6 基于云推理的科技资源云能力综合评估方法

依据科技资源云能力综合评估云推理的多元组合规则，建立基于云推理的科技资源云能力综合评估算法如下。

输入：n 个资源云能力评价指标的数字特征值为 $(Ex_{b11}, En_{b11}, He_{b11})$,…,$(Ex_{bn1}, En_{bn1}, He_{bn1})$,…,$(Ex_{bij}, En_{bij}, He_{bij})$,…,$(Ex_{bnm}, En_{bnm}, He_{bnm})$，资源云能力评估规则的 n 个数字特征值为：$(Ex_{U11}, En_{U11}, He_{U11})$,…,$(Ex_{Un1}, En_{Un1}, He_{Un1})$,…,$(Ex_{Uij}, En_{Uij}, He_{Uij})$,…,$(Ex_{Unm}, En_{Unm}, He_{Unm})$，给定输入 $x_i = \mu_i$，$i = 1,2,\cdots,n$，生成云滴的个数为 n。

第7章 分布式科技资源的评价优化技术

输出：资源云能力综合评估等级值 E_C。

步骤 1：判断给定输入 x_i 激活几条云推理规则。

步骤 2.1：若激活一条规则，产生以 En_{bni} 为期望值、He_{bni} 为标准差的一维正态随机数 En'_{bni}，然后根据给定条件值，计算隶属度 μ 的表达式为：

$$\mu = e^{-(\frac{(x_1-\text{Ex}_{b11})^2}{2\text{En}'^2_{b11}} + \frac{(x_2-\text{Ex}_{b21})^2}{2\text{En}'^2_{b21}} + \cdots + \frac{(x_n-\text{Ex}_{bn1})^2}{2\text{En}'^2_{bn1}})}$$

可采用主客观综合赋权法计算各项指标的权重系数。

加权隶属度 $\bar{\mu}$ 的表达式为：

$$\bar{\mu} = e^{-(\frac{\omega_1(x_1-\text{Ex}_{b11})^2}{2\text{En}'^2_{b11}} + \frac{\omega_2(x_2-\text{Ex}_{b21})^2}{2\text{En}'^2_{b21}} + \cdots + \frac{\omega_n(x_n-\text{Ex}_{bn1})^2}{2\text{En}'^2_{bn1}})}$$

步骤 2.2：由获取的资源云能力评估规则后件，产生以 En_{U1i} 为期望值、He_{U1i} 为标准差的 n 维正态值 En'_{U1i}，计算 y_i 为：

$$y_i = E_{U1i} \pm \sqrt{-2\ln(\tilde{\mu})}\,\text{En}'_{U1i}$$

步骤 2.3：令 $(y_i, \bar{\mu})$ 为服务效能综合评估云滴。

步骤 2.4：返回步骤 2.1，循环若干次，最终将所有云滴期望值的平均值输出。

步骤 3.1：若激活两条规则，对每一条单规则，重复步骤 2.1，得到激活两条单规则的评估指标加权后隶属度 $\bar{\mu}$。

步骤 3.2：取 $\bar{\mu}_i$ 中的 μ_1 和 μ_2，根据给定评估规则后件的(En_{U11}，He_{U11})随机生成以 En_{U11} 为期望、以 He_{U11} 为方差的一维正态随机值 En_{U111} 和 En_{U112}。根据

$$\mu_1 = e^{-\frac{(y_1-\text{Ex}_{U11})^2}{2\text{En}^2_{U111}}}, \quad \mu_2 = e^{-\frac{(y_2-\text{Ex}_{U11})^2}{2\text{En}^2_{U112}}}$$

反求得到在 μ_1，En_{U111} 条件下的 y_1 值和在 μ_2，En_{U112} 条件下的值 y_2。

步骤 3.3：取最外侧两个云滴(y_1，μ_1)和(y_2，μ_2)，构建以(Ex，En，He)为数字特征的虚拟云，通过几何方法求解方差组可得虚拟云的期望为：

$$\text{Ex} = \frac{y_1\sqrt{-2\ln(\mu_2)} + y_2\sqrt{-2\ln(\mu_1)}}{\sqrt{-2\ln(\mu_2)} + \sqrt{-2\ln(\mu_1)}}$$

熵为：

$$\text{En} = \frac{|y_1 - y_2|}{\sqrt{-2\ln(\mu_2)} + \sqrt{-2\ln(\mu_1)}}$$

步骤4：若激活多条规则，则每一条单规则可依据步骤对2.1到2.3输出多个云滴，然后返回步骤2.1，循环步骤2.1到2.3若干次，最终以所有云滴期望值的平均值输出。或依据3.1到3.2获得每条规则的激活强度，即隶属度$\bar{\mu}_i$，然后取$\bar{\mu}_i$中最大μ_1和次大μ_2，依据步骤3.3到3.4，算出虚拟云的期望值。

7.4 分布式科技资源的多服务任务优化调度

针对科技资源服务过程存在并发服务访问不确定性高，按需服务实体产业分配不均衡的问题，提出了一种考虑资源服务并发服务访问不确定性和分配不均衡的启发式任务调度方法。首先，通过构建多服务任务优化调度数学模型以满足高效率和高利用率的科技资源分配需求。其次，设计多群落协作搜索算法，制定了优化算法映射到离散数据空间的编码规则，实现了普通群落和模范群落间双向驱动的协同交互搜索，增强了算法对动态随机调度任务的适应能力。分布式科技资源多服务任务优化调度方法克服了现有算法搜索效率偏低，很少考虑并发服务访问不确定性和分配不均衡性等方面的局限性，在解决科技资源与实体产业服务请求之间动态资源匹配调度方面具有一定的优势。

▶ 7.4.1 分布式科技资源服务调度问题分析

分布式科技资源服务的调度按照资源类型不同可分为计算资源调度和科技资源调度两大类。科技服务平台中，计算资源位于云平台的计算中心，主要为上层科技资源的管控和运行提供底层的计算和存储环境，是科技资源调度的基础。分布式科技资源服务调度是科技资源与实体产业科技服务任务之间的组合匹配过程，调度系统位于云端的科技服务平台中，调度系统与分布于各地各行业中的巨大科技资源之间通过互联网进行信息交互，这就导致云端调度系统难以对分布在不同地理位置，具有不同实时状态的科技资源发生的动态干扰和不确定事件做出及时有效的响应。因此，分布式科技资源服务调度问题的特点主要有以下几点。

（1）多任务交互执行。科技资源服务是一种面向需求的科技资源分布式汇聚和按需分享的服务模式，在服务业与实体产业深度融合的背景下，与实体产业科技服务任务进行调度和匹配的不再是传统的科技资源，而是科技资源服务。

（2）在分布式科技资源服务环境下，实体产业用户根据自己的服务需求向科技资源服务平台提交服务任务。科技资源服务云平台及时解析服务任务，并根据云平台中科技资源的状态信息和实体产业科技服务任务的实时信息，调动分布式科技资源云池中的科技资源，以形成最优的服务任务执行方案，并将其提交到平台执行，以完成知识服务任务的调度过程。整个调度过程中，多服务任务交互执行，任务之间存在复杂的关联协作关系，且随着分布式科技资源池规模的动态增长，需要考虑服务任务在分布式科技资源服务中的并发访问，同时大量动态和不确定因素会严重影响服务调度的能力和效果。因此，在提高服务效率的同时，主要解决因科技资源并发服务访问的不确定性和节点负载不均衡引起的科技资源分配不合理的问题。

7.4.2 分布式科技服务优化调度模型

针对科技资源服务过程并发服务访问不确定性高，按需服务实体产业分配不均衡的问题，提出一种考虑资源服务并发服务访问不确定性和分配不均衡的优化调度模型，具体包括分布式科技资源并发服务访问的不确定性建模、资源分配不均衡性建模和多目标优化调度模型。

1. 分布式科技资源并发服务访问的不确定性建模

实体产业用户服务业务流程中，对科技资源服务的调用关系错综复杂，尤其当一个资源服务被多个业务流程调用且这些业务流程同时运行时，就会出现并发访问的情况。不同的科技资源服务场景下，实体产业用户的访问频率和并发概率都存在着一定程度的波动性和不确定性，并且科技资源服务过程中不同的服务流程访问频率与其业务流程的顺序、选择、并行和循环等不同结构密切相关，分布式科技资源服务访问频率比较高，科技资源并发服务访问的不确定性可以用并发服务访问的概率来描述，分布式科技资源并发服务访问概率建模符号及描述见表7-3。

表7-3 分布式科技资源并发服务访问概率建模符号及描述

符号	描述
n	服务业务个数
m	总服务资源数量
s	任一服务业务流程
σ_i	执行服务任务 i 概率
η_{ij}	第 i 个服务任务调用第 j 个虚拟资源
ρ_s	服务业务被访问的概率
γ_s	任一流程分支被选择的概率

假设科技服务中心在执行某一项服务任务时，有 K 项虚拟资源供 L 个子任务调用，且这些子任务根据服务进程在特定的节点上完成，则该服务任务执行流程的概率为：

$$\rho_s = \sum_{j=1}^{K}\sum_{i=1}^{L}\sigma_i\eta_{ij}, 1 \leqslant i \leqslant L; 1 \leqslant j \leqslant K$$

当多服务任务交互执行时，并发访问在资源服务调用中经常发生，为完成某项任务，会涉及调用多个资源服务流程。当流程中存在选择结构，且一个流程分支覆盖并发访问服务时，则并发访问服务的概率为：

$$Pt = \sum_{s=1}^{S}\rho_s\gamma_s, 1 \leqslant s \leqslant S$$

当服务流程中所有选择分支均覆盖当前并发访问的服务，则并发访问服务的概率为：

$$Pt = \sum_{s=1}^{S}\rho_s, 1 \leqslant s \leqslant S$$

2. 资源分配不均衡性建模

假设某一项服务任务 $T = \{t_1, t_2, \cdots, t_n\}$ 需要调用 n 项子任务才能完成，能够提供服务的分布式虚拟科技资源总数为 m，这些子任务按照服务业务总流程和资源需求在不同任务环节上完成，则定义任务 t_i 调用科技资源 r_j 的预期完成时间为：

$$\mathrm{Rt}_{ij} = \frac{\mathrm{GI}_i}{\mathrm{SR}_j}$$

其中，GI_i 为服务任务 t_i 的总指令长度，SR_j 为科技资源 r_j 被分布式调用指令的执行速度。

定义 n 个不同服务任务调度 m 项分布在异地的虚拟资源的平均负载为：n 个服务任务总指令长度与 m 个虚拟资源被分布式调度总指令执行速度的商，即总服务任务完成时间为：

$$\Omega = \frac{\sum_{i=1}^{n} \mathrm{GI}_i}{\sum_{j=1}^{m} \mathrm{SR}_j}$$

对于上述调度方案，服务资源被调用的负载均衡度可被定义为：

$$\Pi = \sqrt{\frac{1}{m}\sum_{j=1}^{m}(\Omega_j - \Omega)^2}$$

其中，Ω 为总服务任务完成时间，Ω_j 为调用服务资源 r_j 的任务完成时间，很明显，Π 越小，说明该服务调度任务负载越均衡。

3. 资源分配不均衡性建模

在考虑分布式科技资源服务并发服务访问不确定性和资源分配不均衡性问题的基础上，搭建了包括服务效率、并发服务访问概率和资源调用负载均衡度的多目标优化调度数学模型。

分布式环境下，用 r_q^p 表示服务节点 p 执行子任务 q 的状态，N 表示服务任务包含的子任务，M 表示为服务任务提供的科技资源总数，则资源服务活动过程中资源服务的状态集合 $R = (r_q^p)_{M \times N}, 1 \leqslant p \leqslant M, 1 \leqslant q \leqslant N$，$R$ 由服务节点执行任务时的服务效率集合 $\mathrm{Se} = \left\{se_q^p\right\}_{M \times N}, 1 \leqslant p \leqslant M, 1 \leqslant q \leqslant N$、并发访问概率集合 $\mathrm{Pt} = \left\{pt_q^p\right\}_{M \times N}$，$1 \leqslant p \leqslant M, 1 \leqslant q \leqslant N$ 和负载均衡度集合 $\Pi = \left\{\pi_q^p\right\}_{M \times N}, 1 \leqslant p \leqslant M, 1 \leqslant q \leqslant N$ 组成。其中，se_q^p 为服务节点 p 执行调度任务 q 的服务效率；pt_q^p 为服务节点 p 执行资源调

度任务 q 时的并发服务访问概率；Π_q^p 为服务节点 p 执行资源调度任务 q 时的服务效率负载均衡度，则任一资源服务节点执行任务时的服务状态表示为：

$$r_q^p = \{se_q^p, pt_q^p, \Pi_q^p\}$$

记 N 项服务任务映射的科技资源集合为 $X = \{x_1, x_2, \cdots, x_N\}$，$x$ 为某一项服务子任务调用的科技资源。对于资源调度的优化，需要将服务效率优化到最大的同时将并发访问概率和负载均衡度优化到最小。考虑了分布式科技资源并发服务访问不确定性和资源分配不均衡性的多目标优化调度数学模型为：

$$\begin{cases} F(x) = (R, X) = (-Se(x), Pt(x), \Pi(x)) \to \min \\ \quad x_j \in X \text{且} x \leqslant M, \\ s.t. \quad se_q^p \geqslant se_{\min} \\ \quad 0 \leqslant pt_q^p \leqslant pt_{\max} \\ \quad 0 \leqslant \Pi_q^p \leqslant \Pi_{\max} \end{cases}$$

其中，$se_{\min}$ 为符合用户需求的最低服务效率值，$pt_{\max}$ 为某一科技资源节点所能承受的最大并发服务访问概率，$\Pi_{\max}$ 为某一科技资源节点所能承受的最高负载均衡度。

同时，由于 $-Se(x)$、$Pt(x)$ 和 $\Pi(x)$ 之间数值差异很大且量纲不同，需要进行归一化处理：

$$Z_{v_i} = \begin{cases} \dfrac{\max v_i - v_i}{\max v_i - \min v_i}, & \max v_i \neq \min v_i \\ 1, & \max v_i = \min v_i \end{cases}$$

其中，$v_i = \{-Se(x), Pt(x), \Pi(x)\}$。设用户请求科技资源的服务效率、负载均衡度和并发服务访问概率的权重分别为 ω_{Se}、ω_Π 和 ω_{Pt}，并依据层次分析法对其进行赋值，且 $\omega_{Se} + \omega_\Pi + \omega_{Pt} = 1$。在考虑用户需求目标权重的条件下的科技资源优化调度目标函数为：

$$F(X) = \omega_\Pi Z_{[\Pi(X)]} + \omega_{Se} Z_{[-Se(X)]} + \omega_{pt} Z_{[Pt(X)]}$$

7.4.3 基于多群落协作搜索的分布式科技服务动态调度算法

大规模任务调度问题往往涉及更多的决策变量和优化目标，且伴随着系统、用户需求和调度目标等环境的变化，其本质是更复杂的多目标优化问题。而粒子群算法可以在迭代过程中维持潜在解的种群，能够根据环境变化不断调整种群的适应度，使种群更容易适应环境的变化。因此，面对多任务调度问题的不确定性、复杂性，本节改进并拓展了种群寻优模式，将高维解空间划分为低维多任务搜索子空间，引入一种由普通群落和模范群落组成多群落交互网络，建立不同搜索任务与协作种群之间的信息交互及关联规则。根据环境不断优化种群的适应度，提高算法对高维多任务变化的适应能力。在此基础上，制定不同群落间的异步并行搜索策略，减少群落进程间通信，通过群落间的驱动进化机制实现高效搜索，提高算法对任务调度问题的优化能力。

粒子群算法是面向实数连续空间的计算模型，难以解决属于离散空间的任务调度问题。因此，在 7.1.2 节群落内与群落间的双向驱动进化机制度的基础上，采用二进制对粒子的速度和位置进行编码，通过重构粒子表达式实现粒子群算法到离散空间、粒子搜索空间到优化调度方案的映射。

定义 m 行 n 列矩阵 $X:m\times n$ 为粒子的位置矢量矩阵；其中，行表示任一服务任务执行时提供科技资源的情况，列表示调度过程中服务任务的分配情况，任一粒子代表调度方案某个科技服务任务调度问题的潜在解。粒子位置的编码为：

$$X = \begin{bmatrix} x_{11} & x_{12} & \cdots & x_{1n} \\ x_{21} & x_{22} & \cdots & x_{2n} \\ \vdots & \vdots & \ddots & \vdots \\ x_{m1} & x_{m2} & \cdots & x_{mn} \end{bmatrix}$$

其中，$x_{ij} \in \{0,1\}$，$\sum_{j=1}^{n} x_{ij} = 1$。

根据约束条件可知，位置矩阵 X 中每一行有且只有 1 个元素值为 1，表示科

技资源 X 分配到服务任务 R 中执行。同时，每个科技资源可以同时被多个服务任务调用，且不能中断任一科技服务任务的执行。

定义速度 $V: m \times n$ 表示粒子对执行任务分配情况的基本交换次序，其表达式为：

$$V = \begin{bmatrix} v_{11} & v_{12} & \cdots & v_{1n} \\ v_{21} & v_{22} & \cdots & v_{2n} \\ \vdots & \vdots & \ddots & \vdots \\ v_{m1} & v_{m2} & \cdots & v_{mn} \end{bmatrix}$$

其中，$v_{ij} \in \{0,1\}$，$v_{ij} + v_{ji} = 0$ 或 1。

定义算法中的加、减、乘、除运算可表示为 Θ、$\cdot \theta \cdot$、$\oplus$ 和 $\otimes$ 的交换操作，具体运算规则如下。

$A \cdot \theta \cdot B$：表示在位置矩阵 A 与速度矩阵 B 中，$\exists x_{ij} = v_{ij} \Rightarrow x_{ij} = v_{ij} = 0$，反之为 1；$\exists x_{ij} = v_{ij+n} = 1 \Rightarrow v_{ij+n} = 0$。

$A \Theta B$：表示在位置矩阵 A 与速度矩阵 B 中，$\exists v_{i1}, v_{i2}, \cdots, v_{in} = 0 \Rightarrow v_{ii} = 0$，其他元素随机取 0 或者 1。

$c_i \otimes B$：表示依据随机数 c_i 的对应概率值来确定粒子是否与矩阵 B 进行 Θ 操作。

$A \oplus B$：表示在位置矩阵 A 与速度矩阵 B 中，$\forall x_{ia} = 1$，$x_{jb} = 1$，$\exists v_{ij} = 1 \Rightarrow x_{ib} = 1$，$x_{ja} = 1$。

依据上述交换操作规则定义，基本微粒群迭代公式可更新为：

$$\begin{cases} v_{id}^{t+1} = v_{id}^t \Theta c_1 \otimes \left(P_{id}^t \cdot \theta \cdot x_{id}^t \right) \Theta c_2 \otimes \left(P_{gd}^t \cdot \theta \cdot x_{id}^t \right) \\ x_{id}^{t+1} = x_{id}^t \oplus v_{id}^{t+1}, i = 1, 2, \cdots, m; d = 1, 2, \cdots, D \end{cases}$$

由此所制定的编码方案简单可行，符合科技资源多服务任务的调度要求，并且清晰描述了粒子种群进化空间与服务任务调度方案间的映射关系，避免了粒子进化过程中的重复搜索。

基于多群落协作搜索算法及其编码方案，知识服务任务调度优化流程图如图 7-8 所示。

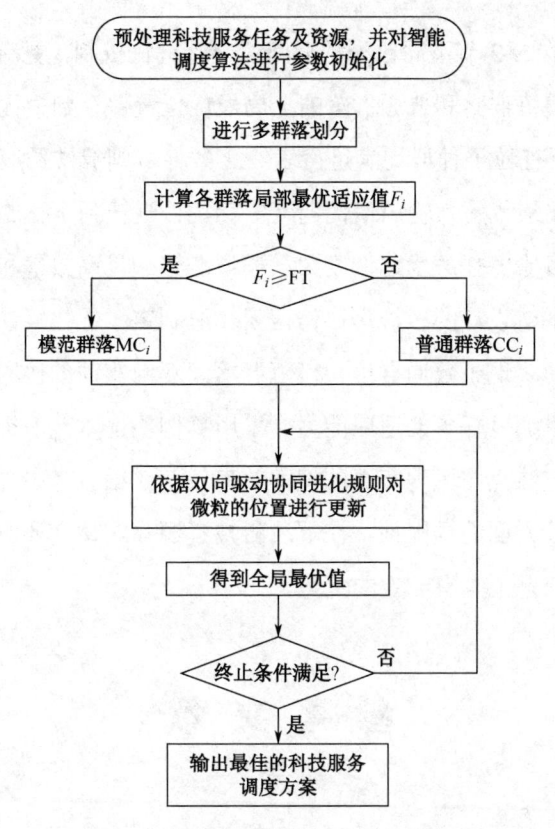

第 7 章 分布式科技资源的评价优化技术

图 7-8 知识服务任务调度优化流程图

具体步骤如下。

步骤 1：种群粒子初始化。依据 7.4.3 节所述的粒子搜索空间与任务调度方案之间的编码策略，对 n 个群落进行初始化，赋予种群粒子随机位置（资源分配方案）和速度；设定群落数、群落成员内粒子迭代次数、粒子加速系数及惯性权重系数。

步骤 2：将初始化的种群粒子平均分配到 q 个进程中，形成大小为 $\text{int}(\frac{n}{q})$ 的群落，对于取整后的剩余粒子可随机分配到 q 个进程中，同时根据 7.4.2 节中构造的综合优化调度函数计算 q 个群落中每个粒子的适应值。

步骤 3：将各群落分别运行于 q 个进程中进行异步并行进化运算。

步骤 4：计算各群落适应值 F_i，并依据判定阈值将所有群落划分为模范群落和普通群落两类。

步骤 5：依据 7.1.2 节不同粒子种群间的交互进化机制，更新群落中粒子的位置和速度，并将模范群落和普通群落的全局最优位置保存到最优存储区中。

步骤 6：若所有粒子种群均满足搜索终止条件，则算法结束，并从全局最优存储区中获取全局最优解，输出最优调度方案，否则转到步骤 5。

本节构建的多服务任务优化调度数学模型能够满足高效率和高利用率的科技资源分配需求。本节设计的多群落协作搜索算法制定了优化算法映射到离散数据空间的编码规则，实现了普通群落和模范群落间双向驱动的协同交互搜索，增强了算法对动态随机调度任务的适应能力。采用算例验证本节所提模型和算法，结果表明本节所提方法克服了现有算法搜索效率偏低，很少考虑并发服务访问不确定和分配不均衡性方面的局限性，在解决科技资源与实体产业服务请求之间的动态资源匹配调度问题上具有一定的优势。

参 考 文 献

[1] 郭健. 基于智能算法的非线性模型研究及预测控制[D]. 华中科技大学, 2008.

[2] Sridhar M, Babu G R M. Hybrid Particle Swarm Optimization Scheduling for Cloud Computing[C]// Advance Computing Conference. IEEE, 2015:1196-1200.

[3] 刘晶晶, 孙永海, 陈莉, 等. 基于云模型的玉米饮料感官鉴评[J]. 农业机械学报, 2013, 44(1):113-118.

[4] 李德毅. 知识表示中的不确定性[J]. 中国工程科学, 2000.2(10):73-79.

[5] 江伟光, 武建伟, 潘双夏, 等. 面向知识工程的产品信息模型[J]. 农业机械学报, 2008, 39(7):133-138.

第8章 分布式科技资源按需服务构件开发

以装备制造业对科技资源的服务需求为背景,本章分析了实体产业产品研制过程中典型环节对科技资源服务的需求与难点,结合本书的科技资源服务技术体系和实现方法,给出了面向装备制造企业产品设计、加工、维护的科技服务构件开发实现过程。

8.1 面向装备制造企业产品设计过程的科技服务构件开发

8.1.1 产品设计资源按需服务的需求

对装备制造企业而言,将科技资源服务与产品设计过程相结合,已成为提高企业产品设计效率的关键。然而,产品设计文本资源具有属性构成复杂、涉及学科领域广泛等特点,同时产品设计过程也包括需求分析、概念设计、初步设计、详细设计和试制评估等多个设计环节,如何快速有效组织科技资源,并能满足不同设计人员需求,是当前亟待解决的重要问题。现有知识管理及服务系统大都局限于简单的数据库检索层面，产业用户主要通过检索的方式来获取相关领域知识，缺乏与业务流程的交互过程，难以满足用户提出的任务需求，严重影响产品的研制效率。因此，面对产品设计过程，不仅要关注设计科技资源在设计活动中的上下关联关系，还要通过适当的方法或工具来全面展示科技资源的关联关系，以实现产品设计资源的有效组织与共享。产品设计过程中对科技资源服务的需求如下。

1. 海量属性异构科技资源的整合需求

产品设计过程是一个复杂的创造过程，所需设计资源不仅包括跨领域的专业资源，如专业图书、科技期刊、设计案例、设计标准、专利文献和学位论文等，还包括实际产品设计过程中的参数数据和业务流程资源，如结构数据、仿真数据、测试数据、设计流程、预测流程和服务流程等。这些资源大都以复杂异构的文本形式呈现，存在大量无序、耦合互联的属性特征信息。为了有效利用这些海量的多源异构科技资源，需要将这些科技资源进行有机整合，实现实体产业科技资源的高效管理与共享。

2. 复杂设计过程对设计科技资源的需求

产品设计过程是对一个复杂问题进行不断分解简化，不断优化创新的过程。作为一个信息高度密集的处理过程，产品设计过程需要工艺、材料、结构、质量管理等多个学科的专业知识进行支撑，但是由于所需知识学科分布广泛、存储分散且缺乏有效管理，容易形成数据孤岛，进而难以有效获取完整的设计资源来满足产业用户的设计需求，导致产品设计率较低。因此，迫切需要一种有效的设计科技资源服务技术，提升海量设计资源的共享与重用水平。

▶ 8.1.2 服务构件功能实现

产品设计过程科技资源服务构件开发主要以 Eclipse 作为集成开发环境，利用 Neo4j 构建系统数据库，集成采用 Java、JavaScript、XML 等开发产品设计文本资

第 8 章 分布式科技资源按需服务构件开发

源服务构件。其中主要开发的功能构件包括权限管理、资源管理、图谱浏览和效应检索等。本节结合系统部分功能及界面进行简要介绍。

1. 权限与资源管理

为更贴合当前制造企业管理组织结构，保证企业科技资源的使用安全，需要对产业用户的使用权限进行设置与管理。用户登入身份有管理人员和设计人员两种，其中设计人员被赋予其相对应的流程操作、图谱浏览、效应检索和资源查看等一些普通功能；除了这些功能，管理人员还具有资源管理和权限控制。图 8-1 所示为权限管理设置界面。

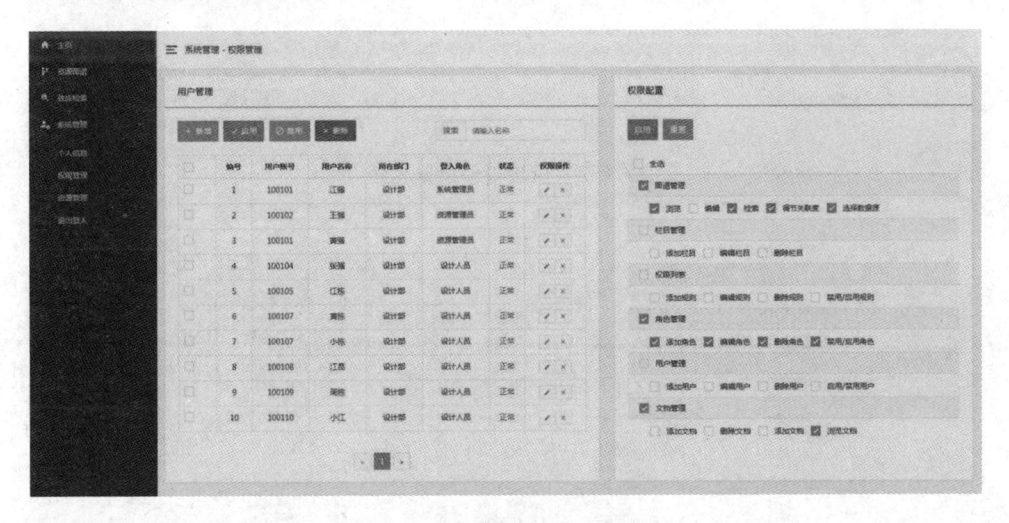

图 8-1 权限管理设置界面

为了实现对产品传动装置设计过程中所涉及的科技资源进行有效组织，需要由系统管理人员收集、组织设计文本资源，将有用的设计文本资源整理起来，然后通过系统中的资源管理模块进行增加、删除、移动、修改等操作。图 8-2 与图 8-3 所示分别为系统管理人员添加文本数据时的权限管理设置界面和关联管理操作界面。

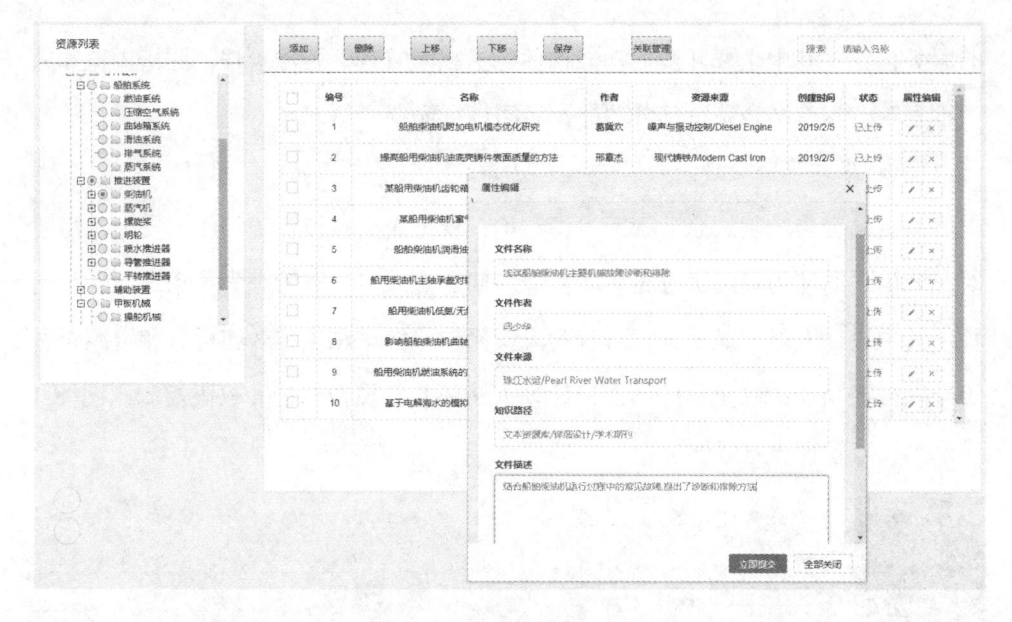

图 8-2 权限管理设置界面

图 8-3 关联管理操作界面

2. 图谱浏览

基于传统信息检索技术的常规资源管理模式，通常只利用主题词来获取产

第 8 章　分布式科技资源按需服务构件开发

品设计资源。在直接面对企业数据总库时,这种方法所检索出来的数据结果往往包含了所有设计阶段涉及的设计资源数据,用户依然需要通过大量阅读来筛选出哪一些资源数据是属于自己的职能领域的,期间耗时费力,严重影响了目标产品的设计进度。机械产品设计资源管理系统是在资源数据库与用户资源检索之间引入了资源图谱层,它以设计活动为逻辑单元,以不同阶段产品设计人员对资源的需求为驱动,呈现了不同的设计环节中产品设计资源的分布情况,并清晰描述了各个设计主题之间的内在关系。用户登入系统后,可以通过浏览全局视图对了解整个船舶传动装置的设计过程,每一个资源节点不仅与其存在关系的节点相连以构成资源网络,同时节点与节点之间也被赋予了不同大小的关联度数,帮助用户快速定位重要资源。图8-4 展示了设计环节中传动装置各设计资源节点的分布情况。

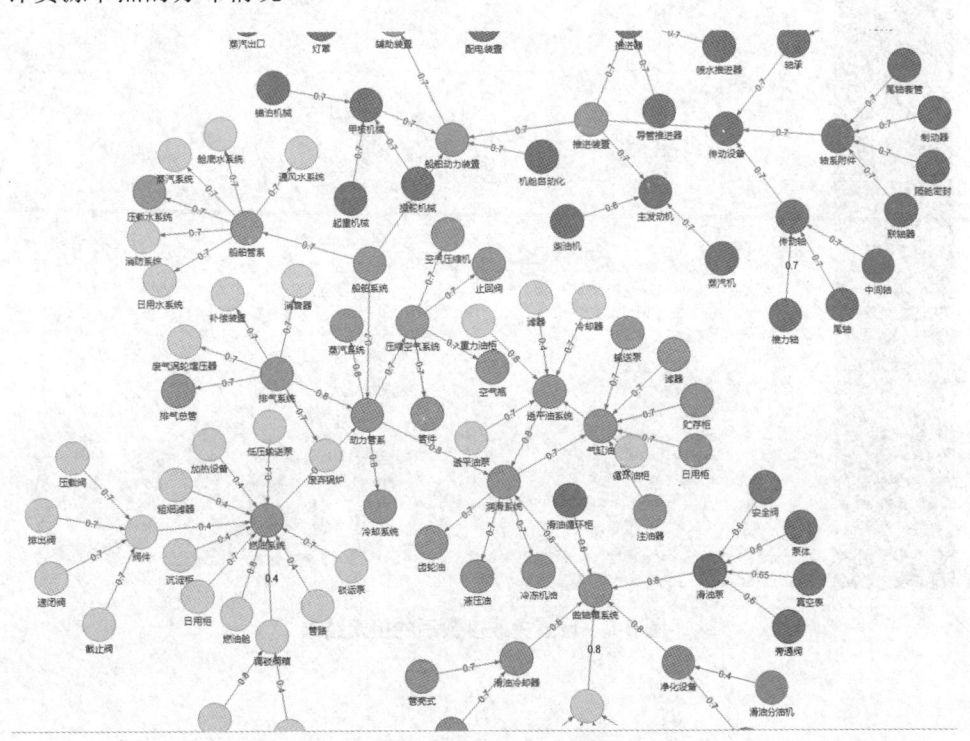

图 8-4　传动装置各设计资源节点的分布情况

在实际应用过程中，图谱为设计新人或跨领域人员提供了一种友好的资源查询方式，用户也可以选择设计流程中自己感兴趣的设计环节，图谱浏览界面则会显示该设计环节下的资源图谱。想了解某个节点信息时，通过输入资源节点关键词并点击搜索按钮，即可快速获取围绕该节点的资源集合，同时也可设置与该节点相关联的语义关联度数范围，得到更准确的资源信息，方便设计用户对设计知识形成清晰的知识脉络。图 8-5 所示为在设置参数关联度数后的检索结果界面。图 8-6 所示为设计资源在线浏览界面，用户可以根据自己的兴趣进行资源在线浏览，系统也会根据需求推荐一系列相似资源，系统用户也可以执行收藏操作以便于下次继续阅读。

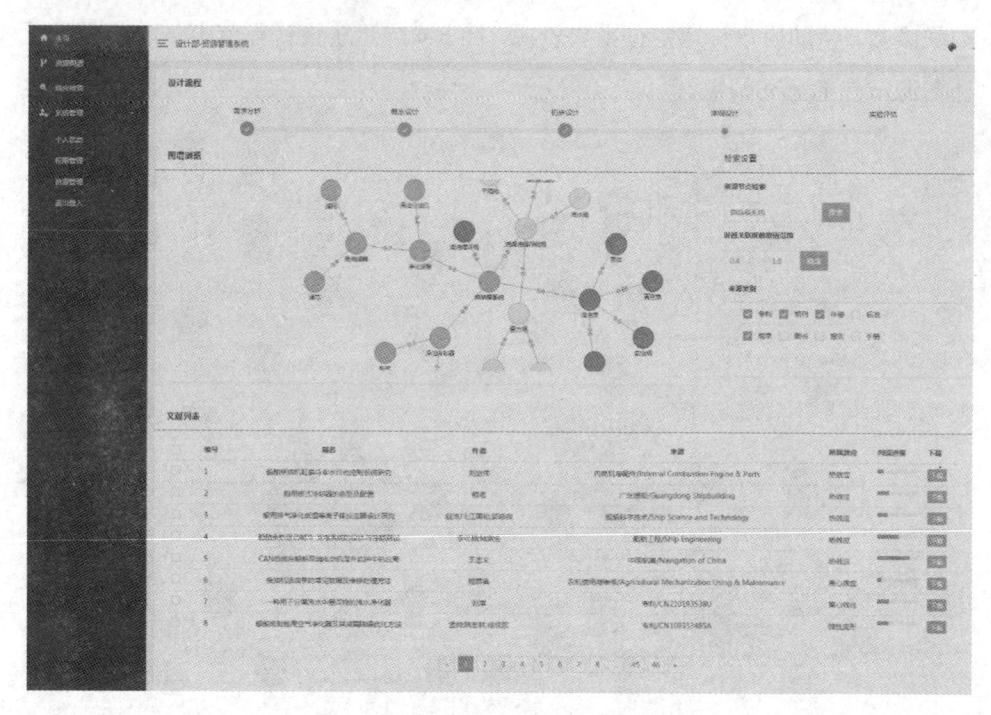

图 8-5　设置关联度数后的检索结果

第 8 章 分布式科技资源按需服务构件开发

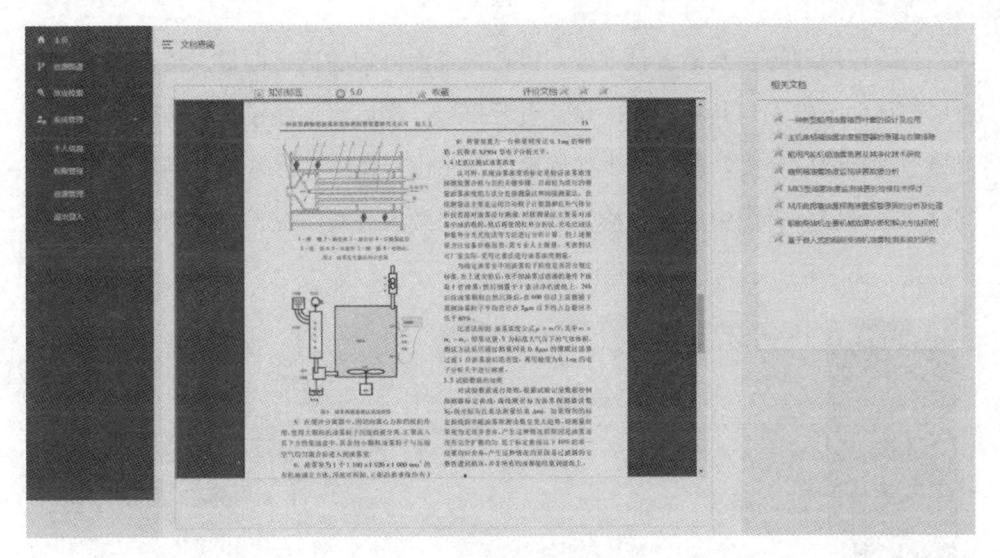

图 8-6　设计资源在线浏览界面

3. 效应检索

在满足产品设计人员通过导航查询方法掌握产品各设计资源节点关系、浏览各设计资源的基础上，为了进一步辅助机械产品设计人员打破产品设计思维局限，提高产品设计效率，可以采用本体检索与深度学习方法相结合的方法，构建对机械产品设计资源的二次检索，可有效地过滤出相应的效应资源。图 8-7 展示了效应资源检索的一般过程。

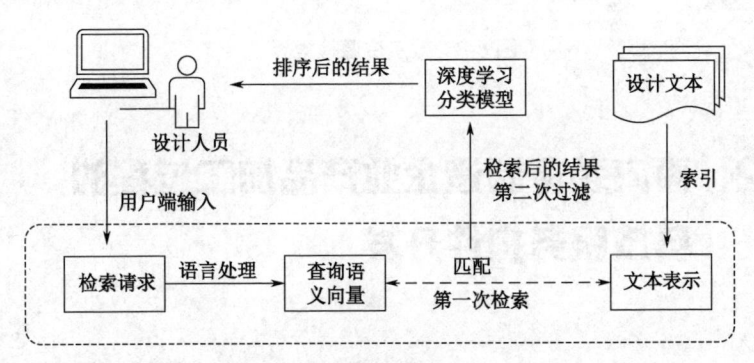

图 8-7　效应资源检索的一般过程

首先，设计人员将自己的信息需求输入到搜索界面，系统对请求信息进行分词、去除停用词等自然语言预处理，以获得查询语句的语义向量，接着在本体描述层的帮助下检索与其相匹配的设计资源集合，最后将这些设计资源通过深度学习模型进行效应分类，根据分类准确率的大小进行排序并展示给产品设计人员。同时，在效应分析图中展示了检索结果的全局效应分布情况，方便用户做出进一步决策。图 8-8 所示为效应资源检索界面。

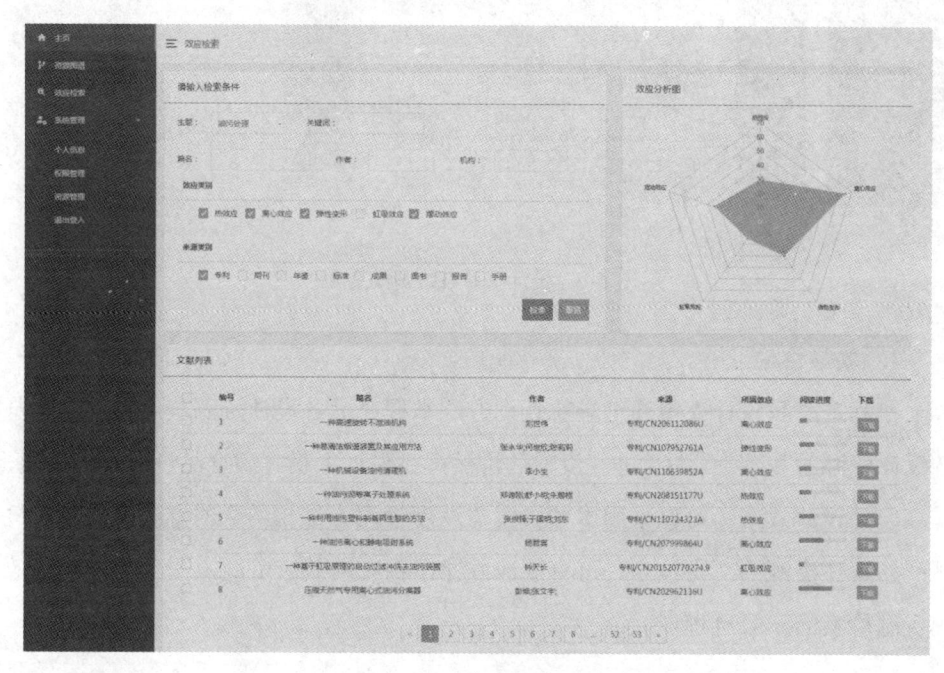

图 8-8 效应资源检索界面

8.2 面向装备制造企业产品加工过程的科技服务构件开发

8.2.1 产品加工过程科技资源按需服务的难点

云模式下，将资源服务技术与加工过程相结合，是提高复杂零件制造水平的

第8章 分布式科技资源按需服务构件开发

关键。然而，面对海量知识资源，如何快速有效地搜索到已有的科技资源是当前亟待解决的重要问题。目前，现有的资源管理及服务系统主要通过检索的方式来获取相关领域知识，缺乏与业务流程的交互过程，难以满足用户的个性化任务需求，严重影响产品的研制效率。因此，对复杂产品的加工过程，需要在准确解析业务流程的基础上，将满足用户需求的知识资源快捷高效地推送给用户，以实现知识资源的有效共享与重用。

产品加工过程需要在分析知识资源特点及业务流程特性的基础上，将知识资源与加工流程相结合，提供准确高效的知识资源推送服务，进而最大限度地保障产品加工过程中资源的按需获取、高效配置及主动推送能力。然而，分布式科技资源按需服务业务过程仍存在以下难点。

1. 分布式多源异构科技资源难以整合

如何存储海量科技资源数据并对这些分布式多源知识进行整合以实现跨领域知识资源的动态管理与集成，是实现复杂产品加工过程知识资源按需推送服务的难点。因此，需要研究分布式多领域知识资源的表示及索引技术，建立相应的模型和支撑平台。

2. 推送资源难以满足用户的个性化需求

在传统的复杂产品加工过程中，业务人员需要消耗大量的精力来选取对自身有利用价值的知识，不但工作量大、效率低，而且难以找到最有价值的知识。因此，在海量知识资源中挖掘出特定的知识推送给相应的业务人员，对于提高产品的研制效率具有重要意义。但是传统的知识推送技术依据一定的规则将云端知识推送给用户，虽然考虑了知识资源自身的信息和共性，却忽略了用户自身的知识背景及岗位环境等情境信息的影响，进而导致推送的知识资源难以满足不同用户的个性化需求。因此，需要在研究用户个性化需求信息的基础上，结合用户自身的知识背景及订阅要求推送符合用户需求的知识资源，进而有效利用已有的知识资源。

3. 现有推送技术与业务流程结合不够紧密

当前关于知识推送技术的研究，主要根据用户兴趣进行推理，进而为用户推送他们可能感兴趣的知识资源。但是，这种推送方法脱离了用户具体的业务需求，所推送的知识资源也难以与用户需求进行有机结合，因此，这种方法很大程度上无法满足企业用户具体的业务需求，推送的知识也有一定的盲目性。为了实现在正确的时间以正确的形式将正确的知识资源推送给正确的人，需要在分析产品加工业务流程特征的基础上，研究一种基于业务流程的知识资源推送方法，进而实现知识与用户业务流程的高效集成。

8.2.2 复杂产品加工过程科技资源服务体系架构

1. 体系架构

云模式下，复杂产品加工过程科技资源服务采用基于 SOA 的云计算与云数据管理体系架构及技术，将多源异构、离散分布的科技资源通过虚拟化处理和封装，集中存储于知识资源层，通过制定知识匹配与推送机制，实现知识资源的透明检索、调度和主动推送服务。在此基础上，建立如图 8-9 所示的知识资源推送体系架构，该架构由基础支撑层、知识资源层、知识虚拟化与组织层、知识推送服务层、流程管控与调度层、服务接口层、应用服务层构成。各部分的主要作用为。

（1）基础支撑层主要提供云模式下知识推送服务平台的支撑技术，包括云计算、物联网、云服务中心、分布式索引等基础支撑环境，以保证云模式下复杂产品加工过程知识资源服务系统的顺畅运行。

（2）知识资源层主要指与复杂产品加工过程相关的知识资源，是对加工过程进行知识资源推送服务的基础。主要包括与加工过程相关的海量文献、数据、工艺标准等静态知识资源及产品曲面造型、切削力分析、刀轨计算仿真、参数优化计算等动态知识资源。通过对这些知识资源进行提取和封装，形成相应的资源推送服务。

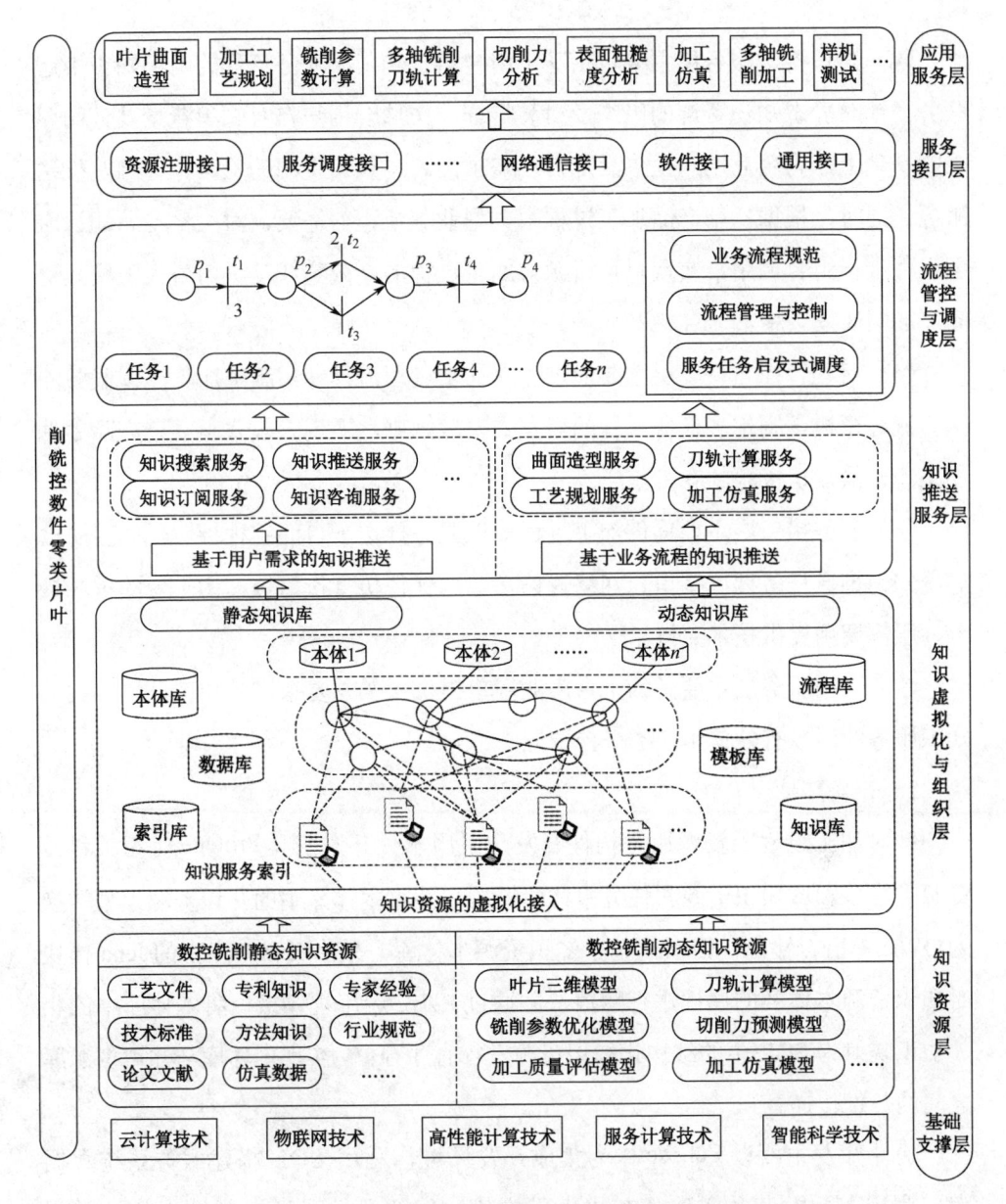

第8章 分布式科技资源按需服务构件开发

图 8-9 复杂产品加工过程知识资源推送体系架构

（3）知识虚拟化及组织层主要通过构建科技资源多领域本体库、资源服务分布式索引库、资源推送服务模板库等，实现知识资源的统一组织和管控。

（4）知识推送服务层主要包括基于用户需求和基于业务流程的两类知识推送服务。针对静态知识资源的组织及封装特征，在结合用户自身知识背景及订阅要求的基础上，为企业用户提供满足自己需求的静态知识资源的检索、订阅及推送服务。同时，根据复杂产品加工过程中典型业务流程的需要，对大量动态知识服务组件进行组合调用，实现科技资源与加工过程的高效集成，进而最大限度地提高产品的研发效率。

（5）流程管控与调度层主要通过建立加工过程流程库，制定加工过程服务的执行流程模板，制定多任务并行的启发式调度规则，实现云模式下复杂产品零件加工流程与知识资源的有机集成。

（6）服务接口层主要提供加工过程知识服务推送平台的各种接口，如注册接口、知识推送任务调度接口、网络通信接口、软件仿真接口等，为平台的资源接入、服务调用提供技术支持。

（7）应用服务层主要是为平台产业用户提供各类与复杂产品加工过程相关的知识服务的，以有效使用各类平台资源。

2. 开发环境

针对加工过程的资源服务构件开发是采用本体开发工具 Protege 对相关科技资源进行多领域知识资源和任务本体建模的，并将本体库中的知识资源模型转换为 OWL 等语言输出；然后，基于知识资源本体库，采用 Java API 中的 Jena 模块对知识资源本体类的属性进行赋值，并通过 JDBC 应用程序接口将本体库中的相关知识映射为 SQL 中的结构化知识资源进行有序存储，实现本体库与知识资源库之间的数据传递。

构件开发主要以 Eclipse 作为集成开发环境，利用 SQL 搭建服务系统数据库，利用 MapReduce 实现分布式索引构建，结合科技资源多领域本体，采用 Java、XML、JavaScript 或 MATLAB 等语言开发加工过程知识资源服务功能组件，以叶片类零件数控铣削知识服务平台为例，如图 8-10 所示。

图 8-10　叶片类零件数控铣削知识服务平台

8.2.3　加工过程静态知识资源分布式索引构件

　　基于加工过程知识资源多领域本体模型，采用分布式索引框架 MapReduce，以 Lucene 作为核心索引工具包，基于 RMI 进行分布式环境的通信，实现对知识资源进行匹配、索引等操作。建立索引数据库，其他知识资源库需要连接该索引数据库，需在索引服务器中进行注册，未经注册审批的知识资源库不能作为搜索服务的知识源。各异构系统经注册的知识源，通过各领域本体的术语对知识资源进行分词处理，提取知识资源的知识描述、属性描述、知识资源地址，将这些内容形成索引并存入索引库中，最后上传至索引服务器。

　　以复杂零件数控铣削知识为例的资源分布式索引的流程如图 8-11 所示。首先根据任务描述提取任务属性信息，通过知识资源多领域本体相关主题词提取和分词处理，提取多个特征词；然后自动筛选并抽取多个特征词的本体术语，并调用特征词扩展关系，将非本体术语和不存在拓展关系的特征词原词及其权重并入检索词集合，将存在扩展关系的本体术语原词、关系词、权重并入扩展词集合；最后，当所有特征词扩展完毕后，建立主题集合、领域术语集合和特征词集合，在对特征词搜索过程中通过相似度计算对特征词进行处理、检索，并过滤检索信息，实现对知识资源进行索引和知识匹配。

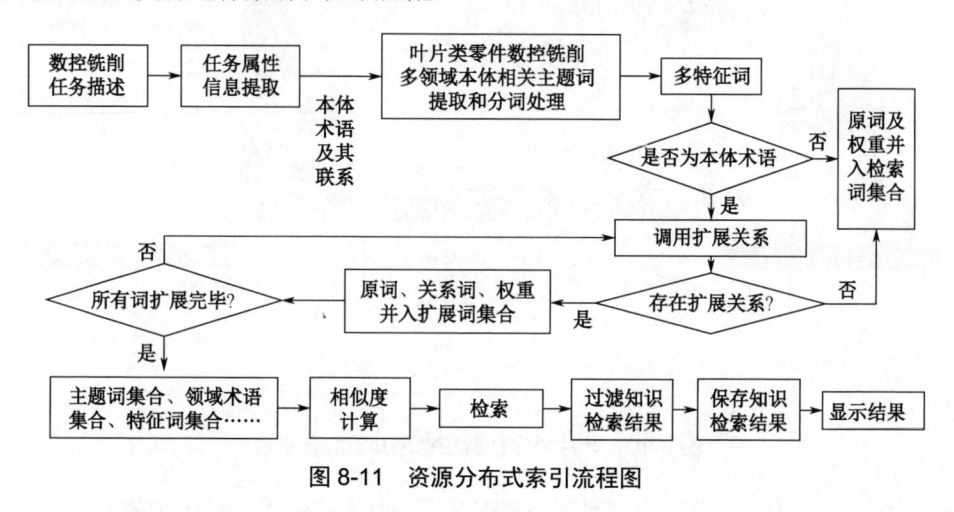

图 8-11 资源分布式索引流程图

1. 订阅知识资源推送

订阅知识资源推送有三种推送方式：分类词订阅推送、关键词订阅推送和案例订阅推送。用户可根据自身任务需求及工作习惯，选择不同的订阅方式获取相应的静态知识资源。以分类词订阅推送为例，其订阅知识资源订阅界面如图 8-12 所示，用户可根据静态知识树选择与当前业务相关的分类词，并将其添加到右侧的订阅列表中；然后，在知识资源推送模块中的订阅知识资源推送界面，如图 8-13 所示，选择相应的订阅分类词，便可以在右侧区域显示针对该分类词推送的文档知识、标准规范等静态知识资源。

2. 岗位知识资源推送

岗位知识资源推送是指依据产业用户所在的岗位信息，由后台定义的相关性规则及推理算法进行关联分析，然后向用户推送与其岗位信息密切相关的动态知识资源，岗位知识资源推送界面如图 8-14 所示。

第 8 章 分布式科技资源按需服务构件开发

图 8-12 订阅知识资源订阅界面

图 8-13 订阅知识资源推送界面

图 8-14 岗位知识资源推送界面

8.2.4 加工过程中知识资源与业务流程的融合构件

在知识资源与业务流程融合模块中，首先要建立复杂产品加工过程的业务流程。然后，用户可以通过选择相应的节点来获取对应的文献、模型或程序等知识资源推送。其中，知识资源的匹配是通过对知识资源与节点的语义相似度的计算获得的，知识资源与业务流程融合模块结构如图 8-15 所示。

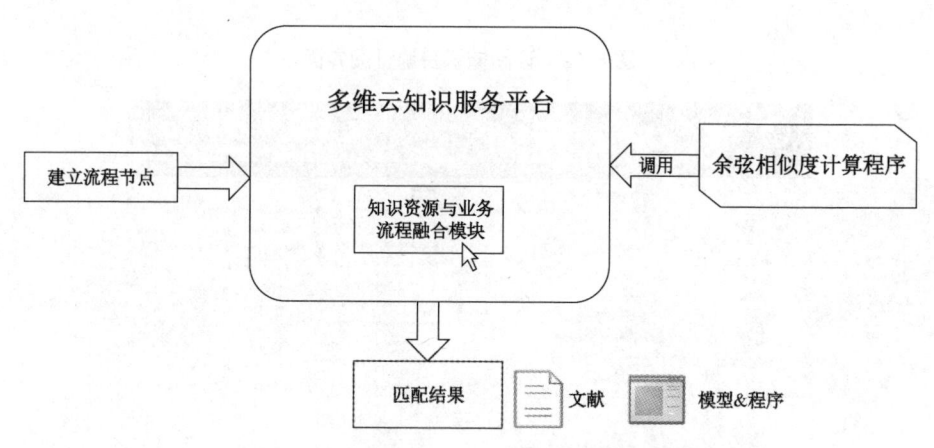

图 8-15 知识资源与业务流程融合模块结构

在 Eclipse 环境中，可以利用 Java 编写余弦相似度计算程序 resource_match.java。资源匹配程序如图 8-16 所示，将输入的关键词匹配 Neo4j 图数据库中的文献、模型和程序等知识资源，设定相似度阈值，封装 resource_match.jar，随后导入到系统后台的 Java 项目中。当用户需要获取知识资源时，将满足阈值条件的知识资源推送给相应的加工过程的相应节点。

将知识资源分为文献和模型程序两类，并分别推送给节点。通过下拉菜单选择流程中的某一节点，单击知识资源匹配按钮即可推送与该节点相关的文献、模型和程序资源，知识资源与业务流程融合窗口如图 8-17 所示。

第 8 章 分布式科技资源按需服务构件开发

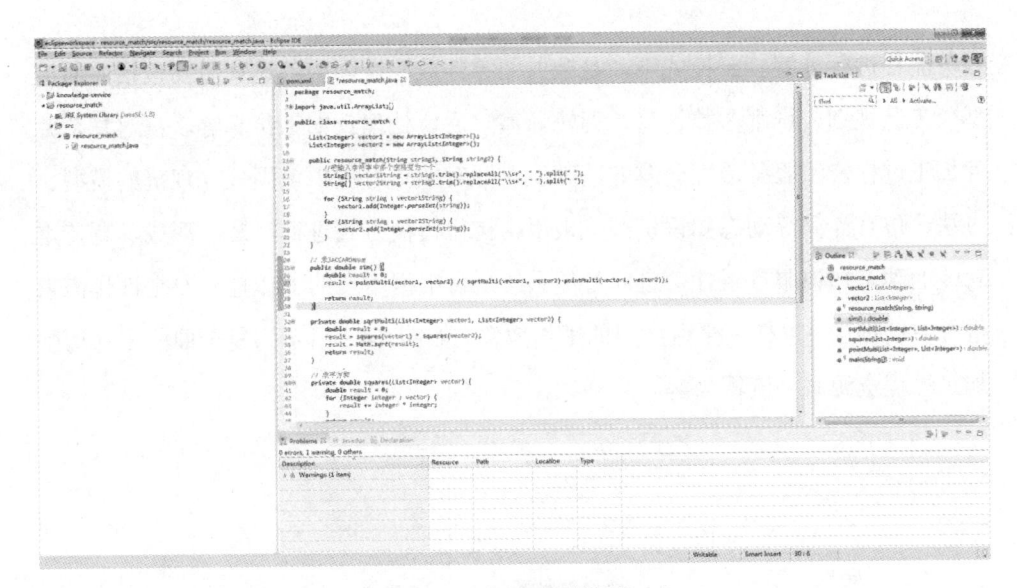

图 8-16 资源匹配程序

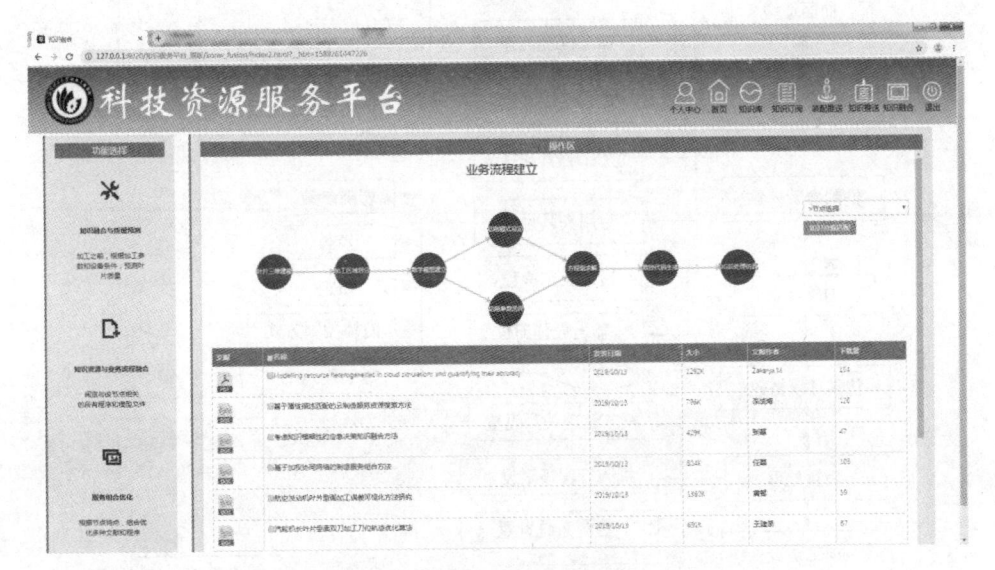

图 8-17 知识资源与业务流程融合窗口

▶ 8.2.5 加工过程的知识资源匹配推送构件

1. 服务流程分解

为了提高云模式下复杂产品加工过程的动态资源服务水平，需要对其典型的服务流程进行分解。云模式下，复杂曲面零件数控铣削服务过程主要包括曲面造型、工艺规划、铣削参数计算、刀轨计算、后置处理及加工仿真等。在对复杂零件加工过程资源服务流程分解的基础上，针对加工过程中可固化、规范的模型、方法、仿真计算等动态知识资源，采用结构化模板方式进行封装，形成具有特定功能的动态知识服务组件，进而方便系统平台根据用户的工作任务及个性化需求进行主动推送，以提高平台用户的工作效率。如图 8-18 所示为复杂曲面零件切削加工过程资源服务流程分解。

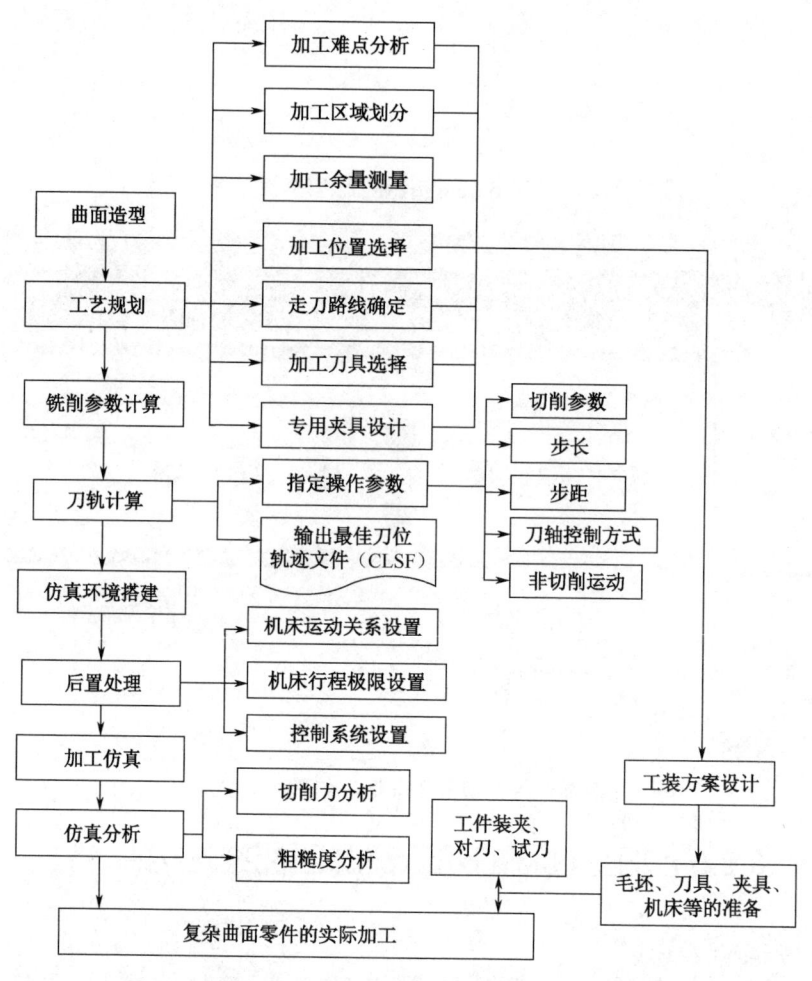

图 8-18 复杂曲面零件切削加工过程资源服务流程分解

第8章 分布式科技资源按需服务构件开发

2. 知识资源服务组件构建

基于云模型在处理模糊随机问题上的优势,将多维多规则云推理算法引入加工过程的切削分析服务过程。利用MATLAB编写多维多规则云推理算法,并将其封装为切削力分析动态知识服务组件,以便于将其主动推送给平台用户使用。

在实际加工过程中,切削速度、进给量、切削深度、切削宽度等参数都是影响零件加工过程切削力的主要因素。因此,在编写切削力预测分析程序时,将切削速度、进给量、切削深度、切削宽度作为输入参数,经规范化处理形成可调用的程序文件,完成对切削力分析算法的封装,进而构建具有输入和输出接口的切削力分析动态知识服务组件,以供平台调用。所构建的切削力分析动态知识服务组件结构如图8-19所示。首先在MATLAB中编写多轴铣削加工切削力分析云推理算法的程序文件,如图8-20所示,并进行输入参数的规范化处理。在此基础上,利用MATLAB中deploytool的Java Package功能将云推理算法的脚本文件打包封装为Jar包文件,即AnalysisForCuttingForce.jar,deploytool工具界面和Jar包的封装界面如图8-21和图8-22所示。最后,需要将MATLAB安装目录中的"...\toolbox\javabuilder\jar\javabuilder.jar"文件及封装的AnalysisForCuttingForce.jar一起导入到系统后台的 Java 项目中,然后便可通过 Java 代码调用已封装好的MATLAB功能代码,Jar包的导入及调用程序如图8-23所示。将上述过程封装即可完成多轴铣削切削力分析动态知识服务组件的构建工作,进而实现多轴铣削切削力的快速预测及分析功能。

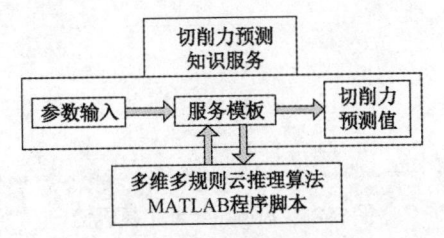

图8-19 切削力分析动态知识服务组件结构图

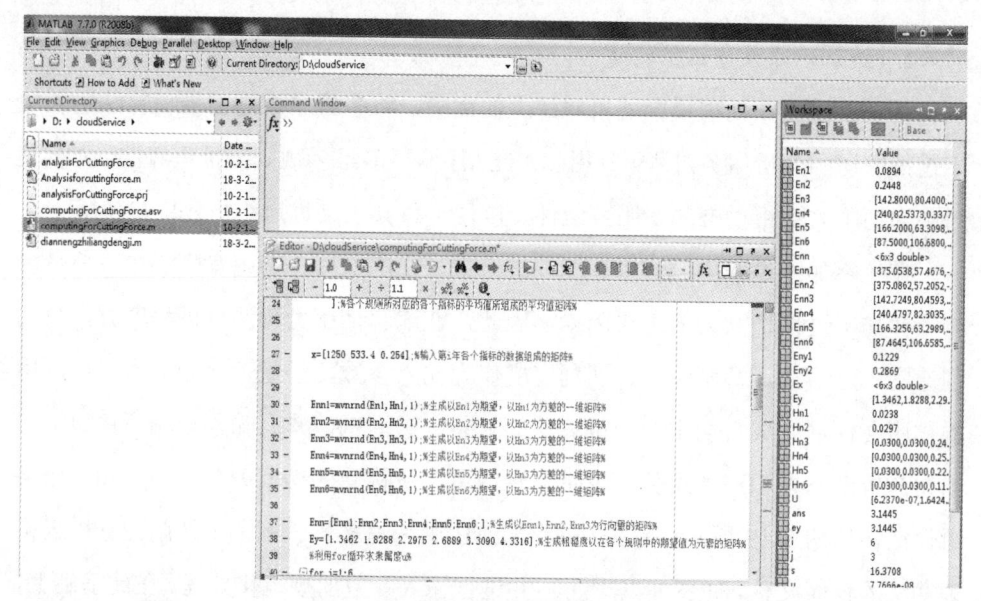

图 8-20　云推理算法的程序文件

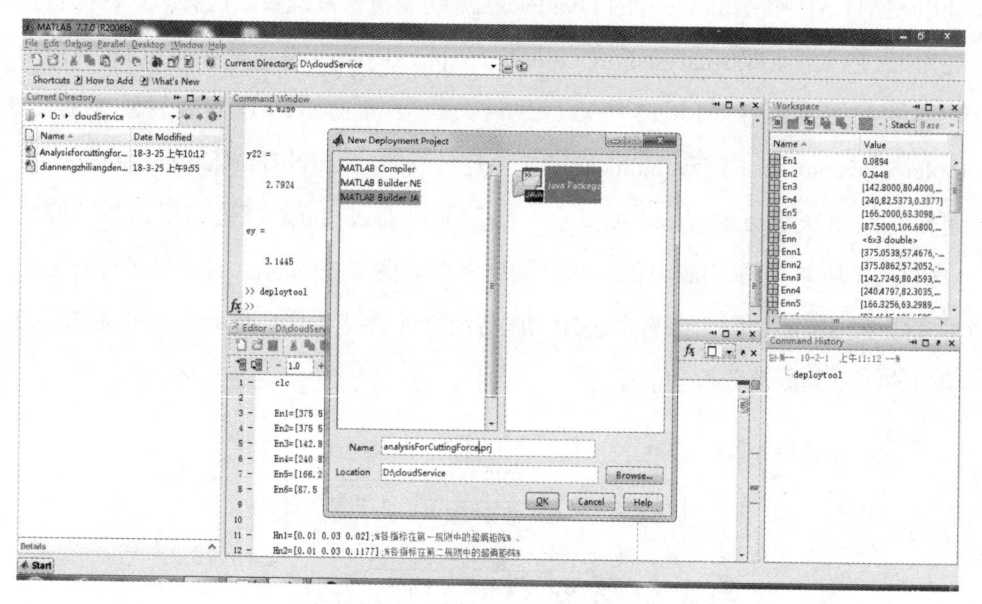

图 8-21　deploytool 工具界面

第 8 章　分布式科技资源按需服务构件开发

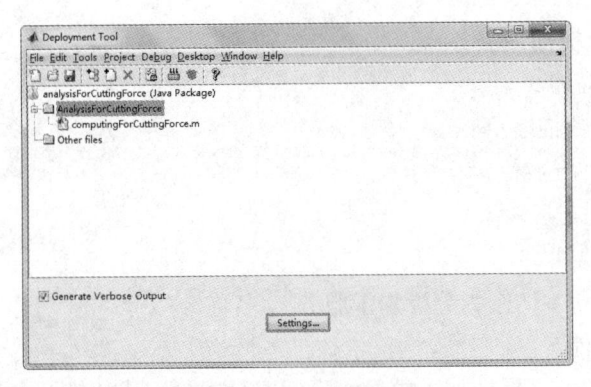

图 8-22　Jar 包的封装界面

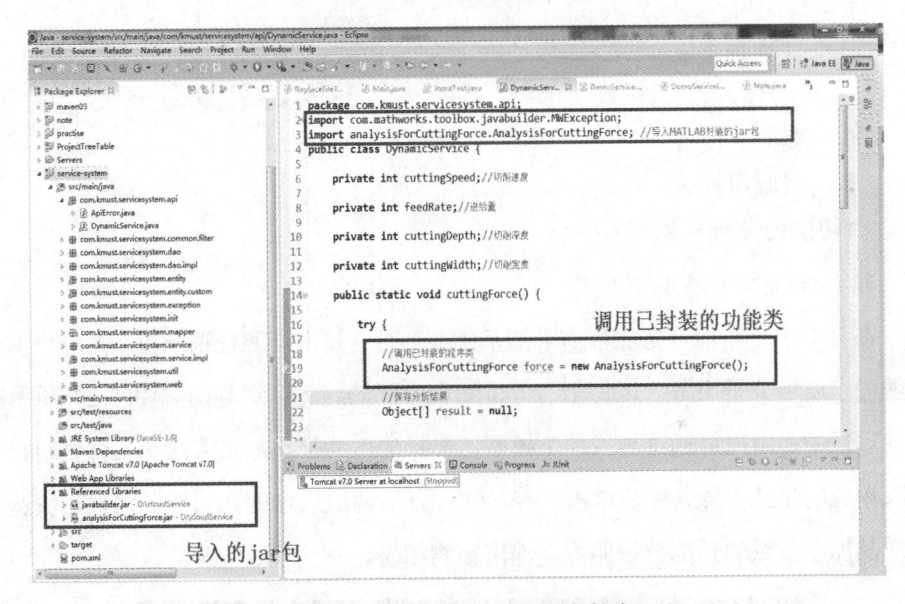

图 8-23　Jar 包的导入及调用程序

3. 服务封装

产品加工质量分析知识服务组件构建完成后，需要对该知识服务进行统一描述，以便该动态知识服务的注册、查询和重用。采用可扩展标记语言 ExtensibleMarkupLanguage，XML 对产品质量分析知识服务的基本属性进行描述，继而完成对知识服务组件的封装工作，部分描述如下所示。

```
<切削力分析知识服务>
    <资源描述>
        <参数描述/>
        <存储位置/>
    </资源描述>
    <资源属性>
        <名称>切削力分析知识服务</名称>
        <功能>
有效控制切屑，保证加工质量、降低刀具磨损，优化铣削参数设置
        </功能>
        <提供者>
        </提供者>
        …
    </资源属性>
</切削力分析知识服务>
```

4. 知识资源服务推送实现

在分析用户当前业务流程需求的基础上，通过知识资源挖掘分析，为用户主动推送加工质量分析服务，以切削力分析知识为例的服务推送界面如图 8-24 所示。服务过程中，用户可通过导入加工模型，选择加工特征、加工方法和工件材料，并输入相应的工艺参数，然后单击计算，就可自动调用后台的知识服务组件，快速完成产品加工质量的预测分析服务，输出预测结果。

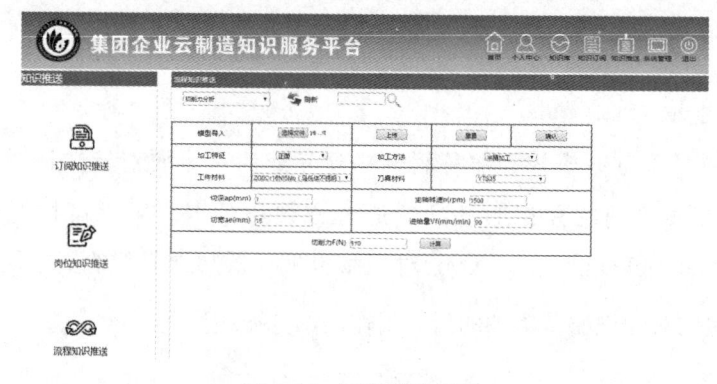

图 8-24 服务推送界面

8.2.6 加工过程的知识资源组合优化构件

为了提高知识资源的匹配精度，满足用户在实际应用时的工作需要，提高加工人员的工作效率，设计了一个复杂产品加工过程的服务组合优化模块，如图 8-25 所示。在使用此功能之前，需要将业务流程分解为最小的业务流程单元。之后，将子任务输入服务组合优化模块，根据文中的 QoS 满意指标设置服务满意阈值之后，科技资源服务平台即可调用后台服务组合，优化 MATLAB 程序脚本，自动搭建候选服务、构建适应度函数，启用动态自适应演化粒子群协作进化算法进行组合优化的寻优。最终推送给用户的是最佳的文献、模型和方法的服务优化。利用 MATLAB 设计动态自适应演化粒子群协作进化算法，并将组合优化程序分解为初始化粒子群程序 InitSwarm.m、单步粒子群程序 PsoProcess.m 和组合程序 StepPso.m，组合优化程序如图 8-26 所示。

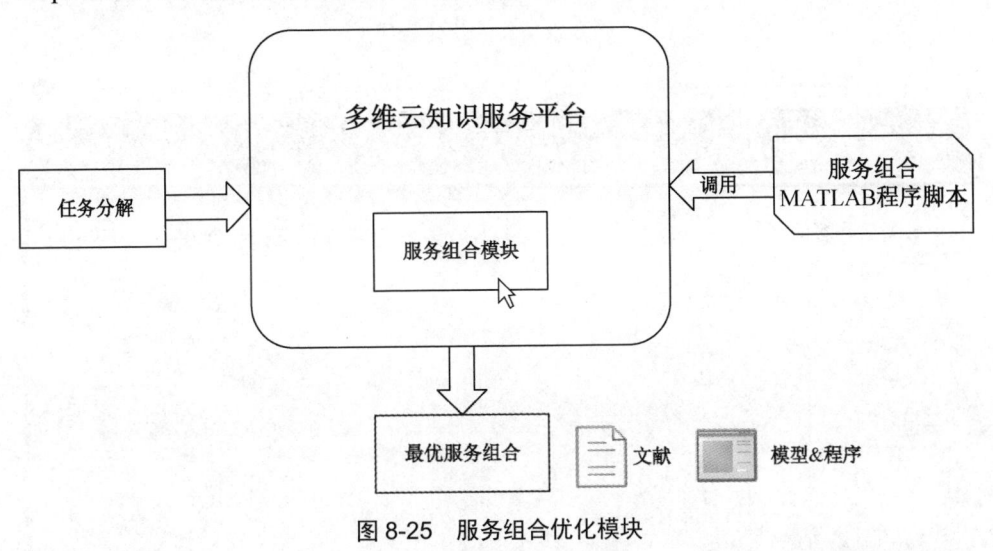

图 8-25 服务组合优化模块

利用 deploytool 的 Java Package 将加工质量预测程序封装为 Jar 文件，将文件 seivice_composition.jar 导入到系统后台的 Java 项目中。服务过程中，首先需要进行任务分解，即设计该任务的所有子任务，之后便可通过单击页面上的服务组合优化按钮，设置组合优化的 QoS 指标，之后就可以获得准确的知识资源组合服务。

形成的服务组合优化页面如图 8-27 所示。

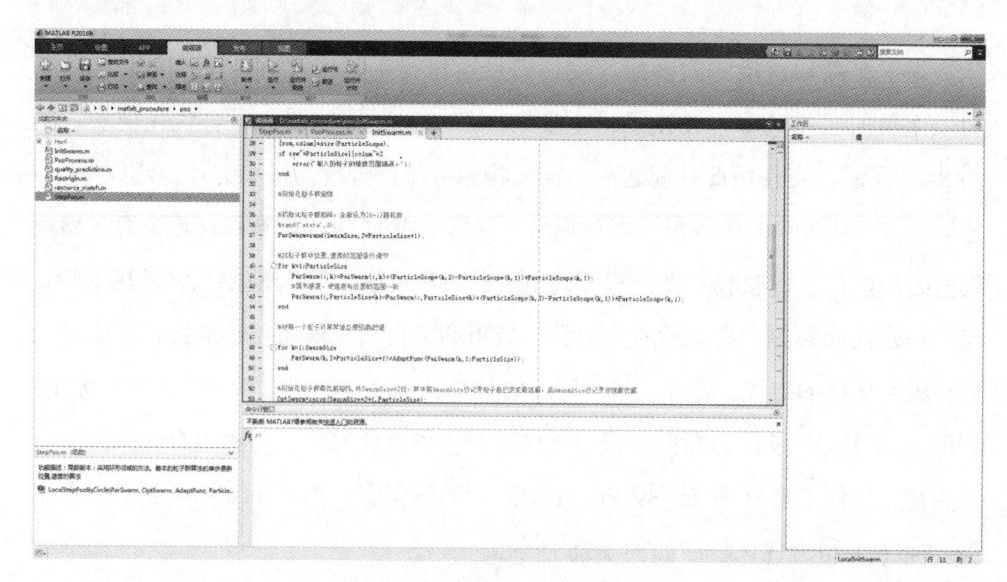

图 8-26　组合优化程序

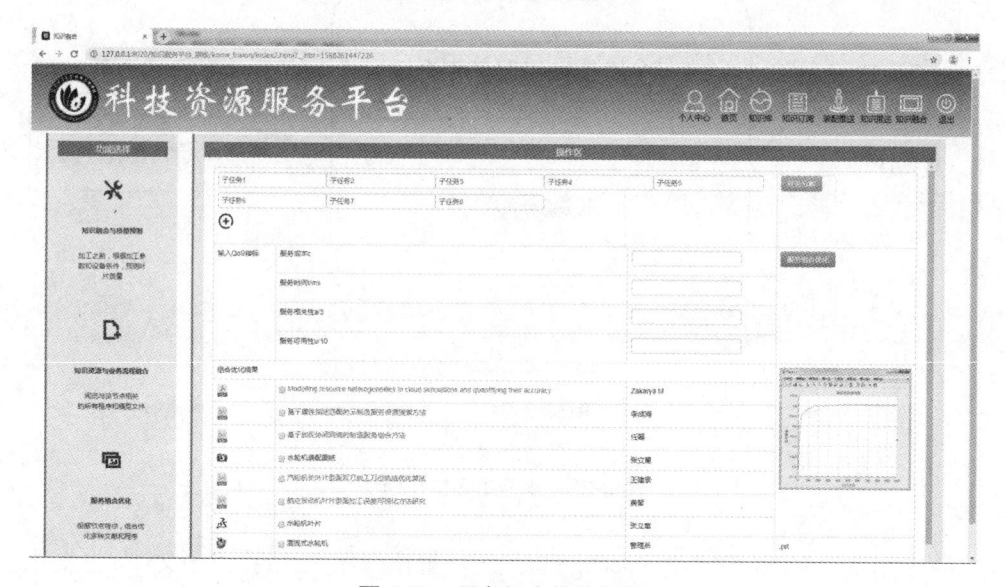

图 8-27　服务组合优化页面

8.3 面向装备制造企业产品维修过程的科技服务构件开发

8.3.1 汽车发动机故障诊断知识提取与推送难点

汽车发动机的结构组成较为复杂，常规发动机的构成系统主要包括曲柄连杆机构、配气机构、点火系统、起动系统、燃油供给系统、冷却系统和润滑系统等，系统集成度和精密度较高，各机构之间存在相互作用，并且工作环境较为恶劣，这导致发动机的故障发生概率较高，也对故障维修人员提出了较高的要求。发动机的故障诊断维修包括询问里程、检查症状、深层检查、拆解检修和装配调试等环节，这其中主要涉及的知识需求有确定发动机故障发生的位置，并根据故障表现推理故障原因，进一步选择合适的故障处理方法，不同的知识需求成为阻碍提升发动机故障诊断准确率和效率的主要因素。

将发动机故障诊断过程与资源服务技术相互结合，是提高发动机故障诊断维修的准确率和维修效率的核心。面对海量的发动机故障诊断知识资源，精准有效的匹配是资源服务目前急需解决的关键问题。对于大多数知识服务平台来说，用户通过手动输入或设置检索条件进而搜寻相关知识，用户与故障诊断知识间缺少交互反馈，导致所搜寻的知识在很大程度上难以满足用户在故障诊断过程中的实际知识需求，这会直接影响发动机故障诊断的整体质量和效率。因此，针对汽车发动机的故障诊断过程，需要在精确解析发动机零部件、故障表现、故障原因和故障处理方法等知识的基础上，将满足用户对发动机故障诊断需求的知识资源精准快捷地提供给用户。具体仍存在以下的技术难点。

1. 故障诊断知识资源异构分布，集成整合困难

汽车发动机故障诊断过程中所涉及的知识资源具有多领域、跨学科、分布异

构等特点，如何规范化、模块化的管理、存储与集成海量异构分布的装配知识资源是实现汽车发动机故障诊断知识推送服务的核心技术难点。因此，需要建立相应的故障诊断构件，对发动机零部件、故障表现、故障原因和故障处理方法等多领域装配知识进行模块化、规则化的表示及索引研究。

2. 故障诊断知识资源利用率低，知识抽取难度大

汽车维修保养企业在经营过程中积累了大量的经验和知识数据，这些知识数据为发动机故障诊断服务带来了便利，特别是基于数据的故障诊断方法，使人们可以在不建立精确物理模型的情况下，实现对发动机故障的诊断和预测。然而，由于各地企业发展情况不同，这些资源数据通常是以异构的非结构化的数据形式存在的。相较于结构化数据，非结构化的故障诊断知识数据难以被计算机程序直接解析利用，并且缺乏成熟的算法帮助人们更深层次地挖掘非结构化文本数据中的发动机故障诊断信息，难以形成符合用户需求的知识，无法有效地帮助用户找到故障解决方案。面对海量的知识数据，以手工检索的方式获取知识，远远无法保证知识获取的及时性、准确性和全面性。

3. 难以根据用户实际需求精准化、智能化推送知识服务

在汽车发动机的故障诊断过程中，大多数维修人员是依据自身维修经验或查取相关维修手册来选取故障诊断过程所需要的故障诊断知识的，但这种获取故障诊断知识的方式效率低下、工作量烦琐，很难快速准确地获取故障诊断知识；并且常规的知识推送技术的推送机制过于机械，很难做到与用户之间形成交互反馈，难以满足用户的实际故障维修业务需求。由此可以看出，提供一种故障诊断知识匹配、推送机制，在众多的故障诊断知识资源中快速精准地匹配推送相应知识给用户有重要的工程价值。

▶ 8.3.2 构件开发实现架构

1. 开发环境

基于需求驱动的汽车发动机故障诊断知识抽取与推送服务平台主要采用本体开发工具 protégé 对故障诊断知识服务中包含的发动机零部件、故障表现、故障原

第8章 分布式科技资源按需服务构件开发

因和故障处理方法等知识资源进行本体建模,并输出相应的 OWL 本体语言文件。然后,在故障诊断知识本体库的基础上,利用 Java 软件包的 Jena 模块对发动机故障诊断中的发动机零部件、故障表现、故障原因和故障处理方法等知识本体类的属性赋值。接着,使用 Java 数据库连接(Java DataBase Connectivity,JDBC)的应用程序接口把发动机故障诊断知识多领域本体库中的相关故障诊断知识映射为 MySQL 中的模块化知识,进行结构化的数据存储,最终实现了故障诊断本体库与故障诊断知识库之间的有效数据信息传递。构件开发主要以 Eclipse 作为集成开发环境,利用 MySQL 构建平台的数据库,集成采用 Python、TensorFlow、Java、JavaScript、XML 等语言开发发动机故障诊断知识抽取与推送的知识组件。

2. 实现架构

将分布异构的多源故障诊断知识资源进行统一化的描述,并将其存储于架构最底层的装配知识资源层,依据相应的知识资源特点对资源中分布的故障诊断知识进行抽取,并制定相关的匹配推理及推送机制,进而根据用户对故障诊断知识的动态需求,实现对发动机故障诊断知识的智能匹配及推送服务。依据这一思想,设计以汽车发动机故障诊断知识为例的抽取与推送服务平台架构如图 8-28 所示,此架构主要由技术环境支撑层、知识资源层、知识抽取层、知识本体库构建层、知识服务推送层、服务接口层和用户应用服务层构成。各个层次之间的逻辑关系与详细功能如下。

(1)技术环境支撑层主要是为汽车发动机故障诊断知识抽取与推送服务平台提供技术环境支持,包括平台所使用的各种软硬件环境,如神经网络建模环境、PyCharm 编程环境、protégé本体环境等,它们促使技术环境支撑相互协作才能保证平台正常运行。

(2)知识资源层是一个由用户经验知识、故障维修保养记录、故障诊断维修音视频文件、故障维修案例、公开的标准、专利、网络文档等多方面发动机故障诊断知识资源构成的知识空间。根据本书第 3.1.2 节介绍的知识分类方法,将发动机故障诊断知识分为发动机零部件、故障表现、故障原因和故障处理方法四类知识,由知识资源管理层对其进行统一分类管理,使相关的故障诊断知

分布式科技资源匹配推理与按需服务技术

识能够快速响应故障诊断知识推送请求，完成用户需求与故障知识的匹配求解，进一步完成故障原因和故障处理方法的推理，有效辅助维修人员完成发动机故障诊断维修任务。

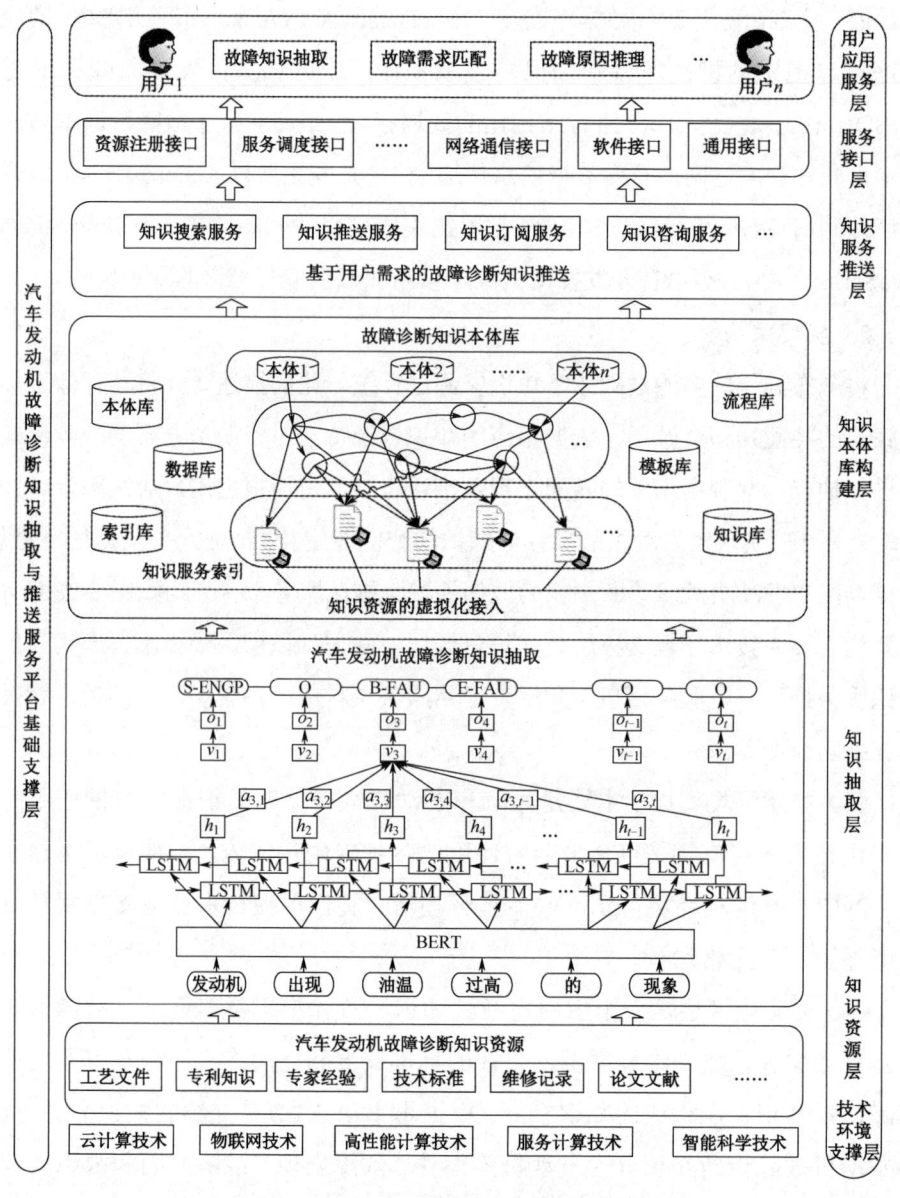

图 8-28 故障诊断知识抽取与推送服务平台架构

（3）知识抽取层主要通过分析故障诊断知识文本数据，构建相应的神经网络模型，从海量的故障诊断知识数据中抽取发动机零部件、故障表现、故障原因和故障处理方法的知识实体，为故障诊断知识本体库的构建提供基础。

（4）知识本体库构建层主要是通过知识抽取层从故障诊断知识资源中抽取发动机零部件、故障表现、故障原因和故障处理方法的知识实体，用来构建相应的故障诊断知识库，对相关知识进行统一化的描述与管理，方便后续的知识匹配与调用。

（5）知识服务推送层是故障知识推送过程中的核心部分，通过一定的方法向用户提供满足需求匹配条件的故障诊断知识资源，并将得到的匹配结果做进一步筛选与过滤，最终将满足条件的结果集根据用户知识需求推送给客户端，提高匹配效率和精度，为实际的发动机故障诊断过程提供技术知识指导。

（6）服务接口层主要是为汽车发动机故障诊断知识抽取与推送系统平台提供相应的服务接口，主要包括通用接口、软件接口、资源注册接口、网络通信接口等，是平台进行装配知识资源及服务的调用开关。

（7）用户应用服务层中的用户主要是发动机故障维修工程人员和车辆驾驶人员，他们既是发动机故障诊断知识创造与应用的主体，也是知识主动推送的目标。用户能够依据自身的经验知识和根据车辆故障表现形成的具体知识需求，有选择性地使用平台推送的各种知识服务。用户也可以根据推送知识的反馈，迭代更新故障诊断过程中的知识需求，进而高效、便捷地使用平台中的各类装配知识资源，更加准确高效地完成发动机故障诊断维修过程。

8.3.3 汽车发动机故障诊断知识提取与推送构件

1. 故障诊断知识抽取

用户通过故障诊断知识抽取模块来抽取故障知识资源库中文本资源中的发动机故障诊断知识，用户输入文本后抽取知识界面如图 8-29 所示。用户可以手动拷贝输入所要抽取的文本内容，也可以通过上传文档功能进行知识抽取，用户上传

分布式科技资源匹配推理与按需服务技术

文档后知识抽取界面如图 8-30 所示，选择所要抽取的文档，文档的格式可以为.txt、.doc、.docx。系统调用训练好的深度神经网络模型完成汽车发动机故障诊断知识中的发动机零部件、故障表现、故障原因及故障处理方法等知识实体的抽取活动。

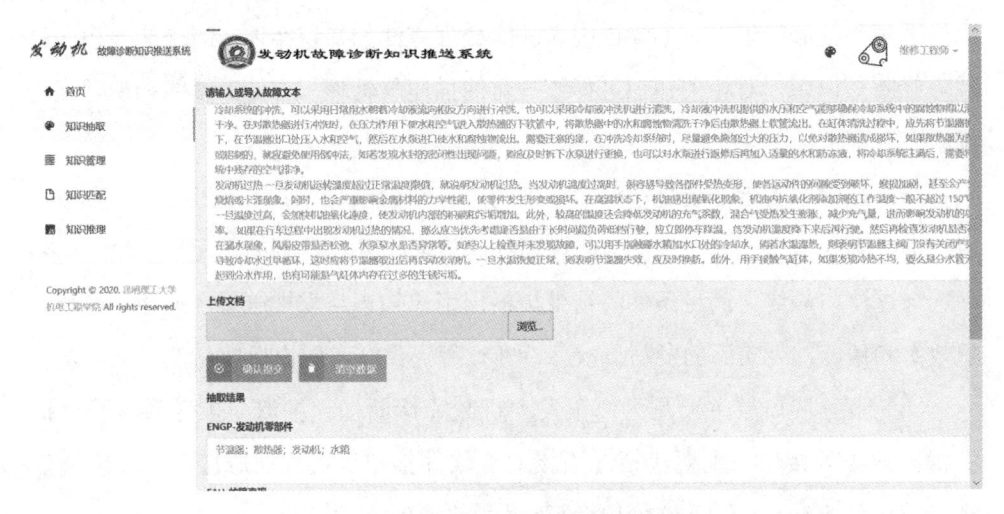

图 8-29 用户输入文本后抽取知识界面

图 8-30 用户上传文档后知识抽取

第8章　分布式科技资源按需服务构件开发

2. 故障诊断知识管理

故障诊断知识推送是以故障诊断知识统一化的本体描述为基础的。故障诊断知识实体抽取完成以后，通过故障诊断知识管理功能，确定故障诊断知识实体对之间的关系类型，为构建故障诊断知识实体奠定基础，发动机故障诊断知识管理界面如图 8-31 所示。同时，也实现了对故障诊断知识数据库发动机零部件、故障表现、故障原因及故障处理方法四类知识的增、删、查、改功能，方便后续匹配推理工作的进行。

图 8-31　发动机故障诊断知识管理界面

得到发动机故障诊断知识实体与实体关系后，根据相应的知识表示方法及知识间的映射关系，可以进行发动机故障诊断知识多领域本体的构建。首先明确所构建的知识本体所属领域，分析抽取得到的故障诊断知识实体概念，然后建立知识间映射关系，最后对构建好的本体知识模型进行评估，发动机的故障诊断知识多领域本体知识模型的构建流程如图 8-32 所示。

按照上述知识资源的表述方法，汽车发动机故障诊断知识多领域本体主要包括零部件、故障表现、故障原因、诊断方法等方面的领域本体，各本体之间的关联情况如图 8-33 所示。

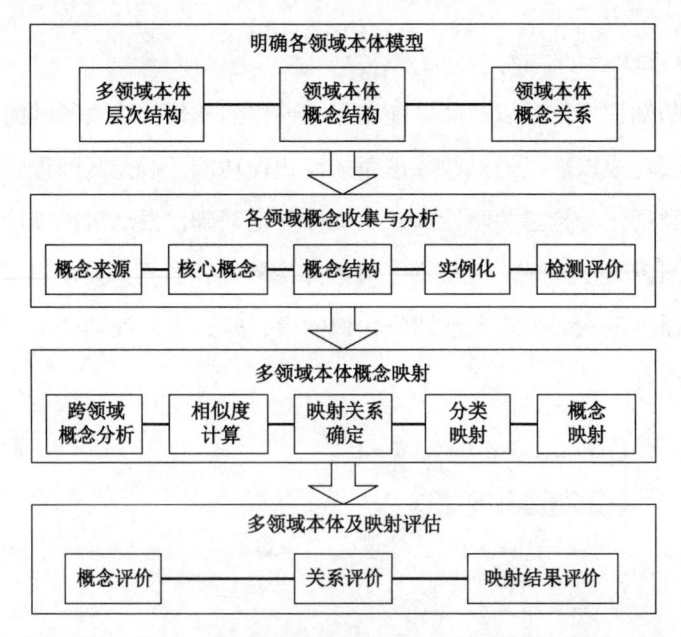

图 8-32　发动机故障诊断知识多领域本体知识模型的构建流程

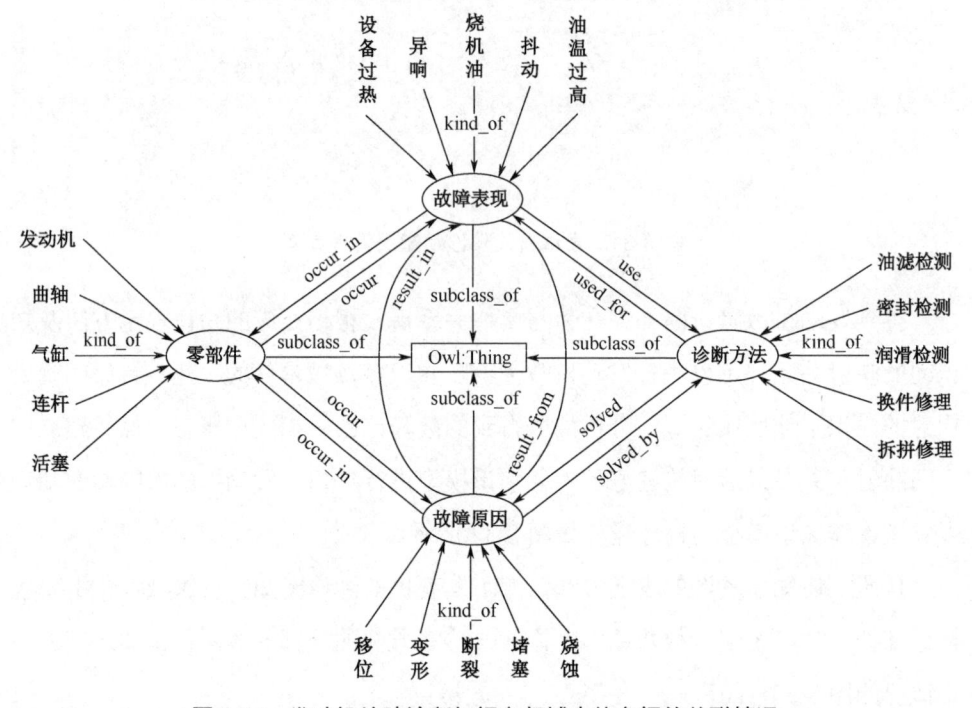

图 8-33　发动机故障诊断知识多领域本体之间的关联情况

第 8 章 分布式科技资源按需服务构件开发

基于 protégé 软件构建的发动机故障诊断知识多领域本体知识树如图 8-34 所示。通过 protégé 软件完成对发动机故障诊断知识多领域本体的构建后，将本体库中的知识资源模型转换为 OWL 语言输出。基于知识资源本体库，采用 Java API 中的 Jena 模块对叶片类零件数控铣削知识本体类的属性进行赋值，并通过 JDBC 应用程序接口将本体库中的相关知识映射为 SQL 中的结构化知识进行有序存储，实现本体库与知识库之间的数据传递。

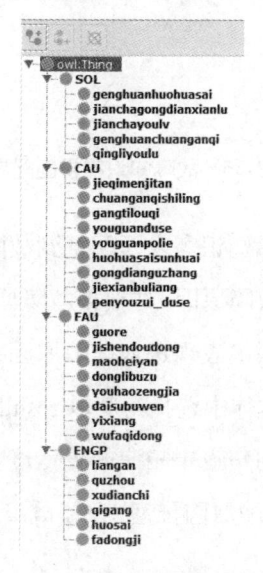

```
owl:Thing
  SOL
    genghuanhuohuasai
    jianchagongdianxianlu
    jianchayoulv
    genghuanchuangqinqi
    qingliyoulu
  CAU
    jieqimenjitan
    chuanganqishiling
    gangtilouqi
    youguanduse
    youguanpolie
    huohuasaisunhuai
    gongdianguzhang
    jiexianbuliang
    penyouzui_duse
  FAU
    guore
    jishendoudong
    maoheiyan
    donglibuzu
    youhaozengjia
    daisubuwen
    yixiang
    wufaqidong
  ENGP
    liangan
    quzhou
    xudianchi
    qigang
    huosai
    fadongji
```

图 8-34　发动机故障诊断知识多领域本体知识树

3. 故障诊断需求知识匹配推理

使用发动机故障诊断知识推送服务功能时，用户根据发动机的实际故障表现，并结合自身的故障处理经验，形成故障诊断知识需求，并将其作为检索条件输入到系统中。系统对用户提出的故障知识需求进行解析处理，将其与故障诊断知识本体中的故障表现知识实体进行语义相似度计算，将相似度值大于系统所设定阈值的故障表现知识实体过滤出来，并按相似度大小进行排序，完成故障知识需求与故障表现知识之间的语义匹配检索，故障知识需求匹配界面如图 8-35 所示。

分布式科技资源匹配推理与按需服务技术

图 8-35 故障知识需求匹配界面

系统根据用户提出的故障知识需求匹配得到故障表现知识后，还需要根据故障表现推理导致故障出现的故障原因，并根据故障原因选择合适的故障处理方法。根据匹配相似度，单击相应故障表现进入故障原因推理界面。系统以用户选择的故障表现知识为根节点，由本体中选择与其以 result_from 连接的故障原因知识来构建故障原因知识推理网。用户设定相应的置信度与权重系数后，系统给出各故障原因知识的置信度，完成故障原因推理工作，故障原因推理界面如图 8-36 所示。

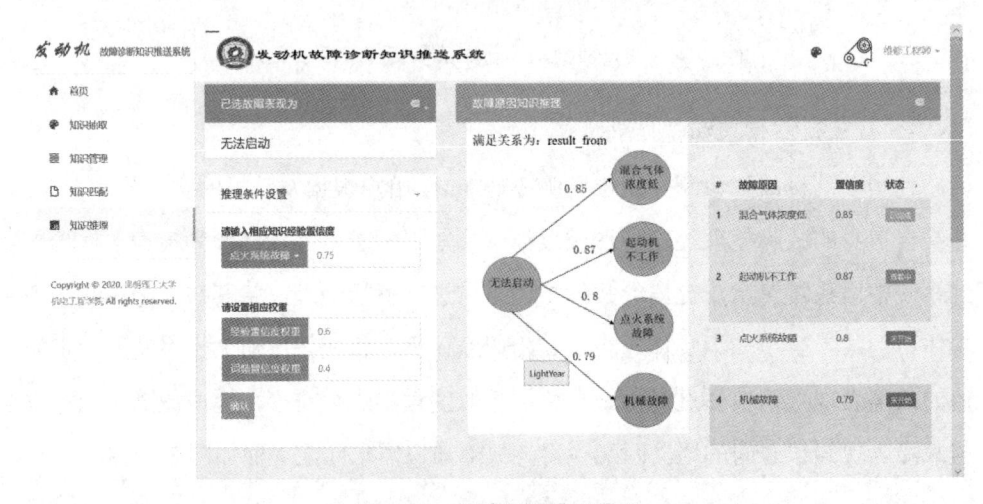

图 8-36 故障原因推理界面

第 8 章 分布式科技资源按需服务构件开发

最终，系统根据故障原因推理故障处理方法，故障处理方法推理界面如图 8-37 所示。

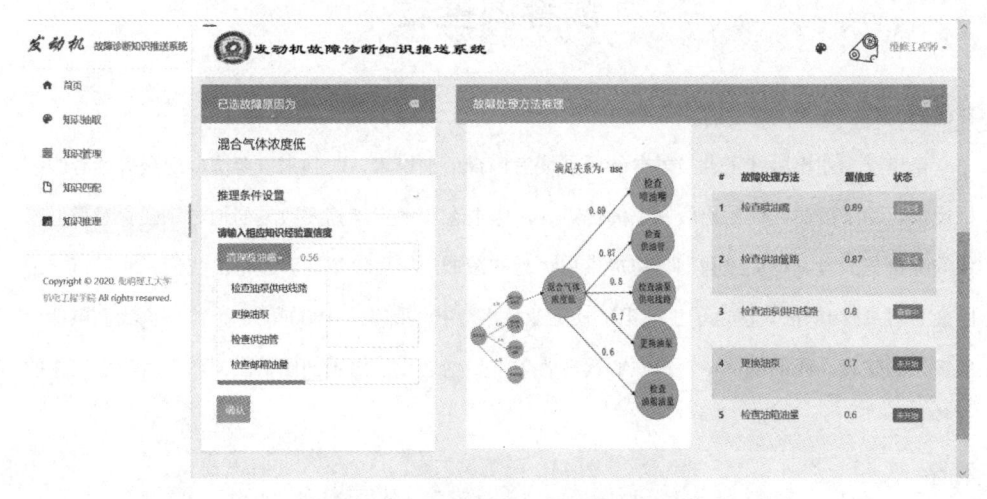

图 8-37 故障处理方法推理界面

读者调查表

尊敬的读者：

　　自电子工业出版社工业技术分社开展读者调查活动以来，收到来自全国各地众多读者的积极反馈，除了褒奖我们所出版图书的优点外，也很客观地指出需要改进的地方。读者对我们工作的支持与关爱，将促进我们为您提供更优秀的图书。您可以填写下表寄给我们（北京市丰台区金家村 288#华信大厦电子工业出版社工业技术分社　邮编：100036），也可以给我们电话，反馈您的建议。我们将从中评出热心读者若干名，赠送我们出版的图书。谢谢您对我们工作的支持！

姓名：_____　　　　　性别：□男　□女

年龄：_____　　　　　职业：_____

电话（手机）：_____　　E-mail：_____

传真：_____　　　　　通信地址：_____

邮编：_____

1. 影响您购买同类图书因素（可多选）：

□封面封底　　□价格　　　□内容提要、前言和目录

□书评广告　　□出版社名声

□作者名声　　□正文内容　□其他_____

2. 您对本图书的满意度：

从技术角度	□很满意	□比较满意	
	□一般	□较不满意	□不满意
从文字角度	□很满意	□比较满意	□一般
	□较不满意	□不满意	
从排版、封面设计角度	□很满意	□比较满意	
	□一般	□较不满意	□不满意

3．您选购了我们哪些图书？主要用途？

4．您最喜欢我们出版的哪本图书？请说明理由。

5．目前教学您使用的是哪本教材？（请说明书名、作者、出版年、定价、出版社），有何优缺点？

6．您的相关专业领域中所涉及的新专业、新技术包括：

7．您感兴趣或希望增加的图书选题有：

8．您所教课程主要参考书？请说明书名、作者、出版年、定价、出版社。

邮寄地址：北京市丰台区金家村288#华信大厦电子工业出版社工业技术分社

邮　　编：100036

电　　话：18614084788　　E-mail：lzhmails@phei.com.cn

微 信 ID：lzhairs

联 系 人：刘志红

电子工业出版社编著书籍推荐表

姓名		性别		出生年月		职称/职务	
单位							
专业				E-mail			
通信地址							
联系电话				研究方向及教学科目			
个人简历（毕业院校、专业、从事过的以及正在从事的项目、发表过的论文）							
您近期的写作计划：							
您推荐的国外原版图书：							
您认为目前市场上最缺乏的图书及类型：							

邮寄地址：北京市丰台区金家村288#华信大厦电子工业出版社工业技术分社

邮 编：100036

电 话：18614084788 E-mail：lzhmails@phei.com.cn

微 信 ID：lzhairs

联 系 人：刘志红

反侵权盗版声明

电子工业出版社依法对本作品享有专有出版权。任何未经权利人书面许可，复制、销售或通过信息网络传播本作品的行为，歪曲、篡改、剽窃本作品的行为，均违反《中华人民共和国著作权法》，其行为人应承担相应的民事责任和行政责任，构成犯罪的，将被依法追究刑事责任。

为了维护市场秩序，保护权利人的合法权益，我社将依法查处和打击侵权盗版的单位和个人。欢迎社会各界人士积极举报侵权盗版行为，本社将奖励举报有功人员，并保证举报人的信息不被泄露。

举报电话：（010）88254396；（010）88258888

传　　真：（010）88254397

E-mail：　dbqq@phei.com.cn

通信地址：北京市万寿路173信箱
　　　　　电子工业出版社总编办公室

邮　　编：100036